JN172723

# 2025年用

# 共通テスト実戦模試

## ⑧ 物理

Ｚ会編集部 編

# 目次

# 本書の効果的な利用法

## ▌本書の特長▐

　本書は，共通テストで高得点をあげるために，過去からの出題形式と内容，最新の情報を徹底分析して作成した実戦模試である。本番では，限られた時間内で解答する力が要求される。本書では時間配分を意識しながら，出題傾向に沿った良質の実戦模試に複数回取り組める。

### ■ 共通テスト攻略法 ── 情報収集で万全の準備を

　以下を参考にして，共通テストの内容・難易度をしっかり把握し，本番までのスケジュールを立て，余裕をもって本番に臨んでもらいたい。

　**データクリップ**➡ 共通テストの出題教科や 2024 年度本試の得点状況を収録。

　**傾向と対策**　➡ 過去の出題や最新情報を徹底分析し，来年度に向けての対策を解説。

### ■ 共通テスト実戦模試の利用法

**1. 本番に備える**

　本番を想定して取り組むことが大切である。時間配分を意識して取り組み，自分の実力を確認しよう。巻末のマークシートを活用して，記入の仕方もしっかり練習しておきたい。

**2.「今」勉強している全国の受験生と高め合う**

　『学習診断サイト（左ページの二次元コードから利用可能）』では，得点を登録すれば学習アドバイスがもらえるほか，現在勉強中の全国の受験生が登録した得点と「リアル」に自分の点数を比較し切磋琢磨ができる。全国に仲間がいることを励みに，モチベーションを高めながら試験に向けて準備を進めてほしい。

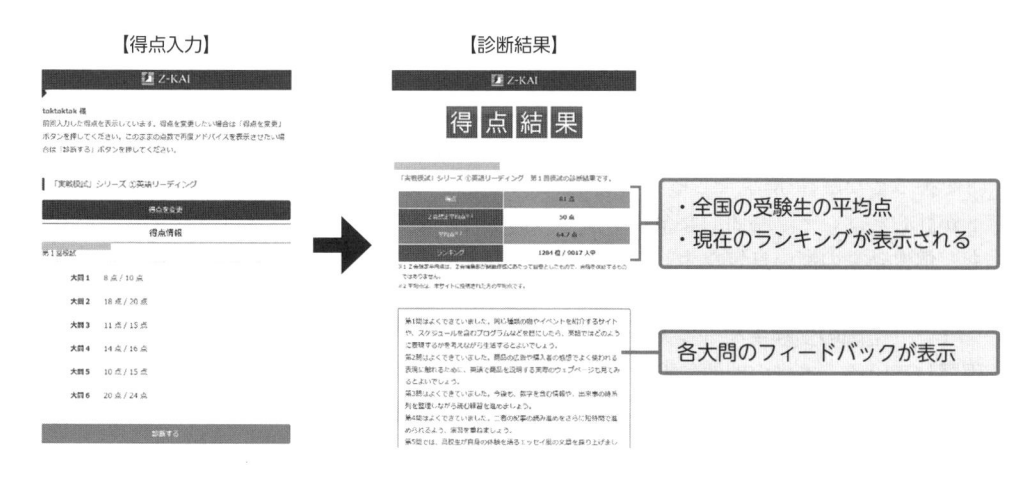

# 共通テストに向けて

## ■ 共通テストは決してやさしい試験ではない。

　共通テストは，高校の教科書程度の内容を客観形式で問う試験である。科目によって，教科書等であまり見られないパターンの出題も見られるが，出題のほとんどは基本を問うものである。それでは，基本を問う試験だから共通テストはやさしい，といえるだろうか。

　実際のところは，共通テストには，適切な対策をしておくべきいくつかの手ごわい点がある。まず，勉強するべき科目数が多い。国公立大学では共通テストで「6教科8科目」を必須とする大学・学部が主流なので，科目数の負担は決して軽くない。また，基本事項とはいっても，あらゆる分野から満遍なく出題される。これは，"山"を張るような短期間の学習では対処できないことを意味する。また，広範囲の出題分野全体を見通し，各分野の関連性を把握する必要もあるが，そうした視点が教科書の単元ごとの学習では容易に得られないのもやっかいである。さらに，制限時間内で多くの問題をこなさなければならない。しかもそれぞれが非常によく練られた良問だ。問題の設定や条件，出題意図を素早く読み解き，制限時間内に迅速に処理していく力が求められているのだ。こうした処理能力も，漫然とした学習では身につかない。

## ■ しかし，適切な対策をすれば，十分な結果を得られる試験でもある。

　上記のように決してやさしいとはいえない共通テストではあるが，適切な対策をすれば結果を期待できる試験でもある。共通テスト対策は，できるだけ早い時期から始めるのが望ましい。長期間にわたって，①教科書を中心に基本事項をもれなく押さえ，②共通テストの過去問で出題傾向を把握し，③出題形式・出題パターンを踏まえたオリジナル問題で実戦形式の演習を繰り返し行う，という段階的な学習を少しずつ行っていけば，個別試験対策を本格化させる秋口からの学習にも無理がかからず，期待通りの成果をあげることができるだろう。

## ■ 本書を利用して，共通テストを突破しよう。

　本書は主に上記③の段階での使用を想定して，Ｚ会のオリジナル問題を教科別に模試形式で収録している。巻末のマークシートを利用し，解答時間を意識して問題を解いてみよう。そしてポイントを押さえた解答・解説をじっくり読み，知識の定着・弱点分野の補強に役立ててほしい。早いスタートが肝心とはいえ，時間的な余裕がないのは明らかである。できるだけ無駄な学習を避けるためにも，学習効果の高い良質なオリジナル問題に取り組んで，徹底的に知識の定着と処理能力の増強に努めてもらいたい。

　また，全国の受験生を「リアルに」つなぎ，切磋琢磨を促す仕組みとして『学習診断サイト』も用意している。本書の問題に取り組み，採点後にはその得点をシステムに登録し，全国の学生の中での順位を確認してみよう。そして同じ目標に向けて頑張る仲間たちを思い浮かべながら，受験をゴールまで走り抜ける原動力に変えてもらいたい。

　本書を十二分に活用して，志望校合格を達成し，喜びの春を迎えることを願ってやまない。

Ｚ会編集部

## ▌共通テストの段階式対策▌

0. まずは教科書を中心に，基本事項をもれなく押さえる。

▼

1. さまざまな問題にあたり，上記の知識の定着をはかる。その中で，自分の弱点を把握する。

▼

2. 実戦形式の演習で，弱点を補強しながら，制限時間内に問題を処理する力を身につける。
とくに，頻出事項や狙われやすいポイントについて重点的に学習する。

▼

3. 仕上げとして，予想問題に取り組む。


## ▌Z会の共通テスト関連教材▌

1. 『ハイスコア！共通テスト攻略』シリーズ
オリジナル問題を解きながら，共通テストの狙われどころを集中して学習できる。

▼

2. 『2025年用　共通テスト過去問英数国』
複数年の共通テストの過去問題に取り組み，出題の特徴をつかむ。

▼

3. 『2025年用　共通テスト実戦模試』（本シリーズ）

▼

4. 『2025年用　共通テスト予想問題パック』
本シリーズを終えて総仕上げを行うため，直前期に使用する本番形式の予想問題。

※『2025年用　共通テスト実戦模試』シリーズは，本番でどのような出題があっても対応できる力をつけられるように，最新年度および過去の共通テストも徹底分析し，さまざまなタイプの問題を掲載しています。そのため，『2024年用　共通テスト実戦模試』と掲載問題に一部重複があります。

# 共通テスト攻略法
## データクリップ

## 1 出題教科・科目の出題方法

　下の表の教科・科目で実施される。なお，受験教科・科目は各大学が個別に定めているため，各大学の要項にて確認が必要である。

※解答方法はすべてマーク式。以下の表は大学入試センター発表の『令和7年度大学入学者選抜に係る大学入学共通テスト出題教科・科目の出題方法等』を元に作成した。

※『　』は大学入学共通テストにおける出題科目を表し，「　」は高等学校学習指導要領上設定されている科目を表す。

| 教科 | 出題科目 | 出題方法（出題範囲，出題科目選択の方法等） | 試験時間（配点） |
|---|---|---|---|
| 国語 | 『国語』 | ・「現代の国語」及び「言語文化」を出題範囲とし，近代以降の文章及び古典（古文，漢文）を出題する。<br>　分野別の大問数及び配点は，近代以降の文章が3問110点，古典が2問90点（古文・漢文各45点）とする。 | 90分（200点） |
| 地理歴史<br><br>公民 | 『地理総合，地理探究』<br>『歴史総合，日本史探究』<br>『歴史総合，世界史探究』→(b)<br>『公共，倫理』<br>『公共，政治・経済』<br>『地理総合／歴史総合／公共』→(a)<br><br>(a)：必履修科目を組み合わせた出題科目<br>(b)：必履修科目と選択科目を組み合わせた出題科目 | ・左記出題科目の6科目のうちから最大2科目を選択し，解答する。<br>・(a)の『地理総合／歴史総合／公共』は，「地理総合」，「歴史総合」及び「公共」の3つを出題範囲とし，そのうち2つを選択解答する（配点は各50点）。<br>・2科目を選択する場合，以下の組合せを選択することはできない。<br><u>(b)のうちから2科目を選択する場合</u><br>　『公共，倫理』と『公共，政治・経済』の組合せを選択することはできない。<br><u>(b)のうちから1科目及び(a)を選択する場合</u><br>　(b)については，(a)で選択解答するものと同一名称を含む科目を選択することはできない。 | 1科目選択<br>60分（100点）<br><br>2科目選択<br>130分<br>（うち解答時間120分）<br>（200点） |
| 数学① | 『数学Ⅰ・数学A』<br>『数学Ⅰ』 | ・左記出題科目の2科目のうちから1科目を選択し，解答する。<br>・「数学A」については，図形の性質，場合の数と確率の2項目に対応した出題とし，全てを解答する。 | 70分（100点） |
| 数学② | 『数学Ⅱ，数学B，数学C』 | ・「数学B」及び「数学C」については，数列（数学B），統計的な推測（数学B），ベクトル（数学C）及び平面上の曲線と複素数平面（数学C）の4項目に対応した出題とし，4項目のうち3項目の内容の問題を選択解答する。 | 70分（100点） |
| 理科 | 『物理基礎／化学基礎／生物基礎／地学基礎』<br>『物理』『化学』『生物』『地学』 | ・左記出題科目の5科目のうちから最大2科目を選択し，解答する。<br>・『物理基礎／化学基礎／生物基礎／地学基礎』は，「物理基礎」，「化学基礎」，「生物基礎」及び「地学基礎」の4つを出題範囲とし，そのうち2つを選択解答する（配点は各50点）。 | 1科目選択<br>60分（100点）<br>2科目選択<br>130分<br>（うち解答時間120分）<br>（200点） |
| 外国語 | 『英語』<br>『ドイツ語』『フランス語』<br>『中国語』『韓国語』 | ・左記出題科目の5科目のうちから1科目を選択し，解答する。<br>・『英語』は「英語コミュニケーションⅠ」，「英語コミュニケーションⅡ」及び「論理・表現Ⅰ」を出題範囲とし，【リーディング】及び【リスニング】を出題する。受験者は，原則としてその両方を受験する。その他の科目については，『英語』に準じる出題範囲とし，【筆記】を出題する。<br>・科目選択に当たり，『ドイツ語』，『フランス語』，『中国語』及び『韓国語』の問題冊子の配付を希望する場合は，出願時に申し出ること。 | 『英語』<br>【リーディング】<br>80分（100点）<br>【リスニング】<br>30分（100点）<br><br>『ドイツ語』『フランス語』『中国語』『韓国語』<br>【筆記】80分（200点） |
| 情報 | 『情報Ⅰ』 | | 60分（100点） |

# 2 2024年度の得点状況

　2024年度は，前年度に比べて，下記の平均点に★がついている科目が難化し，平均点が下がる結果となった。

　特に英語リーディングは，前年より語数増や英文構成の複雑さも相まって，平均点が51.54点と，共通テスト開始以降では最低の結果となった。その他，数学と公民科目に平均点の低下傾向が見られた。また一部科目には，令和7年度共通テストに向けた試作問題で公開されている方向性に親和性のある出題も確認できた。なお，今年度については得点調整は行われなかった。

| 教科名 | 科目名等 | 本試験（1月13日・14日実施） | | 追試験（1月27日・28日実施） |
| | | 受験者数（人） | 平均点（点） | 受験者数（人） |
|---|---|---|---|---|
| 国語（200点） | 国語 | 433,173 | 116.50 | 1,106 |
| 地理歴史（100点） | 世界史B | 75,866 | 60.28 | 1,004 （注1） |
| | 日本史B | 131,309 | ★56.27 | |
| | 地理B | 136,948 | 65.74 | |
| 公民（100点） | 現代社会 | 71,988 | ★55.94 | |
| | 倫理 | 18,199 | ★56.44 | |
| | 政治・経済 | 39,482 | ★44.35 | |
| | 倫理，政治・経済 | 43,839 | 61.26 | |
| 数学①（100点） | 数学Ⅰ・数学A | 339,152 | ★51.38 | 1,000 （注1） |
| 数学②（100点） | 数学Ⅱ・数学B | 312,255 | ★57.74 | 979 （注1） |
| 理科①（50点） | 物理基礎 | 17,949 | 28.72 | 316 |
| | 化学基礎 | 92,894 | ★27.31 | |
| | 生物基礎 | 115,318 | 31.57 | |
| | 地学基礎 | 43,372 | 35.56 | |
| 理科②（100点） | 物理 | 142,525 | ★62.97 | 672 |
| | 化学 | 180,779 | 54.77 | |
| | 生物 | 56,596 | 54.82 | |
| | 地学 | 1,792 | 56.62 | |
| 外国語（100点） | 英語リーディング | 449,328 | ★51.54 | 1,161 |
| | 英語リスニング | 447,519 | 67.24 | 1,174 |

※2024年3月1日段階では，追試験の平均点が発表されていないため，上記の表では受験者数のみを示している。

（注1）国語，英語リーディング，英語リスニング以外では，科目ごとの追試験単独の受験者数は公表されていない。
　　　このため，地理歴史，公民，数学①，数学②，理科①，理科②については，大学入試センターの発表どおり，教科ごとにまとめて提示しており，上記の表は載せていない科目も含まれた人数となっている。

# 共通テスト攻略法
## 傾向と対策

■ **2024年度の出題内容**

| 大問 | | 分野 | 配点 | マーク数 | テーマ |
|---|---|---|---|---|---|
| 2024年（本試） | 1 | 1 力学 | 5 | 1 | 剛体 |
| | | 2 熱力学 | 5 | 2 | 分子運動論 |
| | | 3 波動 | 5 | 1 | 全反射 |
| | | 4 電磁気 | 5 | 1 | 荷電粒子の運動 |
| | | 5 原子 | 5 | 1 | 原子核反応と崩壊 |
| | 2 | 力学 | 25 | 6 | ペットボトルロケットに関する探究 |
| | 3 | 波動 | 25 | 5 | 弦の固有振動に関する探究 |
| | 4 | 電磁気 | 25 | 5 | 導体紙に電流を流す場合などの電位や電場 |
| | | 合計 | 100 | 22 | |

| 大問 | | 分野 | 配点 | マーク数 | テーマ |
|---|---|---|---|---|---|
| 2024年（追試） | 1 | 1 力学 | 5 | 1 | 剛体 |
| | | 2 熱力学 | 5 | 1 | 気体の混合 |
| | | 3 波動 | 5 | 1 | 回折格子 |
| | | 4 電磁気 | 5 | 1 | 正電荷を与えた小球の落下速度 |
| | | 5 原子 | 5 | 1 | クォーク模型 |
| | 2 | 力学 | 25 | 5 | 重力下の運動, 弾性衝突 |
| | 3 | 熱力学 | 25 | 5 | 音速と温度の関係に関する探究 |
| | 4 | 電磁気 | 25 | 7 | 手回し発電機の原理 |
| | | 合計 | 100 | 22 | |

## 特記事項

・大問数は4で, 2023年度から変更なし。第1問（小問集合)を除く第2〜4問は, 以前は中問（A・B）に分かれる場合と分かれない場合があったが, 2023年度以降, 本試・追試ともに中問（A・B）に分かれていない。「ペットボトルロケット」のようなある決まった題材について, いろいろな角度から考察する問題が主流になりつつある。大問の中の設問は, 基本的に単独で解けるようになっている。ただし, 設問どうしの関係は, 前問と分野が異なるまったく別のもの, 前問と分野は同じだが別の現象を扱うもの, 前問と同じ現象の考察を進めたり異なるアプローチで考察したりするもの, など, 多岐にわたる。問題文を読みながら大問全体の流れを把握し, その流れの中で各設問がどのような目的で設けられているかを考えられる余裕があるとよい。

・2023年度の本試と2024年度の本試を比べると, 平均点はほぼ変化なし。2024年度本試は, ところどころに考えにくい設問も含まれるが, 全体的には, 何を考察しているかイメージしやすい設定が多かった。

・2024年度の本試第3問の問3では, 実験結果のグラフの直線の傾きに比例する物理量を選ぶ問題が出題された。続く問4では与えられた4種類のグラフから, 問5では実験結果の表から, 比例関係にある物理量を選ぶ設問が出された。また, 2024年度の本試第4問の問3では, 導体紙上の等電位線の図から, 導体紙の辺の近くにおける電場の向きや電流の向きを答えさせる問題が出題された。以上のような, 論理的思考力や情報の運用力を測る問題は, 共通テストに特徴的である。

以下, 本試を中心に概説する。

## 第1問

小問集合は力学，熱力学，波動，電磁気，原子の各分野から1問ずつ，計5問が出題された。

問2の原子核1個あたりの運動エネルギーの平均値に関する設問は，分子運動論の式自体というより，式の意味に対する理解が問われた。

問5は原子分野の，質量欠損と半減期に関する設問が出題された。答の選択肢は，この分野の演習が不足しがちな現役生への配慮が見られた。

## 第2問

ペットボトルロケットに関する探究問題。

「探究」がテーマであるが，求めるべき物理量は基本的に指示されているため，どう考えればよいかを考える負担は少ない。

与えられた文字の数が多く，$\Delta t$・$\Delta V$・$\Delta m$・$\Delta v$などの微小量も与えられた。近似は単純で，問題文はかなり工夫されていたものの，微小量を含む計算に苦手意識のある受験生は苦労したと思われる。

第2問は力学範囲からの出題であったが，問2には熱力学分野の仕事を求める問いが含まれていた。

## 第3問

両端を固定端とする弦(金属線)の，定常波(定在波)に関する探究問題。

問4では，4種類のグラフを見て，固有振動数と比例関係にある量を推定する。設問文をしっかり読めば，弦を伝わる波の速さの一般式(波の速さを，弦の張力の大きさと線密度を用いて表した式)を使わずとも解ける。

問5では，「弦の固有振動数」と「弦の直径」の表が与えられ，表の必要な部分だけに注目し，関係式を推定する。公式から答を導くことも可能ではあるが，設問の意図を読み取る柔軟性が問われた。

第3問は「物理基礎」波動分野の問題であるが，問1には，「物理」電磁気分野の「電流が磁場から受ける力」に関する問いが含まれていた。

## 第4問

導体紙に電流を流す場合などの電位や電場に関する問題。

問1と問2は，正負の2つの点電荷が作る電位の様子や，等電位線と電気力線に関する定性的な設問。

問3以降では，導体紙に直流電源をつないだ場合の，導体紙上の等電位線の図が与えられ，この図をもとに考察する。問4では，与えられたグラフからの必要な数値の読み取りとそれらを用いた計算を行う。

問5では，導体紙の抵抗率を求める。答の選択肢が見慣れない式であること，「小さい幅」を物理量として自分で文字で置く必要があることから，考えにくい設問であった。この設問は，個別試験レベルの演習量が多いほど有利だったと思われる。

## ■対策

### ●教科書の「探究活動」の実験を確認しよう

実験問題の題材として，教科書の「探究活動」を読み，装置や手順，考察の仕方を知ろう。学校でとり組んだ実験レポートも参考になる。通常の問題演習で意識することの少ない，誤差を減らすための工夫を考えたり測定結果から導かれることを考えたりする訓練が有効である。

### ●模試などの予想問題に多く取り組もう

共通テスト対策用の問題集や模試に数多く当たり，共通テスト特有の問題に慣れていこう。

### ●科学的なテーマの文章に触れよう

問題文では，実験の目的や探究の過程が丁寧に書かれている。解答に必要な情報を問題文や図・表からすばやく探せるように，また，実験の目的や論理展開を正しく把握できるようにする必要がある。長文の問題を解く，時間があれば科学的なテーマの文章を多く読むなどして，読解力・論理的思考力を鍛えよう。

# 模試 第1回

$\left(\begin{array}{c}100点\\60分\end{array}\right)$

## 〔物理〕

注 意 事 項

1 理科解答用紙（模試 第1回）をキリトリ線より切り離し，試験開始の準備をしなさい。

2 時間を計り，上記の解答時間内で解答しなさい。

 ただし，納得のいくまで時間をかけて解答するという利用法でもかまいません。

3 解答用紙には解答欄以外に受験番号欄，氏名欄，試験場コード欄，解答科目欄があります。解答科目欄は解答する科目を一つ選び，科目名の右の◯にマークしなさい。その他の欄は自分自身で本番を想定し，正しく記入し，マークしなさい。

4 解答は，解答用紙の解答欄にマークしなさい。例えば，10 と表示のある問いに対して③と解答する場合は，次の（例）のように解答番号10の解答欄の③にマークしなさい。

（例）

| 解答番号 | 解 答 欄 1 2 3 4 5 6 7 8 9 0 a b |
|---|---|
| 10 | ① ② ③ ④ ⑤ ⑥ ⑦ ⑧ ⑨ ⑩ ⓐ ⓑ |

5 問題冊子の余白等は適宜利用してよいが，どのページも切り離してはいけません。

# 物　　　　　理

$\left(\text{解答番号}\boxed{\ 1\ }\sim\boxed{\ 28\ }\right)$

**第 1 問**　次の問い（**問 1 ～ 5**）に答えよ。（配点　25）

問 1　次の文章中の空欄　$\boxed{\ \textbf{ア}\ }$　～　$\boxed{\ \textbf{ウ}\ }$　に入れる式や語句の組合せとして最も適当なものを，後の ① ～ ⑧ のうちから一つ選べ。　$\boxed{\ 1\ }$

　図 1 のように，空中の点 O から小球を自由落下させる。落下した小球は，固定された表面のなめらかな 2 枚の板で続けて弾性衝突した後，点 O から距離 $h$ だけ下方の点 A を，水平左向きの速度で通過したとする。重力加速度の大きさを $g$ とすると，この水平左向きの速度の大きさは　$\boxed{\ \textbf{ア}\ }$，小球が 2 枚の板から受ける撃力の力積の和を $\vec{I}$ とすると，$\vec{I}$ の鉛直成分，水平成分はそれぞれ　$\boxed{\ \textbf{イ}\ }$，$\boxed{\ \textbf{ウ}\ }$ である。

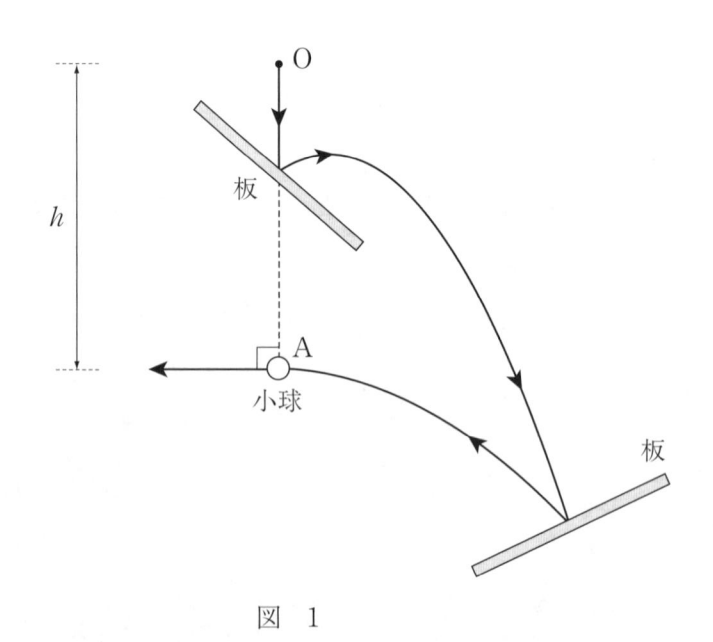

図　1

|   | ア | イ | ウ |
|---|---|---|---|
| ① | $\sqrt{2gh}$ | 上向き | 左向き |
| ② | $\sqrt{2gh}$ | 上向き | 0 |
| ③ | $\sqrt{2gh}$ | 0 | 左向き |
| ④ | $\sqrt{2gh}$ | 0 | 0 |
| ⑤ | $\sqrt{gh}$ | 上向き | 左向き |
| ⑥ | $\sqrt{gh}$ | 上向き | 0 |
| ⑦ | $\sqrt{gh}$ | 0 | 左向き |
| ⑧ | $\sqrt{gh}$ | 0 | 0 |

**問2** 図2のように4枚の薄い同形の金属板A〜Dを平行に並べ，外側のAとDを接地する。初め，すべての金属板に電荷は蓄えられていない。AB間，BC間，CD間の距離の比が1：2：1の状態で，金属板Cのみに正電荷$Q$を与えたとき，金属板Dの左側面に現れる電荷を表す式として正しいものを，後の①〜⑦のうちから一つ選べ。ただし，金属板間には一様な電場が生じ，それ以外の部分で電場は生じないものとする。　2

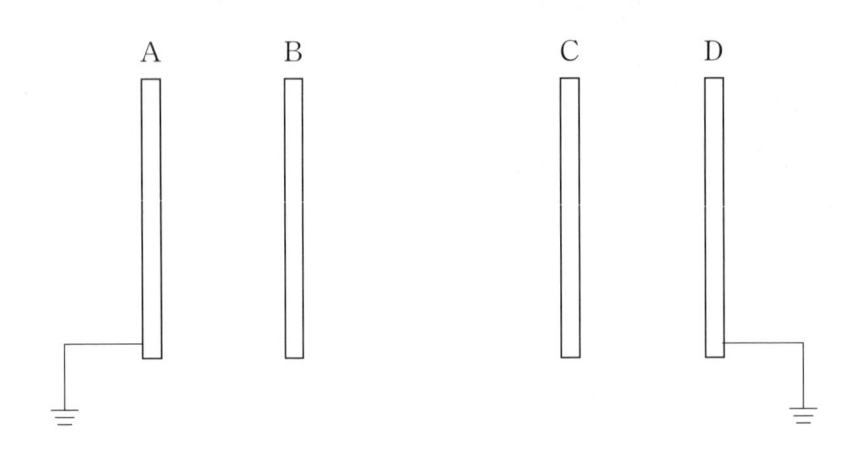

図　2

① $-\dfrac{1}{4}Q$　　　　② $-\dfrac{1}{3}Q$　　　　③ $-\dfrac{1}{2}Q$

④ $-\dfrac{2}{3}Q$　　　　⑤ $-\dfrac{3}{4}Q$　　　　⑥ $-Q$

⑦ 0

問3　次の文章中の空欄　3 ・ 4 に入れる式または語句として最も適当なものを，後の①〜⑥のうちから一つずつ選べ。

　図3のように原点Oから等距離の位置に波源A，Bがあり，ABは$x$軸に平行で，AB間の距離は$3\lambda$，ABの中点から原点Oまでの距離は$4\lambda$である。2つの波源からは，波長$\lambda$で振幅の等しい波が同位相で発生している。$x$軸上の任意の位置に移動できる波の観測器があり，この観測器で届いた波を観測する。初め，観測器は原点Oにあり，強め合う波を観測している。この観測器を$+x$向きにゆっくり移動させると，2つの波の経路差は少しずつ大きくなっていき，次に再び強め合う波を観測したときの観測器の$x$座標は$x=$　3 　である。同様に，観測器を$x$軸上のすべての位置に移動させて調べると，2つの波の完全な弱め合いが観測される位置の総数は，　4 　である。

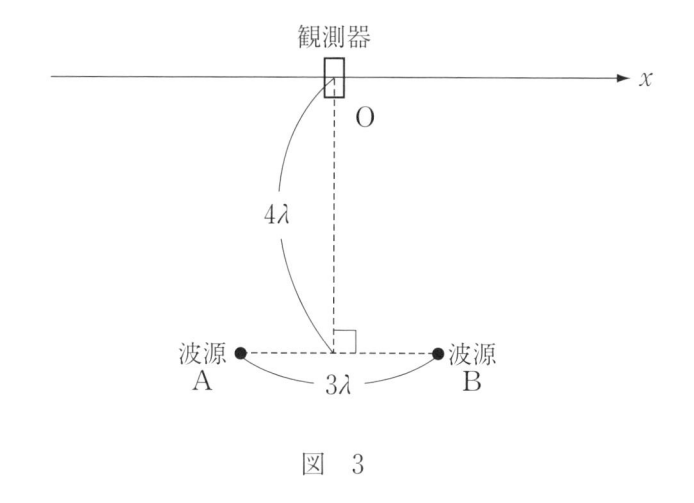

図　3

　3 　の選択肢

① $\dfrac{\lambda}{2}$　② $\lambda$　③ $\dfrac{3}{2}\lambda$　④ $2\lambda$　⑤ $\dfrac{5}{2}\lambda$　⑥ $3\lambda$

　4 　の選択肢

① 0個　② 2個　③ 4個　④ 6個　⑤ 8個　⑥ 10個以上

**問4** 次の文章中の空欄 5 に入れる式として正しいものを，直後の
$\left\{ \quad \right\}$ で囲んだ選択肢のうちから一つ，空欄 6 ・ 7 に入れる選択
肢として最も適当なものを，次ページの①〜④のうちから一つずつ選べ。

　図 4(a)は，$+x$ 向きまたは $-x$ 向きに進む周期的な縦波の時刻 $t=0$ での波
形を，$x$ 軸の正の向きへの変位を $y$ 軸の正の向きへの変位に，$x$ 軸の負の向き
への変位を $y$ 軸の負の向きへの変位に変換して横波として表したものの一部で
ある。この波の波長は $\lambda$ である。また，図 4(b)は，座標 $x=0$ の媒質の時刻 $t$
での変位を表したものの一部で，この波の周期は $T$ である。$+x$ 向きを正，
$-x$ 向きを負として，この波の速度は 5 $\left\{\text{①} \ \dfrac{\lambda}{T} \quad \text{②} \ -\dfrac{\lambda}{T}\right\}$ と
なる。また，時刻 $t=0$ における座標 $x$ の位置の媒質が振動する速度を表した
グラフは 6 であり，時刻 $t=0$ における座標 $x$ の位置の媒質の密度を表
したグラフは 7 である。

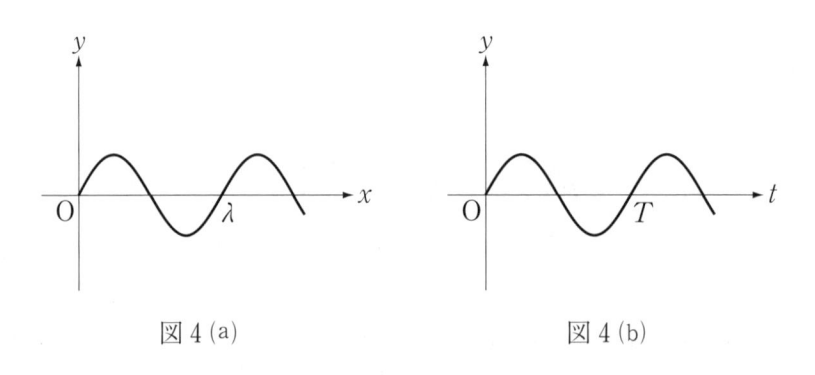

図 4 (a)　　　　　　　　図 4 (b)

①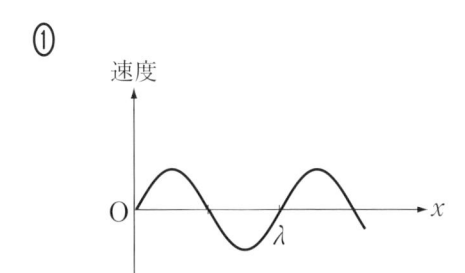

②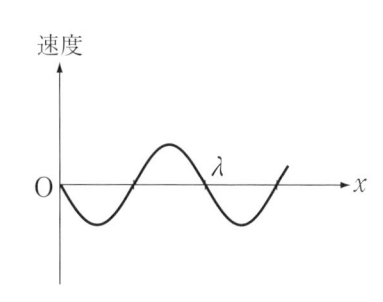

③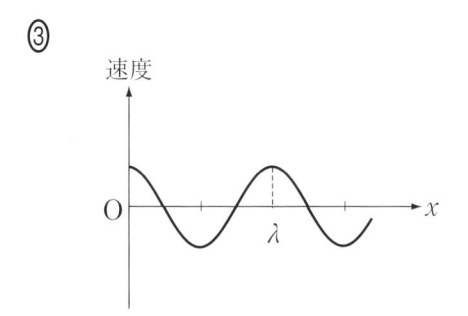

④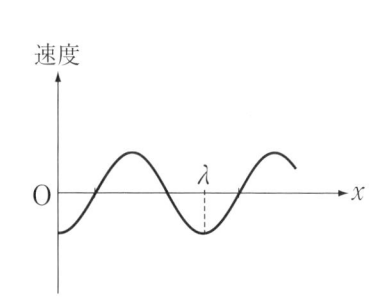

①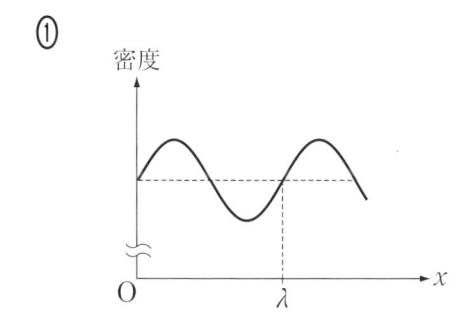

②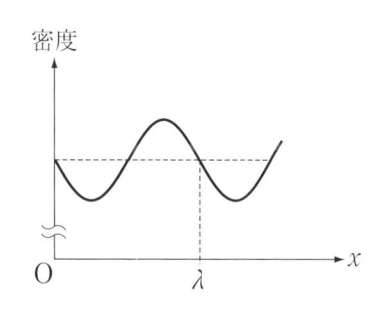

③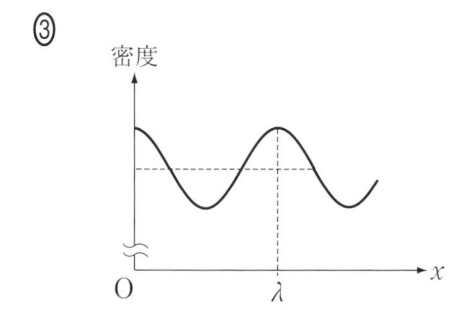

④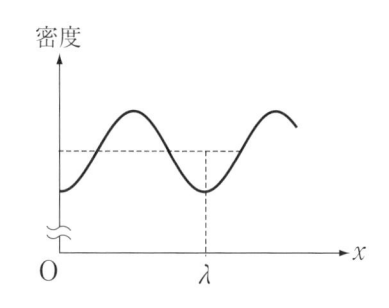

**問5** 次の文章の空欄 $\boxed{\phantom{8}8\phantom{8}}$ ～ $\boxed{\phantom{10}10\phantom{10}}$ に入れる不等式や記号，語句として最も適当なものを，それぞれの直後の{　}で囲んだ選択肢のうちから一つずつ選べ。

　ある圧力，温度で体積 $V_1$ の理想気体がある。この理想気体の体積を，次の3通りの方法で $V_2(>V_1)$ まで増加させる。体積を増加させた後の気体の状態を，順に状態 A，B，C とする。

　方法 I：気体の圧力を一定に保ちながら体積を増加させる。

　方法 II：気体の温度を一定に保ちながら体積を増加させる。

　方法 III：外部との熱の出入りがないようにして体積を増加させる。

状態 A，B，C の温度をそれぞれ $T_A$，$T_B$，$T_C$ とすると，それらの大小関係を表す不等式は $\boxed{\phantom{8}8\phantom{8}}$ {① $T_A > T_B > T_C$　　② $T_A > T_C > T_B$} となり，それぞれの方法での気体の状態変化を縦軸に圧力 $p$，横軸に体積 $V$ をとった $p$-$V$ グラフで表したものは，次ページの図の

$\boxed{\phantom{9}9\phantom{9}}$ {① (a)　② (b)　③ (c)　④ (d)}

のようになる。また，方法 II の状態変化において，気体が外部から吸収した熱量は $\boxed{\phantom{10}10\phantom{10}}$ {① 正の値　② 0　③ 負の値} である。

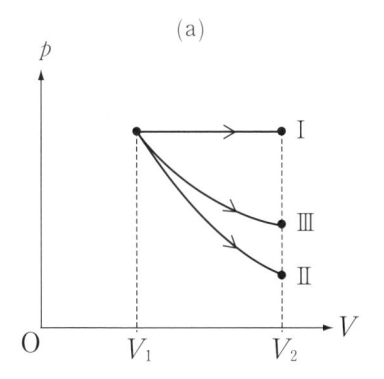

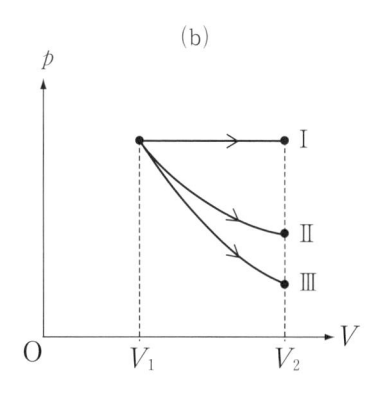

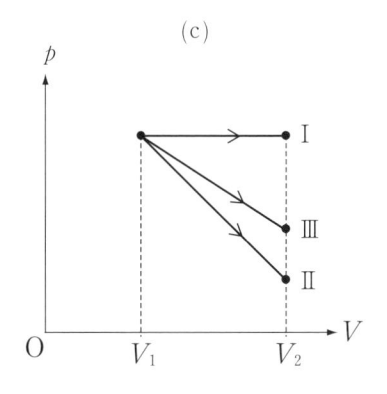

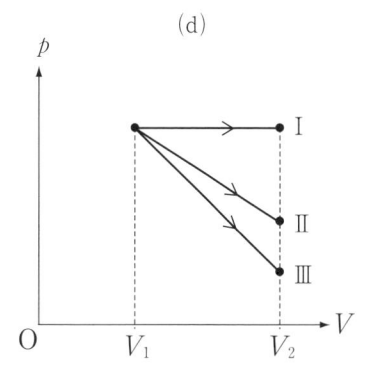

**第2問** 水平面とのなす角度が自由に変えられる，摩擦のある斜面上に置かれた物体について，後の問い（**問1〜5**）に答えよ。（配点　25）

図1のように，水平面となす角度が $\theta_1$（$0° < \theta_1 < 90°$）の斜面上に物体を静かに置いたところ，物体は斜面に沿って滑り始めた。物体と斜面の間の静止摩擦係数を $\mu$，動摩擦係数を $\mu'$，重力加速度の大きさを $g$ とする。

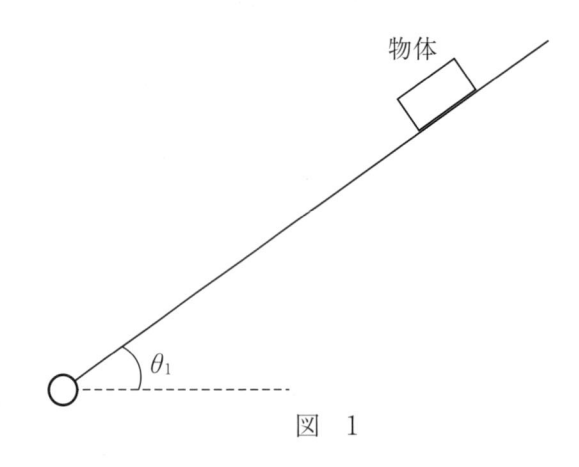

図　1

**問1** 静止摩擦係数 $\mu$，角度 $\theta_1$ の間に成り立つ関係式として正しいものを，次の ①〜⑨ のうちから一つ選べ。　11

① $\mu < \sin\theta_1$　　　② $\mu < \cos\theta_1$　　　③ $\mu < \tan\theta_1$

④ $\mu = \sin\theta_1$　　　⑤ $\mu = \cos\theta_1$　　　⑥ $\mu = \tan\theta_1$

⑦ $\mu > \sin\theta_1$　　　⑧ $\mu > \cos\theta_1$　　　⑨ $\mu > \tan\theta_1$

問2　次の文章中の空欄　12　に入れる式として正しいものを，次ページの①〜⑨のうちから一つ，　13　のグラフとして最も適当なものを，次ページの①〜④のうちから一つ選べ。

　　水平面と斜面のなす角度を $\theta_2(<\theta_1)$ にして，斜面上に物体を静かに置いたところ，物体は滑らずに静止した。この物体に斜面に沿って下向きの初速度 $v_0$ を与えたところ，物体は滑り始め，斜面に沿って下向きの速度 $v$ と時刻 $t$ の関係を表すグラフは図2のようになった。物体に初速度を与えた瞬間を時刻 $t=0$ とする。このとき，動摩擦係数 $\mu'$，角度 $\theta_2$ の間に成り立つ関係式は，　12　である。また，斜面の傾きはそのままで，物体に与える斜面に沿って下向きの初速度を $2v_0$ にした場合，速度 $v$ と時刻 $t$ の関係を表すグラフは　13　のようになる。

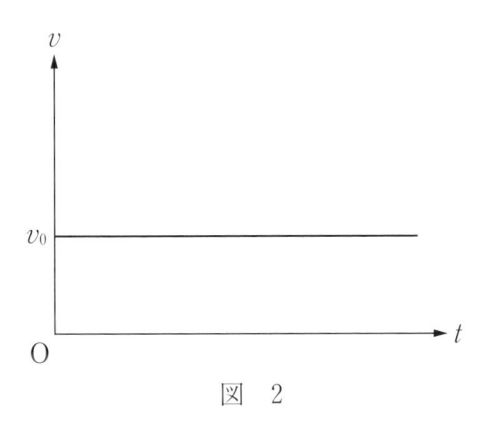

図　2

12 の選択肢

① $\mu' < \sin\theta_2$ 　　② $\mu' < \cos\theta_2$ 　　③ $\mu' < \tan\theta_2$

④ $\mu' = \sin\theta_2$ 　　⑤ $\mu' = \cos\theta_2$ 　　⑥ $\mu' = \tan\theta_2$

⑦ $\mu' > \sin\theta_2$ 　　⑧ $\mu' > \cos\theta_2$ 　　⑨ $\mu' > \tan\theta_2$

13 の選択肢

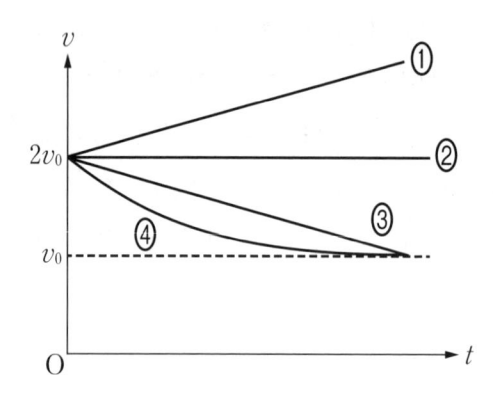

**問 3** 斜面上に物体を置き，水平面と斜面のなす角度を $0°$ から少しずつ大きくしていくと，やがて物体は滑り出す。斜面に対して物体が滑り出す直前の，水平面と斜面のなす角度を $\theta_3$ とする。この角を摩擦角という。

問 3 では，思考実験として，物体と斜面をエレベーター内に持ち込んだ場合，摩擦角 $\theta_3$ がどうなるかを考える。鉛直方向に加速度運動するエレベーター内の観測者から見て，物体には慣性力がはたらくように見える。鉛直下向きを正にとり，エレベーターの加速度を $a$ とする。$-g<a<g$ の範囲において，縦軸に摩擦角 $\theta_3$，横軸に加速度 $a$ をとったグラフとして最も適当なものを，次の ① 〜 ⑥ のうちから一つ選べ。 14

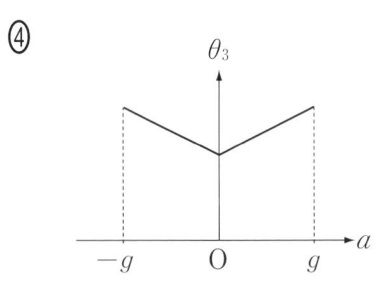

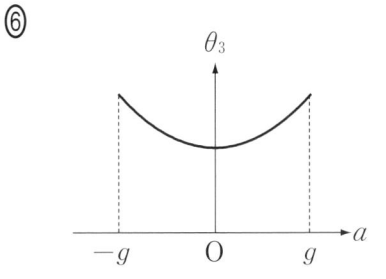

以下では物体を均質で変形しない剛体として扱う。物体の形は直方体である。また，物体の重心を G，G を通る鉛直線と斜面との交点を C，G を通る斜面に垂直な線と斜面との交点を O とする。

**問4**　水平面と斜面のなす角度を再び $\theta_2$ に固定し，斜面上で物体を静止させた。物体にはたらく重力，垂直抗力，静止摩擦力をそれぞれ 1 本の矢印で表した図として最も適当なものを，次の ① ～ ④ のうちから一つ選べ。 15

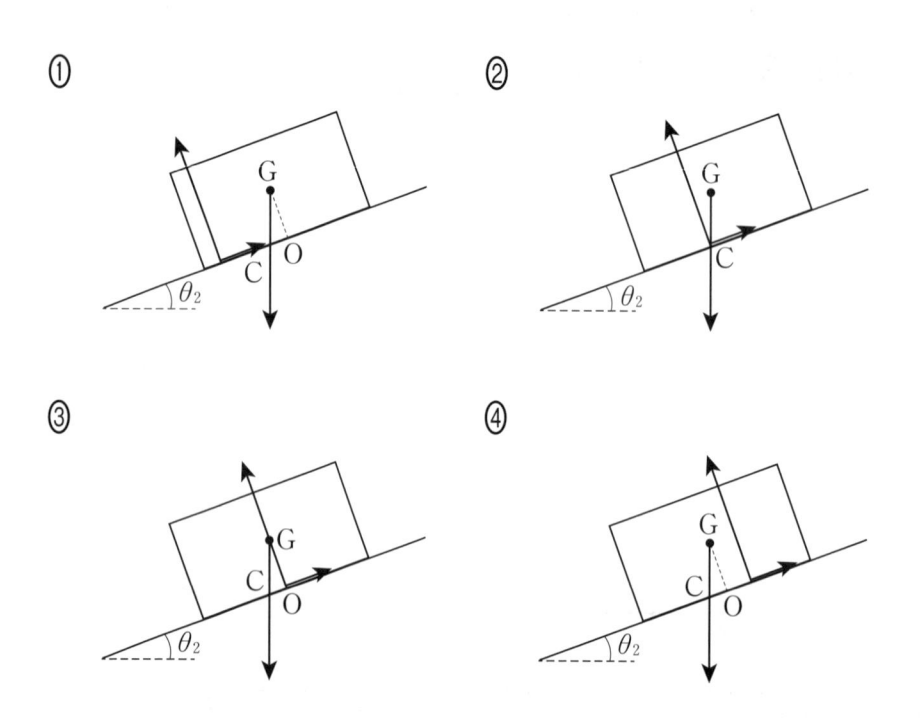

問5　水平面と斜面のなす角度を再び $\theta_1$ に固定する。物体の斜面に接する部分を図3のようにABとし，$OG = AA'$ を満たす物体の側面上の点 $A'$ に軽い糸をつなぐ。糸を斜面に平行な状態に保ち，大きさ $F$ $(<mg\sin\theta_1)$ の力で糸を引いて，滑り出さないように物体を静止させた。垂直抗力および静止摩擦力の作用点は一致しているとして，この作用点の位置として最も適当なものを，後の ① ～ ⑤ のうちから一つ選べ。　　16

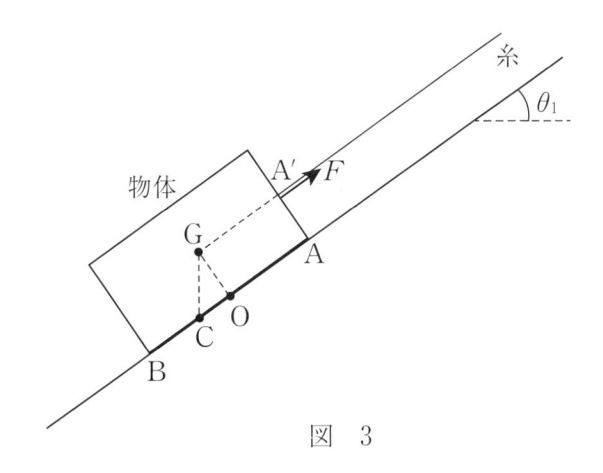

図　3

① AO 間（ただし点 O を含まない）

② 点 O

③ OC 間（ただし点 O と点 C を含まない）

④ 点 C

⑤ CB 間（ただし点 C を含まない）

**第3問** 次の文章を読み，後の問い（**問1～5**）に答えよ。（配点　25）

　図1のように，鉛直上向きで磁束密度の大きさ $B$ の一様な磁場中の水平面に，2本の平行な金属レールが固定されている。金属レールの右端を a，b とし，ab 間の距離は $l$ である。金属レール上には，質量 $m$，長さ $l$ の導体棒 PQ が置かれており，導体棒は，レールと垂直を保ったままなめらかに移動できる。絶縁性で伸び縮みしない軽い糸で，導体棒の中央と質量 $m$ のおもりをつなぎ，糸をなめらかな定滑車にかけておもりをつるす。定滑車と導体棒の間の糸は金属レールに平行である。重力加速度の大きさを $g$ とし，金属レールと糸は十分長いものとする。金属レールおよび導体棒の抵抗値，回路のインダクタンスは無視してよい。

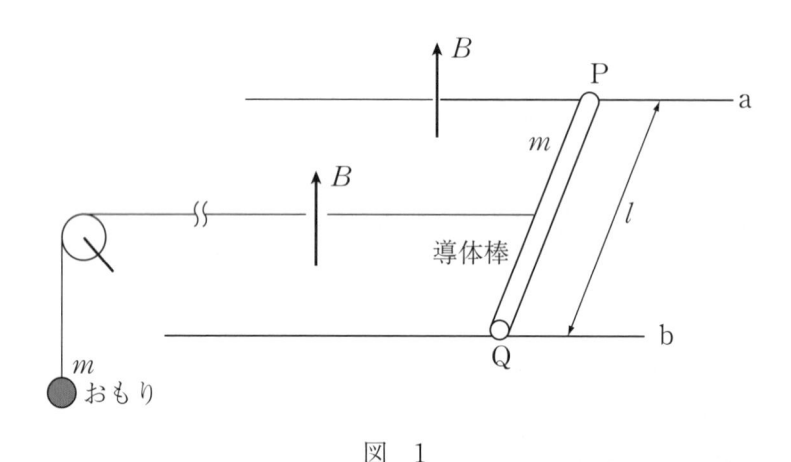

図　1

**問1**　次の文章中の空欄　17　・　18　に入れる式や図として最も適当なものを，直後の｛　｝で囲んだ選択肢のうちから一つずつ選べ。

　スイッチ S と抵抗値 $R$ の抵抗器 R をつないだ導線を a，b につなぎ，導体棒を静かに放したところ，導体棒は水平左向きに動き始めた。運動する導体棒には誘導起電力が生じる。導体棒を放してからの時間を $t$，時間 $t$ 経過後の導体棒の速さを $v$ として，$v$-$t$ グラフが図2のような直線になったとき，速さ $v$

を時間 $t$ の関数として表した式は

$$\boxed{17}\quad \left\{ \textcircled{1}\quad \frac{1}{2}gt \qquad \textcircled{2}\quad gt \qquad \textcircled{3}\quad 2gt \qquad \textcircled{4}\quad \frac{mgR}{B^2l^2} \qquad \textcircled{5}\quad \frac{mgR}{B^2l^2}t \right\}$$

であり，ab 間につないだ回路として最も適当なものは，下の図の

$\boxed{18}$ $\{\textcircled{1}\sim\textcircled{4}\}$ である。

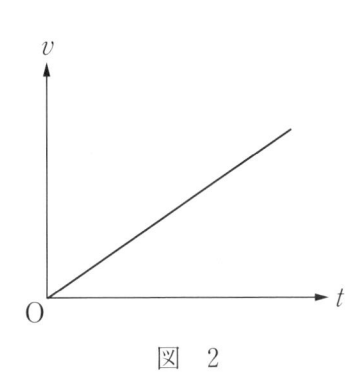

図　2

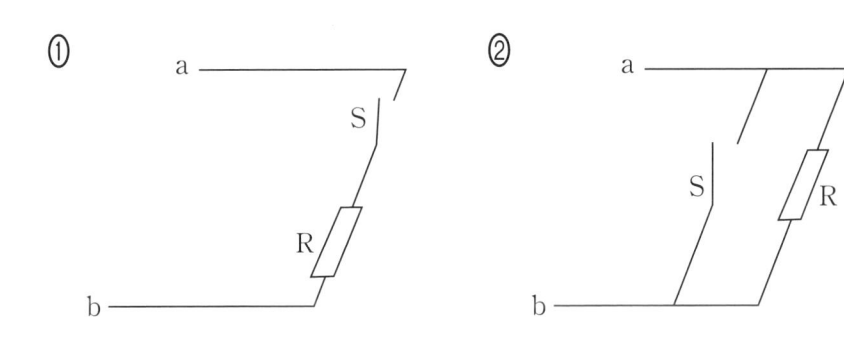

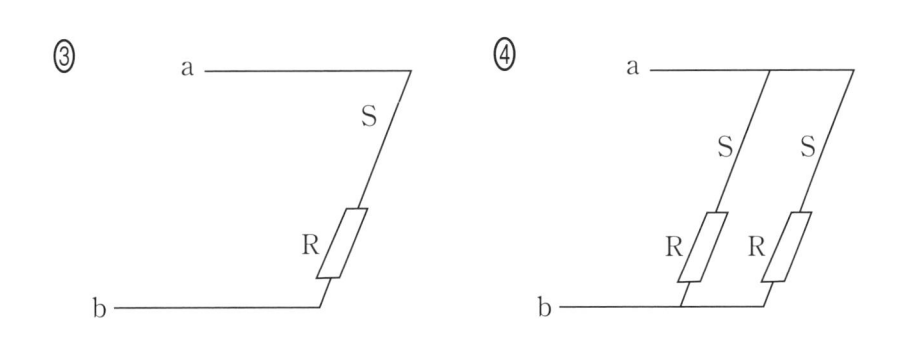

図3のようにab間を抵抗値$R$の抵抗器Rでつなぎ，導体棒を静かに放したところ，導体棒は水平左向きに運動し始めた。

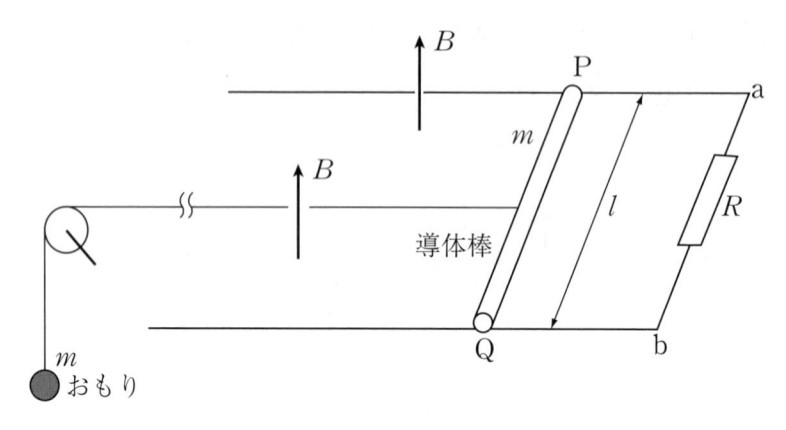

図　3

**問2** 次の文章中の空欄 ア ・ イ に入れる式の組合せとして最も適当なものを，後の ① ～ ⑨ のうちから一つ選べ。 19

　　導体棒の速さが $v\,(\neq 0)$，加速度の大きさが $a\,(\neq 0)$ の瞬間の，糸の張力の大きさを $T\,(>0)$ とする。$T$ と $mg$ の関係を表す式は ア であり，$T$ と $ma$ の関係を表す式は イ である。

|  | ア | イ |
|---|---|---|
| ① | $T > mg$ | $T > ma$ |
| ② | $T > mg$ | $T = ma$ |
| ③ | $T > mg$ | $T < ma$ |
| ④ | $T = mg$ | $T > ma$ |
| ⑤ | $T = mg$ | $T = ma$ |
| ⑥ | $T = mg$ | $T < ma$ |
| ⑦ | $T < mg$ | $T > ma$ |
| ⑧ | $T < mg$ | $T = ma$ |
| ⑨ | $T < mg$ | $T < ma$ |

**問3** 図3で，導体棒の速さはやがて一定値になる。この一定値を $v_T$ として，$v_T$ を表す式として正しいものを，次の①〜⑥のうちから一つ選べ。$v_T =$ 20

① $\dfrac{Bl}{mgR}$      ② $\dfrac{B^2l^2}{mgR}$      ③ $\dfrac{B^2l^2}{2mgR}$

④ $\dfrac{mgR}{Bl}$      ⑤ $\dfrac{mgR}{B^2l^2}$      ⑥ $\dfrac{2mgR}{B^2l^2}$

**問4** 図3で，導体棒の速さが $v_T$ に達した状態で，抵抗器Rで単位時間あたりに発生するジュール熱として正しいものを，次の①〜⑥のうちから一つ選べ。21

① $mv_T$      ② $mgv_T$      ③ $\dfrac{1}{2}mv_T{}^2$

④ $2mv_T$      ⑤ $2mgv_T$      ⑥ $mv_T{}^2$

（下 書 き 用 紙）

物理の試験問題は次に続く。

問5　次の会話文の内容が科学的に正しくなるように，空欄 22 ・ 23 に入れる記述として最も適当なものを，次ページのそれぞれの選択肢のうちから一つずつ選べ。

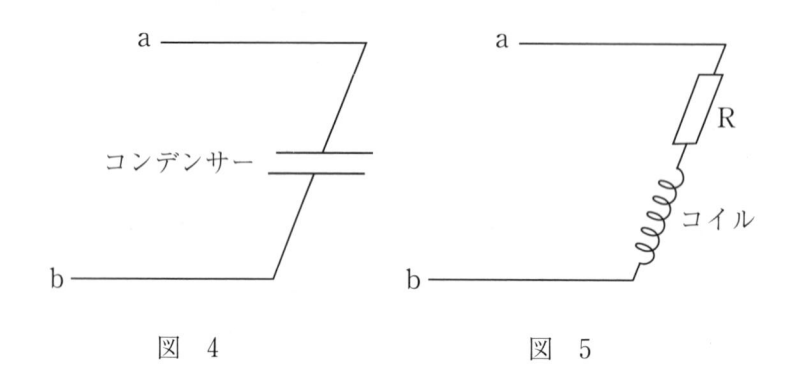

図 4　　　　　　　　　　図 5

先　生：図4はコンデンサーと導線をつないだもの，図5はコイルと抵抗器Rと導線をつないだものです。これらの導線の端a，bを，図1のa，bにそれぞれつなぐ場合を考えてみましょう。初めコンデンサーには電荷は蓄えられておらず，また，コンデンサーの耐電圧は十分大きいとして構いません。まず，図4の端a，bを図1のa，bにそれぞれつないだ状態で，導体棒を静かに放すと，その後の導体棒の速さはどうなりますか。

Aさん：やはり，**問3**と同じ結果になるのでしょうか。

先　生：前の設問を参考にするのは悪くないアプローチですよ。

Aさん：**問4**では，回路に出入りするエネルギーの収支の関係から，抵抗器Rでジュール熱が発生していました。ですが，図4の端a，bをそれぞれつないだ状態でおもりが降下しているとき，回路には抵抗がないのでジュール熱は発生せず，回路にはエネルギーが供給されます。だから，エネルギーの収支を考えると，導体棒の速さは 22

先　　生：次に，図5の端a，bを図1のa，bにそれぞれつなぎ，回路に電流が流れていない状態から，導体棒を静かに放すと，最終的に，導体棒の速さは一定値になります。

Bさん：最終的な状態での，導体棒の速さの一定値は　23　　このときの回路のエネルギー収支はどうなっているでしょうか。

先　　生：最終的な状態では，抵抗器Rからジュール熱が発生し，コイルにはエネルギーが蓄えられていますが，単位時間あたりの回路のエネルギー収支のバランスはとれています。

22 の選択肢

① つねに0です。

② 一定値になります。

③ 増加し続けます。

23 の選択肢

① $v_T$ より大きくなります。

② $v_T$ になります。

③ $v_T$ より小さくなります。

**第4問** 次の文章を読み，後の問い（**問1～5**）に答えよ。（配点 25）

　ウランやラジウムのように，天然に存在する原子の中には原子核が不安定なものがあり，それらは放射線を放出して他の原子核に変わることがある。

**問1** 次の文章中の空欄 ア ～ ウ に入れる語句の組合せとして最も適当なものを，後の①～⑧のうちから一つ選べ。 24

　主な放射線として，$\alpha$ 線，$\beta$ 線，$\gamma$ 線の3種類がある。$\alpha$ 線の正体はヘリウム原子核である。 ア の正体が電子であり，この電子は， イ ものである。また，これらの放射線のうち電離作用が最も大きいのは $\alpha$ 線であり，透過力が最も大きいのは ウ である。

| | ア | イ | ウ |
|---|---|---|---|
| ① | $\beta$ 線 | 原子核のまわりを回っていた | $\beta$ 線 |
| ② | $\beta$ 線 | 原子核のまわりを回っていた | $\gamma$ 線 |
| ③ | $\beta$ 線 | 原子核から放出された | $\beta$ 線 |
| ④ | $\beta$ 線 | 原子核から放出された | $\gamma$ 線 |
| ⑤ | $\gamma$ 線 | 原子核のまわりを回っていた | $\beta$ 線 |
| ⑥ | $\gamma$ 線 | 原子核のまわりを回っていた | $\gamma$ 線 |
| ⑦ | $\gamma$ 線 | 原子核から放出された | $\beta$ 線 |
| ⑧ | $\gamma$ 線 | 原子核から放出された | $\gamma$ 線 |

**問2** 次の文章中の空欄 $\boxed{25}$ に入れる数値として最も適当なものを，直後の $\{\quad\}$ で囲んだ選択肢のうちから一つ選べ。

　一様な磁場が生じている真空中に放射線が放射されると，磁場に垂直な方向の速度をもつヘリウム原子核と電子の軌跡は円軌道となる。ここではそれらの粒子を減速し，速さを光速に比べて十分小さくしたとする。電子の速さがヘリウム原子核の速さの約 19 倍のとき，電子の円運動の半径はヘリウム原子核の円運動の半径のおよそ

$\boxed{25}$ $\{$ ① $5\times10^{-5}$　② $5\times10^{-3}$　③ $0.5$　④ $5\times10\}$ 倍

である。ただし，真空中のクーロンの法則の比例定数を $k_0$，ヘリウム原子核の質量を $m_{He}$，電子の質量を $m_e$，電気素量を $e$，プランク定数を $h$，真空中の光の速さを $c$ とし，必要ならば，表1の値を用いよ。

表1　物理定数や物理量

| 名称 | 記号 | 数値・単位 |
|---|---|---|
| 真空中のクーロンの法則の比例定数 | $k_0$ | $8.988\times10^9\,\mathrm{N\cdot m^2/C^2}$ |
| ヘリウム原子核の質量 | $m_{He}$ | $6.646\times10^{-27}\,\mathrm{kg}$ |
| 電子の質量 | $m_e$ | $9.10938\times10^{-31}\,\mathrm{kg}$ |
| 電気素量 | $e$ | $1.60218\times10^{-19}\,\mathrm{C}$ |
| プランク定数 | $h$ | $6.62607\times10^{-34}\,\mathrm{J\cdot s}$ |
| 真空中の光の速さ | $c$ | $2.99792\times10^8\,\mathrm{m/s}$ |

**問3** $\alpha$ 線を放出する原子核の崩壊を $\alpha$ 崩壊という。$\alpha$ 崩壊の核反応式を表したものとして最も適当なものを，次の①〜④のうちから一つ選べ。 26

① $^{212}\text{Pb} \rightarrow {}^{210}\text{Pb} + \text{He}$

② $^{218}\text{Po} \rightarrow {}^{218}\text{Rn} + \text{He}$

③ $^{238}\text{U} \rightarrow {}^{234}\text{Th} + \text{He}$

④ $^{226}\text{Ra} \rightarrow {}^{218}\text{Po} + \text{He}$

ある点Oに静止していた原子核Xが $\alpha$ 崩壊し，別の原子核Yに変化したとする。$\alpha$ 崩壊で生じたヘリウム原子核と原子核Yは互いに遠ざかった。原子核Xの $\alpha$ 崩壊によって生じた原子核Yとヘリウム原子核をまとめて一つの物体系とし，X，Yの質量をそれぞれ $M_X$，$M_Y$ とする。

**問4** 原子核Xの $\alpha$ 崩壊の前後における，物理量の増減について述べた文として，**最も適当でないもの**を次の①〜④のうちから一つ選べ。 27

① 物体系の質量は減少する。

② $(M_X - M_Y - m_{He})\,c^2$ のエネルギーが発生する。

③ 物体系の運動エネルギーは増加する。

④ 物体系の運動量は増加する。

**問5** ある瞬間の，点Oから原子核Y，ヘリウム原子核までの距離をそれぞれ $L_Y$，$L_{He}$ とする。$L_Y$ と $L_{He}$ の比として正しいものを，次の①〜④のうちから一つ選べ。$L_Y : L_{He} =$ 28

① $m_{He} : M_Y$ 　　② $M_Y : m_{He}$ 　　③ $M_Y m_{He} : M_X{}^2$ 　　④ $M_X{}^2 : M_Y m_{He}$

# 模試　第2回

$\left(\begin{matrix}100点\\60分\end{matrix}\right)$

## 〔物理〕

### 注　意　事　項

1　理科解答用紙（模試 第2回）をキリトリ線より切り離し，試験開始の準備をしなさい。

2　時間を計り，上記の解答時間内で解答しなさい。

　ただし，納得のいくまで時間をかけて解答するという利用法でもかまいません。

3　解答用紙には解答欄以外に受験番号欄，氏名欄，試験場コード欄，解答科目欄があります。解答科目欄は解答する科目を一つ選び，科目名の右の◯にマークしなさい。その他の欄は自分自身で本番を想定し，正しく記入し，マークしなさい。

4　解答は，解答用紙の解答欄にマークしなさい。例えば， 10 と表示のある問いに対して③と解答する場合は，次の(例)のように解答番号10の解答欄の③にマークしなさい。

| (例) | 解答番号 | 解　　答　　欄 1 2 3 4 5 6 7 8 9 0 a b |
|---|---|---|
| | 10 | ① ② ③ ④ ⑤ ⑥ ⑦ ⑧ ⑨ ⑩ ⓐ ⓑ |

5　問題冊子の余白等は適宜利用してよいが，どのページも切り離してはいけません。

# 物　　　　　　理

**第1問**　次の問い（**問 1 〜 5**）に答えよ。（配点　25）

**問1**　ばね定数および自然長が等しく質量の無視できる2つのばねと，おもりを用意する。図1(a) では，2つのばねを直列に接続し，上端を天井に固定してつり下げ，下端におもりをつるした。図1(b) では，2つのばねを並列に接続し，上端を天井に固定してつり下げ，下端におもりをつるした。図1(a) と図1(b) のおもりの単振動の周期をそれぞれ $T_a$, $T_b$ とする。$T_a$ と $T_b$ の間に成り立つ式として正しいものを，後の **①〜⑤** のうちから一つ選べ。　1

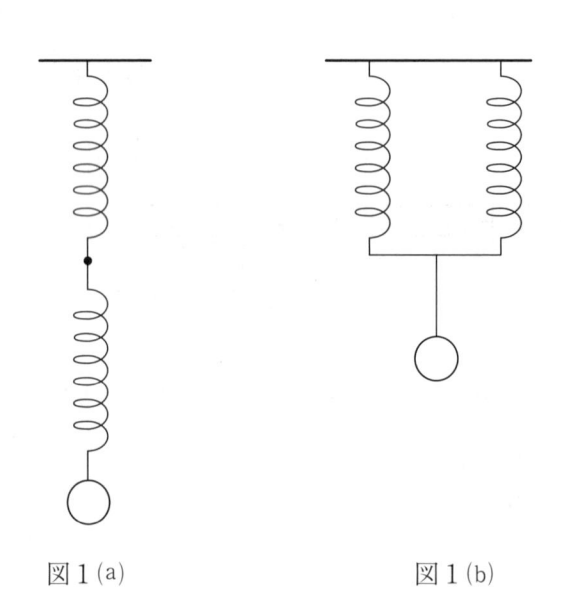

図 1 (a)　　　　　　　　　図 1 (b)

① 　$\sqrt{2}\,T_a = T_b$　　　　② 　$2T_a = T_b$　　　　③ 　$T_a = T_b$

④ 　$T_a = \sqrt{2}\,T_b$　　　　⑤ 　$T_a = 2T_b$

**問2** 次の文章中の空欄 2 ・ 3 に入れる数式として正しいものを，それぞれの直後の { } で囲んだ選択肢のうちから一つずつ選べ。

　図2のように $x$ 軸をとり，原点 O に大きさ $h$ の物体を置く。さらに，焦点距離がともに $a(>0)$ の凹レンズと凸レンズを用意し，$x=2a$ の位置に凹レンズ，$x=3a$ の位置に凸レンズを光軸を $x$ 軸に一致させて置く。このとき，2枚のレンズによってできる像の位置は

$x=$ 2 $\left\{ ① \ 4a \quad ② \ \dfrac{9}{2}a \quad ③ \ 5a \quad ④ \ \dfrac{11}{2}a \quad ⑤ \ 6a \quad ⑥ \ \dfrac{13}{2}a \right\}$

となる。また，その像の大きさは

3 $\left\{ ① \ \dfrac{1}{4}h \quad ② \ \dfrac{1}{3}h \quad ③ \ \dfrac{1}{2}h \quad ④ \ h \quad ⑤ \ 2h \quad ⑥ \ 3h \right\}$ となる。

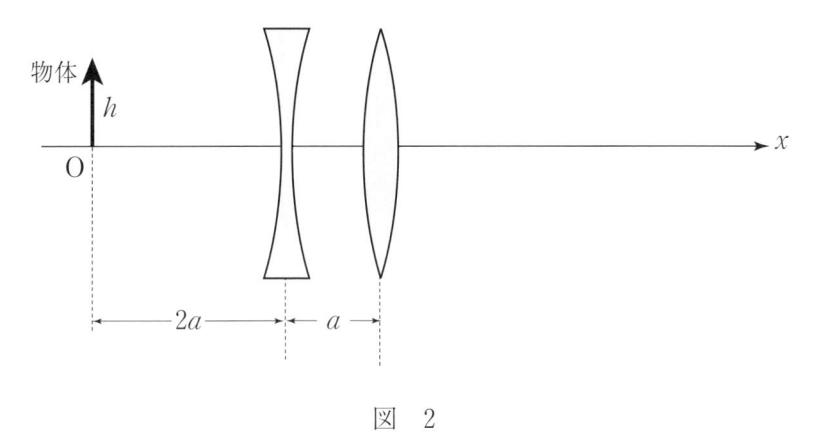

図　2

**問3** 接着工具用スティックは，合成樹脂を細長い円柱状に成型したものである。半透明で柔らかい接着工具用スティックの一端Aを，図3(a)のように，スマートフォンのライトに密着させ，ライトの光を一端Aに入射させると，端A付近はやや青みがかって見え，他端B付近は橙色に色づいて見えた。また，スティックを2本，3本と縦に密着させたものを同様に観察すると，端Aの色は変わらず，3本目の端B付近の色合いは，より赤みが増した。さらに，図3(b)のようにスティックを3本縦につなげたものを曲げても，3本目の端B付近は同様に赤く色づいて見えた。以上の観察結果に関係する光の性質や現象の組合せとして最も適切なものを，次の①〜⑥のうちから一つ選べ。
| 4 |

| | | |
|---|---|---|
| ① | 干渉 | 全反射 |
| ② | 干渉 | 分散 |
| ③ | 干渉 | 散乱 |
| ④ | 全反射 | 分散 |
| ⑤ | 全反射 | 散乱 |
| ⑥ | 分散 | 散乱 |

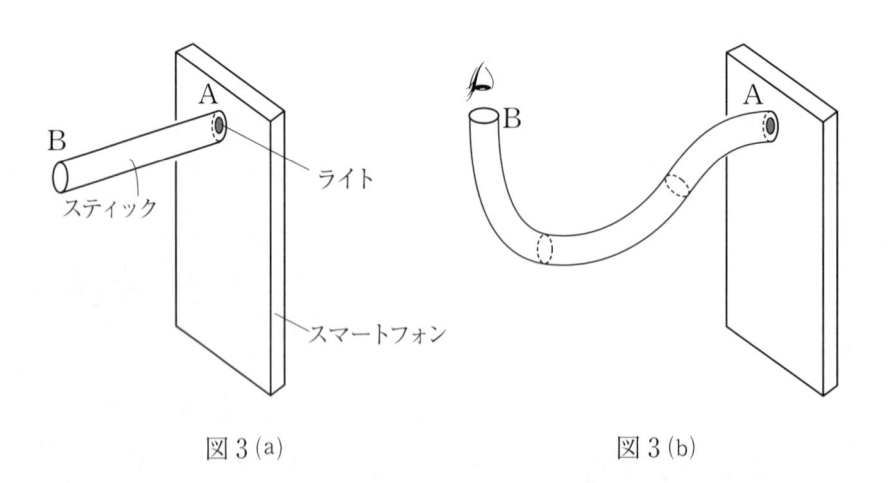

図3(a)　　　　　　　　　　図3(b)

**問 4** ある理想気体が，ピストンでシリンダー内に閉じ込められている。図 4 は，この気体の圧力 $p$ と体積 $V$ の変化を表す図である。初め状態 A にあった気体を，状態 B，状態 C，状態 D の順に変化させた後，再び状態 A にもどした。ただし，過程 A → B と C → D は等温変化，過程 B → C と D → A は断熱変化である。これらの過程を記述する文として最も適当なものを，後の ① 〜 ④ の中から一つ選べ。 <u>　5　</u>

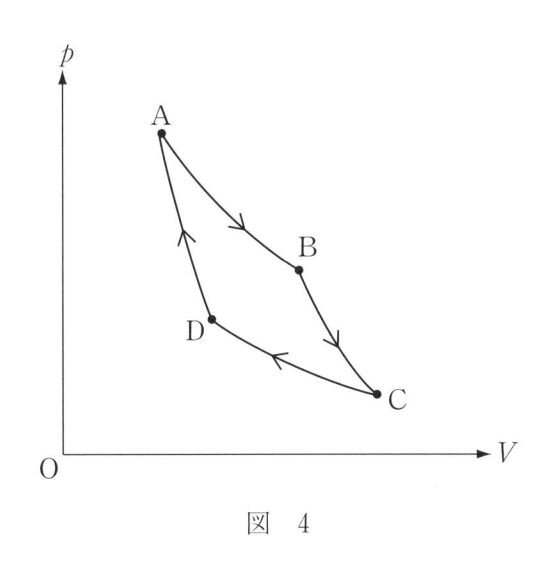

図　4

① 過程 A → B では，気体が吸収した正の熱量と気体の内部エネルギーの変化量は等しい。

② 過程 B → C では，気体が外部にした仕事は負である。

③ 過程 B → C と D → A では，気体の内部エネルギーの変化量の絶対値は等しい。

④ 過程 C → D では，気体は外部から正の熱量を吸収している。

**問 5** はく検電器に関する次の文章中の空欄 ア ～ ウ に入れる語句の組合せとして最も適当なものを，後の ① ～ ⑧ のうちから一つ選べ。 6

　一般に，理科室の机の上面は，不要な電気がたまらないよう，電気が地面に逃げやすい材質でできている。以下では，机は接地（アース）されており，金属と同様の静電誘導が机にも起こるとして考える。また，以下では，はく検電器のガラス容器が電気力線に与える影響は考えなくてよいものとする。

　次ページの図5のように，理科室の机の上に，電気を蓄えていないはく検電器を置く。はく検電器の金属円板の上から帯電棒を近づけると，はくは開く。

　図6は，電気を蓄えていない金属塊を，この机の上の空中に絶縁体を用いて固定し，その上から正の電気を帯びた金属の板を近づけた状態を表したものである。金属塊は直方体で，金属塊の上面・下面および金属の板は，机の上面に対して平行である。このとき静電誘導により，金属塊の上面と下面，机の上面に電荷が現れる。板・金属塊・机の上面の間には正電荷から負電荷に向かう向きの電気力線が生じ，金属塊の電位は机の上面の電位より ア 。また，図5と図6を対応させて考えると，図5においても，机の上面付近に電荷が現れると予想できる。

　図7のように，この机の上に三つのはく検電器を並べ，それらの金属円板に1本の金属棒を渡す。初め，はく検電器および金属棒に電荷は蓄えられておらず，すべてのはくは閉じている。この状態から一番右のはく検電器の上部に，正の帯電棒を近づけると，三つのはくはほぼ同じ大きさに開いたとする。このとき，一番右のはくと机の上面付近との間の電気力線の向きは イ であり，一番左のはくと机の上面付近との間の電気力線の向きは ウ である。

|  | ア | イ | ウ |
|---|---|---|---|
| ① | 高い | はくに入る向き | はくに入る向き |
| ② | 高い | はくに入る向き | はくから出る向き |
| ③ | 高い | はくから出る向き | はくに入る向き |
| ④ | 高い | はくから出る向き | はくから出る向き |
| ⑤ | 低い | はくに入る向き | はくに入る向き |
| ⑥ | 低い | はくに入る向き | はくから出る向き |
| ⑦ | 低い | はくから出る向き | はくに入る向き |
| ⑧ | 低い | はくから出る向き | はくから出る向き |

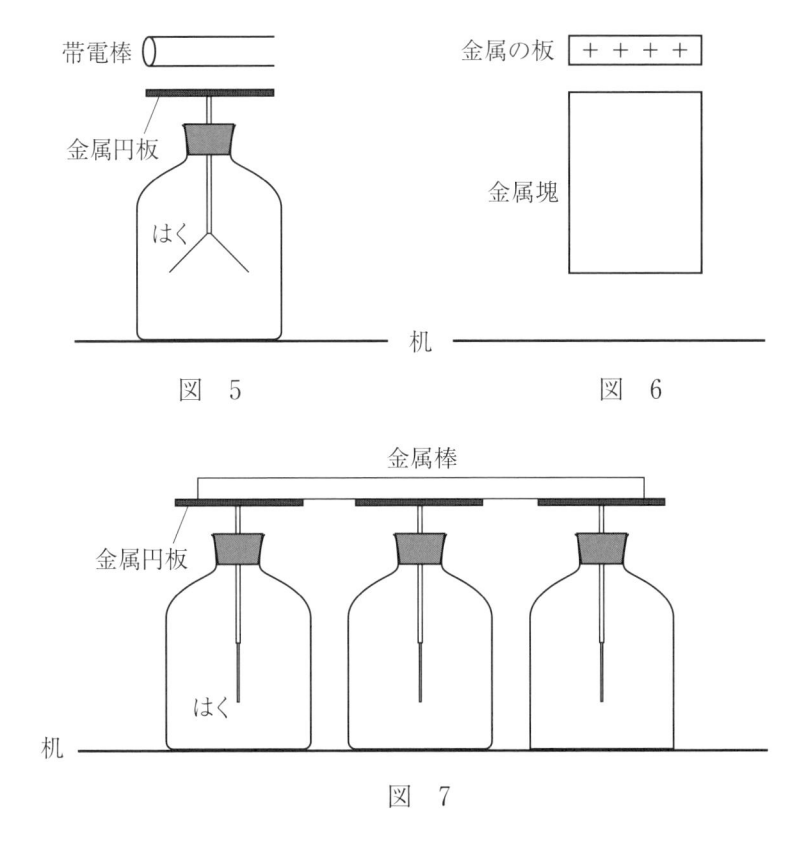

図　5　　　　　　　　　図　6

図　7

## 第 2 問　小球と台の運動について，後の問い(**問 1 〜 5**)に答えよ。(配点　25)

　図 1 のように，傾斜角 60° のなめらかな斜面 AB となめらかな水平面 BC があり，それらは点 B でなめらかに接続されている。水平面 BC 上には，質量 $2m$ で表面がなめらかな三角柱の台が静止している。三角柱の底面は直角三角形であり，この三角形の斜辺を ab とする。また，台は水平面 BC 上を自由に動くことができる。

　質量 $m$ の小球を斜面 AB 上のある点から静かに放すと，小球は斜面 AB に沿って滑り始めた。滑り始めた時刻を $t = 0$ とすると，小球は時刻 $t = t_1$ に点 B を水平右向きに通過した。その後小球は，時刻 $t = t_2$ に点 a をなめらかに通過して斜面 ab を上り始め，時刻 $t = t_3$ に b よりも低い位置の斜面 ab 上の最高点に達し，台に対して一瞬静止した。

　静かに放したときの小球の水平面 BC からの高さを $h$ とし，重力加速度の大きさを $g$ とする。C は十分遠方にあり，小球および台の運動は同一鉛直面内で行われるものとする。また，速さは水平面 BC に対する速さを考えるものとする。

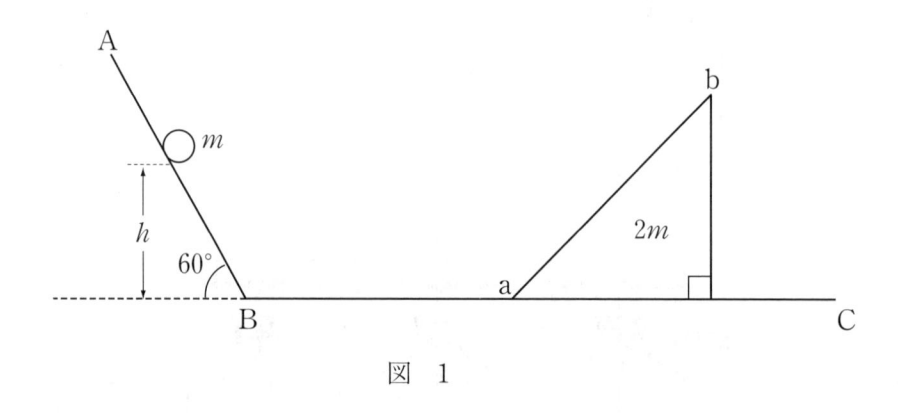

図　1

**問 1**　時刻 $t_1$ を表す式として正しいものを，次の ① 〜 ⑥ のうちから一つ選べ。
$t_1 = \boxed{\phantom{7}7\phantom{7}}$

① $\sqrt{\dfrac{2h}{g}}$　　　　　② $\sqrt{\dfrac{8h}{g}}$　　　　　③ $\sqrt{\dfrac{8h}{3g}}$

④ $\sqrt{\dfrac{2\sqrt{3}h}{g}}$　　　　⑤ $\sqrt{\dfrac{8\sqrt{3}h}{g}}$　　　　⑥ $\sqrt{\dfrac{8\sqrt{3}h}{3g}}$

**問2** 小球が斜面 ab 上の最高点に達するまでの，速さ $v$ と時刻 $t$ の関係を表すグラフとして最も適当なものを，次の ①〜⑥ の中から一つ選べ。ただし，時刻 $t_1$，$t_2$ における小球の速さを $v_1$，台の速さを $0$ とする。　　8

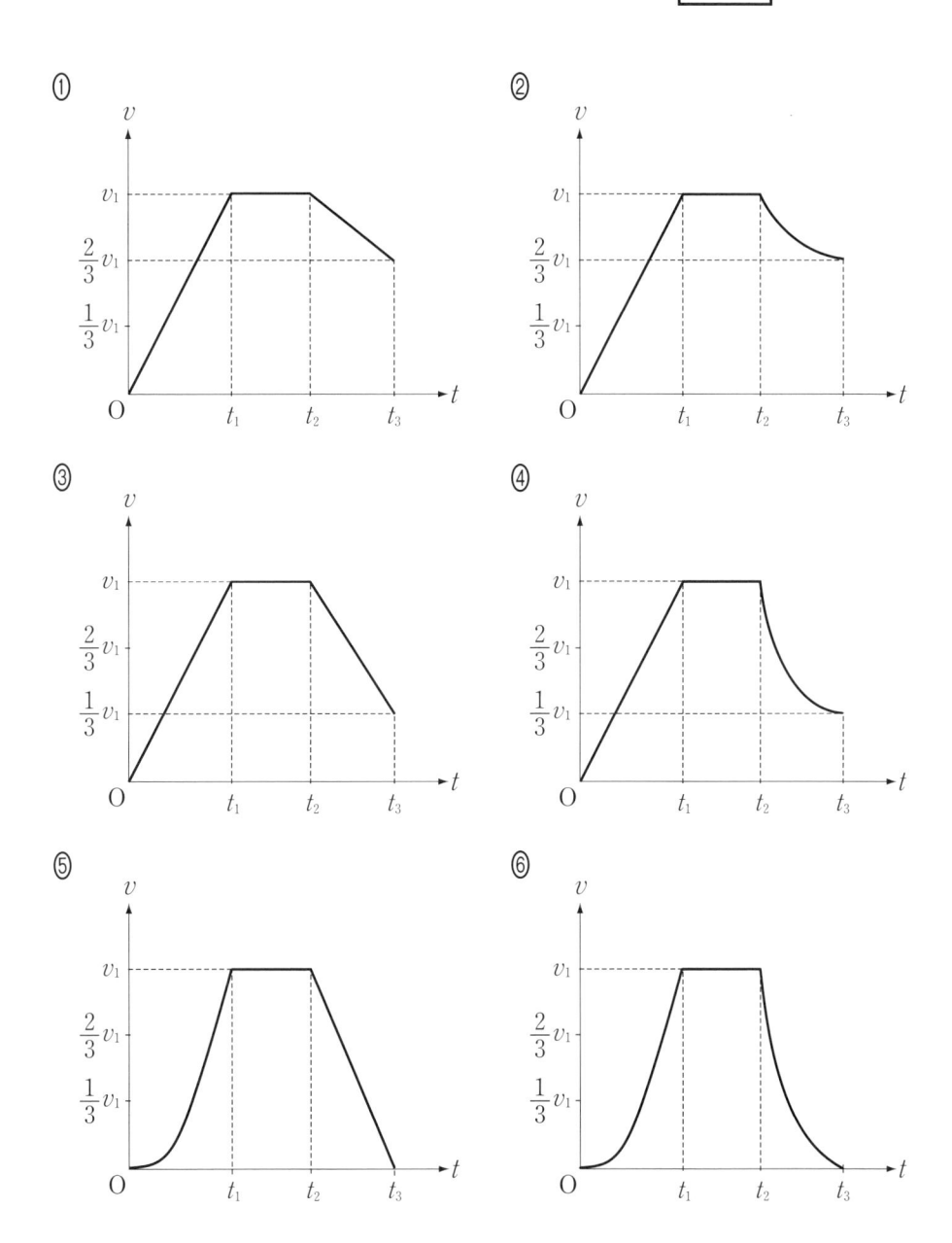

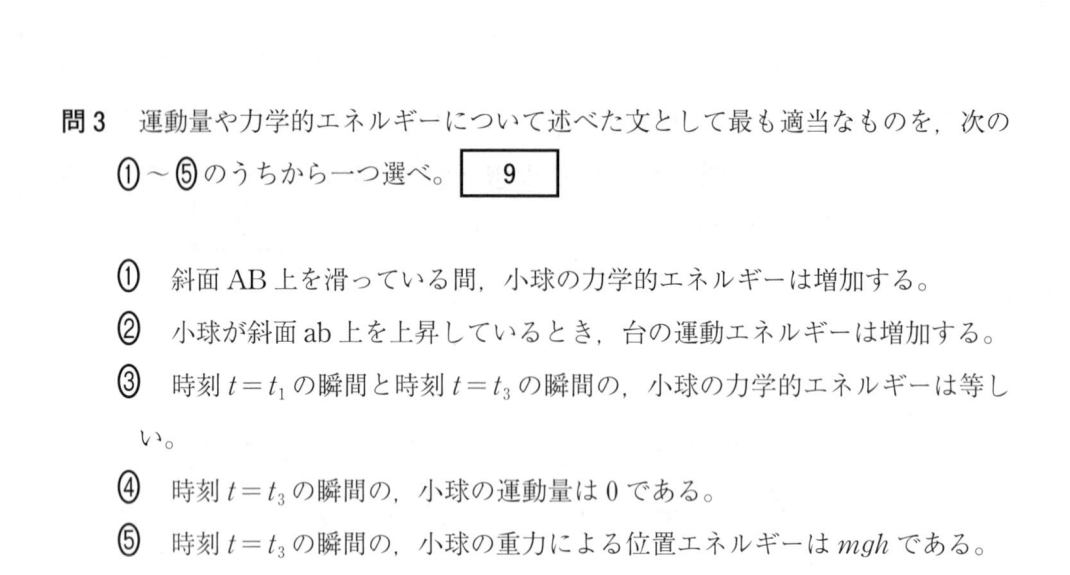

問3　運動量や力学的エネルギーについて述べた文として最も適当なものを，次の①〜⑤のうちから一つ選べ。　9

① 斜面 AB 上を滑っている間，小球の力学的エネルギーは増加する。

② 小球が斜面 ab 上を上昇しているとき，台の運動エネルギーは増加する。

③ 時刻 $t = t_1$ の瞬間と時刻 $t = t_3$ の瞬間の，小球の力学的エネルギーは等しい。

④ 時刻 $t = t_3$ の瞬間の，小球の運動量は 0 である。

⑤ 時刻 $t = t_3$ の瞬間の，小球の重力による位置エネルギーは $mgh$ である。

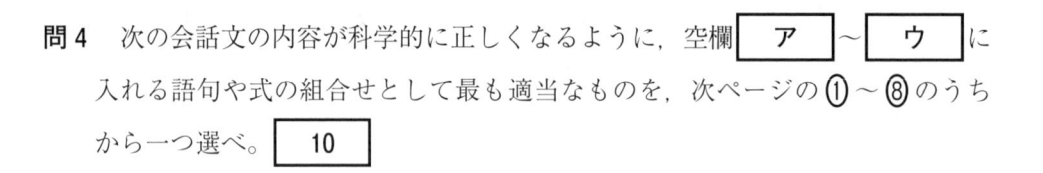

問4　次の会話文の内容が科学的に正しくなるように，空欄　ア　〜　ウ　に入れる語句や式の組合せとして最も適当なものを，次ページの①〜⑧のうちから一つ選べ。　10

先生：時刻 $t = t_3$ で最高点に達した後，小球は斜面 ab 上を下り始めます。小球が再び点 a を通過した瞬間を時刻 $t = t_4$ とします。台の質量を $M$ とおいて，一般化して考えてみましょう。水平右向きを正とし，時刻 $t = t_4$ の瞬間の小球の速度 $v_4$，台の速度 $V_4$ の式は求められますか。

A さん：小球と台の運動量保存と力学的エネルギー保存から，$v_4$ と $V_4$ が，$v_1$, $m$, $M$ を用いて表せます。

B さん：$M$ が $m$ の何倍かによって，$v_4$ と $V_4$ の取りうる値が変わってくるのですね。

先生：得られた式から，横軸に $M/m$，縦軸に $v_4$ と $V_4$ をとったグラフを描くと，それらは次ページの図 2，図 3 のようになります。縦軸の値は異なりますが，2 つのグラフは同じ形をしています。

B さん：グラフより，$M$ が $m$ に比べて　ア　ほど $v_4$ は小さくなることがわかります。

先生：図 2 のグラフで，グラフと横軸が重なる点は，どのような場合でしょう？

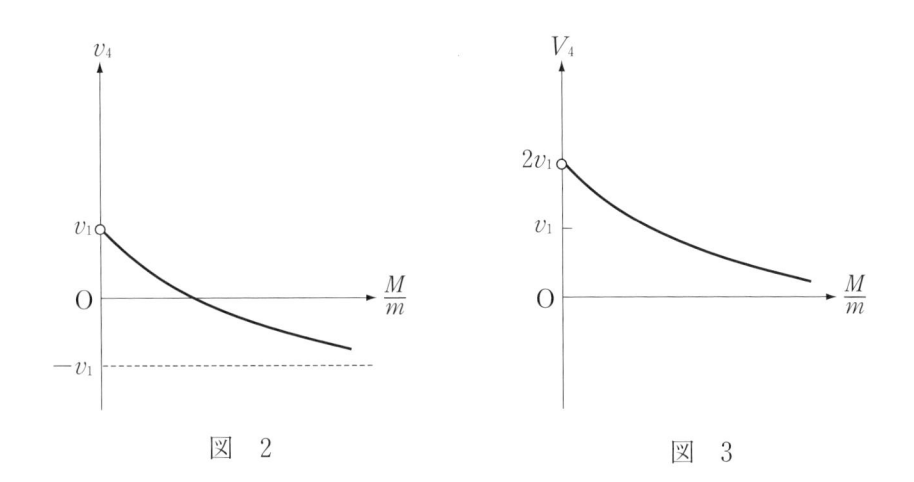

図 2　　　　　　　　　図 3

Bさん：運動量保存と力学的エネルギー保存を考えれば，$M =$ ┃　**イ**　┃のときです。

Aさん：すると，図1の $M = 2m$ の場合は，時刻 $t = t_4$ の瞬間，小球は┃　**ウ**　┃の向きに運動していることになりますね。

| | ア | イ | ウ |
|---|---|---|---|
| ① | 大きい | $m$ | 正 |
| ② | 大きい | $m$ | 負 |
| ③ | 大きい | $\dfrac{1}{2}m$ | 正 |
| ④ | 大きい | $\dfrac{1}{2}m$ | 負 |
| ⑤ | 小さい | $m$ | 正 |
| ⑥ | 小さい | $m$ | 負 |
| ⑦ | 小さい | $\dfrac{1}{2}m$ | 正 |
| ⑧ | 小さい | $\dfrac{1}{2}m$ | 負 |

**問 5** 時刻 $t = t_2$ に質量 $m$ の小球が質量 $M$ の台に接触し始めてから時刻 $t = t_4$ に離れるまでの状況は，この間に小球と台が衝突した状況と考えることができる。このとき，この衝突のはねかえり係数 $e$ を表す式として正しいものを，次の ① 〜 ④ のうちから一つ選べ。$e = \boxed{11}$

① 0　　　　② $\dfrac{M}{m}$　　　　③ $\dfrac{m}{M}$　　　　④ 1

（下 書 き 用 紙）

物理の試験問題は次に続く。

**第3問** 磁石をおもりとする振り子とコイルの相互作用の実験について，後の問い（**問1〜5**）に答えよ。（配点　25）

　図1(a)のように，厚紙を丸めてつくった円筒形の筒を鉛直に立て，側面の一部にエナメル線を密に巻いてコイルをつくる。コイルと豆電球，スイッチを直列につなぎ，直列につないだ2個の電池に接続した。図1(b)はその回路図である。電池の内部抵抗は無視できるものとする。スイッチを入れて回路に一定の電流を流すと，コイルには磁場が発生する。また，筒の上端で円の直径の距離だけ離れた2点に，クリップを利用して作った回転軸受けを，粘着テープで留める。

　次に，図2のように，質量 $m$ の円板形のフェライト磁石を，軽いプラスティックストローの端に粘着テープで留め，ストローの適当な位置に，ストローの軸に垂直に細くて軽い棒 AB を通して固着させる。フェライト磁石の円形の面は，ストローの軸および棒 AB と平行であり，棒 AB の長さはコイルの筒の直径より長い。

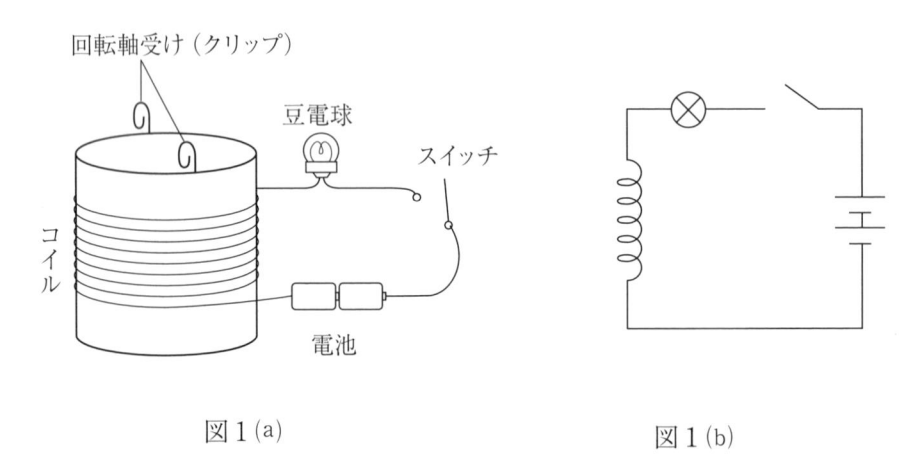

図 1 (a)　　　　　　　　　　　　　　図 1 (b)

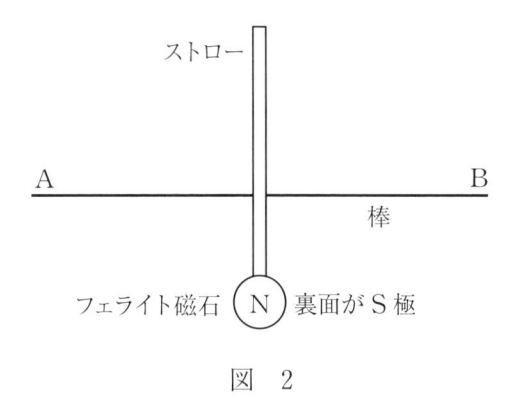

図　2

　図3(a) のように，棒 AB を回転軸受けに通し，図2の工作物（以下，振り子という）を，棒 AB を中心として自由に振動できるようにセットした。図3(b) は，この振り子を B 側から見た図である。振り子の重心を G とし，点 G から棒 AB までの距離を $L$ とする。フェライト磁石の N 極，S 極の磁気量をそれぞれ $+q$，$-q$ とし，それらは磁石表面上の点 $M_1$，$M_2$ に集中していると見なす。点 $M_1$，$M_2$ は点 G から等距離にあり，これら3点はストローの軸に垂直な同一直線上にある。また，$M_1M_2$ の距離は $d$ である。棒 AB と回転軸受けとの間の摩擦は無視できるものとする。また，コイル内に磁場が生じているとき，振り子には，フェライト磁石の重力と磁場から受ける磁気力，および回転軸受けからの鉛直上向きの垂直抗力がはたらく。重力加速度の大きさを $g$ とする。

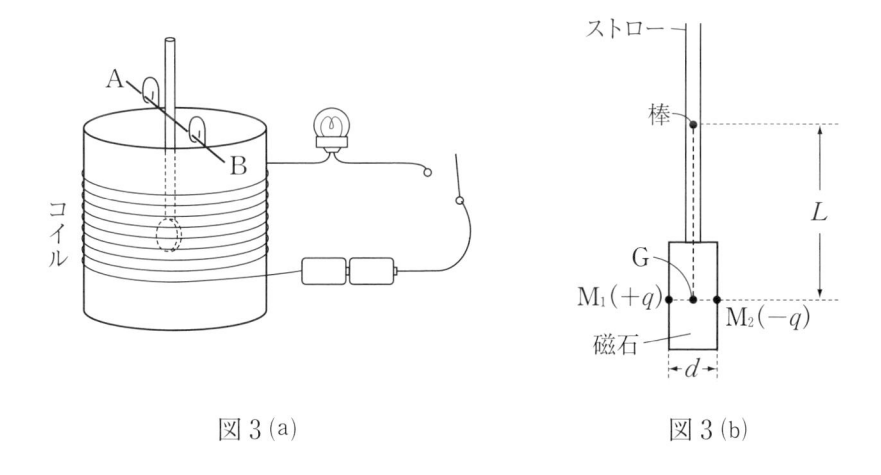

図 3 (a)　　　　　　　　図 3 (b)

**問1** 回路のスイッチを入れると，コイル内には強さ $H$ の一様な磁場が生じ，ストローが鉛直方向から角度 $\theta$ $(0° <\theta< 90°)$ だけ振れた状態で，振り子が静止したとする。この状態での，重心 G にはたらく重力の棒 AB のまわりのモーメントの大きさ $N_g$，N 極および S 極が磁場から受ける力の棒 AB のまわりのモーメントの大きさ $N_q$ を表す式の組合せとして正しいものを，後の ① 〜 ⑨ のうちから一つ選べ。 12

|  | $N_g$ | $N_q$ |
|---|---|---|
| ① | $mgL$ | $qHd$ |
| ② | $mgL$ | $qHd\sin\theta$ |
| ③ | $mgL$ | $qHd\cos\theta$ |
| ④ | $mgL\sin\theta$ | $qHd$ |
| ⑤ | $mgL\sin\theta$ | $qHd\sin\theta$ |
| ⑥ | $mgL\sin\theta$ | $qHd\cos\theta$ |
| ⑦ | $mgL\cos\theta$ | $qHd$ |
| ⑧ | $mgL\cos\theta$ | $qHd\sin\theta$ |
| ⑨ | $mgL\cos\theta$ | $qHd\cos\theta$ |

**問2** 次の会話文の内容が科学的に正しくなるように，空欄 ア 〜 ウ に入れる語句の組合せとして最も適当なものを，次ページの ① 〜 ⑧ のうちから一つ選べ。 13

先生：振り子にはたらく力のモーメントのつり合いから，$\tan\theta$ を求めること
　　　ができます。

A さん：計算すると

$$\tan\theta = \frac{qHd}{mgL}$$

　　　となりました。ソレノイドコイルの場合，コイル内の磁場の強さは電
　　　流に　ア　するから，電流が強いほど $\tan\theta$ が大きくなります。す
　　　ると，この装置は電流計として使えるのではないでしょうか。

先生：確かにそうですね。$\theta$ を調べて計算すると，このときの電流の強さが求
　　　められますね。もし電流が弱くて $\theta$ が小さ過ぎる場合は，$\theta$ を大きくす
　　　るために振り子をどう改良すればよいでしょう？

A さん：ストローに通す棒 AB の位置を，磁石に　イ　向きにずらせば良
　　　いと思います。

先生：ただし，この装置の場合は，$\theta$ が大きくなりすぎると，電流と $\tan\theta$ の
　　　　ア　関係がずれてくるので注意が必要です。それは，磁石が円筒に
　　　近づき過ぎると磁石とエナメル線が引き合う力が無視できなくなること
　　　や，　ウ　などが原因です。

| | ア | イ | ウ |
|---|---|---|---|
| ① | 比例 | 近づく | 磁場の向きと大きさが一様でなくなること |
| ② | 比例 | 近づく | 渦電流が生じること |
| ③ | 比例 | 遠ざかる | 磁場の向きと大きさが一様でなくなること |
| ④ | 比例 | 遠ざかる | 渦電流が生じること |
| ⑤ | 反比例 | 近づく | 磁場の向きと大きさが一様でなくなること |
| ⑥ | 反比例 | 近づく | 渦電流が生じること |
| ⑦ | 反比例 | 遠ざかる | 磁場の向きと大きさが一様でなくなること |
| ⑧ | 反比例 | 遠ざかる | 渦電流が生じること |

次の文章中の空欄 14 ・ 15 に入れる語句として最も適当なものを，

それぞれの直後の $\left\{ \ \right\}$ で囲んだ選択肢のうちから一つずつ選べ。


図1の2個の電池を使った回路でスイッチを入れ，振り子が静止しているときにストローが鉛直方向となす角度を $\theta = \theta_2$，図1で電池を1個にした回路で振り子が静止しているときにストローが鉛直方向となす角度を $\theta = \theta_1$ とする。電池が2個の場合でも1個の場合でも，**問2**の

$$\tan\theta = \frac{qHd}{mgL}$$

の関係が成り立つとき，$\tan\theta_1$ は $\tan\theta_2$ の

14 $\left\{ \begin{array}{l} ① \quad 0.5 倍未満の値 \\ ② \quad 0.5 倍の値 \\ ③ \quad 1 倍より小さく 0.5 倍より大きい値 \end{array} \right\}$ になる。これは，一般に，

豆電球にかける電圧と流れる電流の関係が，次ページの図4(a) のような曲線になることから理解できる。

また，図4(b) は，図4(a) の縦軸と横軸を逆にしたものである。豆電球にある電圧 $v$ をかけたときに流れる電流の強さを $i$ として，$v/i$ をその電圧 $v$ での抵抗値と定義する場合，図4(b) より，電池を2個から1個にするとこの抵抗値が

15 $\left\{ \begin{array}{l} ① \quad 小さくなる \\ ② \quad 変わらない \\ ③ \quad 大きくなる \end{array} \right\}$ が，これは，豆電球のフィラメントを構成する

原子の熱振動の激しさと自由電子の通りにくさの関係で理解することができる。

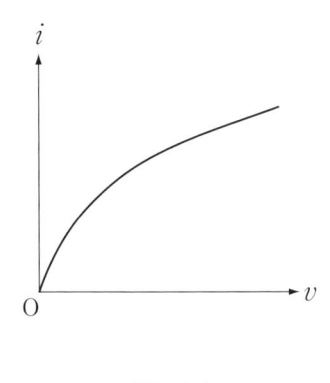

図 4 (a)

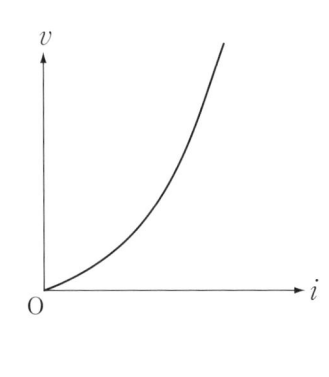

図 4 (b)

問4 図1の回路から，電池とスイッチを外し，コイルと豆電球からなる回路にする。これを (a) とする。

(a) 1個の豆電球をつないだ回路。

　また，豆電球を2個用意し，(a) の回路の豆電球の部分を以下の (b)，(c) のようにつないだものもつくる。

(b) 2個の豆電球のリード線を直列につないだ回路。

(c) 2個の豆電球のリード線を並列につないだ回路。


さらに，振り子の重心 G から棒 AB までの距離を短くし，ストローを傾けてもフェライト磁石が厚紙に接触しないようにする。上の(a)〜(c)のそれぞれの回路について，ストローを鉛直方向から 90° 傾け，フェライト磁石の N 極を上に向けた状態から，振り子を静かに放したところ，振り子はいずれの場合も振動が減衰しやがて静止した。振り子を放してから静止するまでの時間を長い順に並べるとどうなるか。最も適当なものを，次の ① 〜 ⑥ のうちから一つ選べ。　16

① (a)，(b)，(c)　　② (a)，(c)，(b)　　③ (b)，(a)，(c)

④ (b)，(c)，(a)　　⑤ (c)，(a)，(b)　　⑥ (c)，(b)，(a)

問5　問4の回路からさらに豆電球を外し，代わりに検流計をつないで，コイルと検流計からなる回路を作成する。ストローを鉛直方向から 90° 傾け，フェライト磁石の N 極を上に向けた状態から，磁石に鉛直下向きの初速度を与えて振り子を運動させた。フェライト磁石に初速度を与えた直後のコイルの誘導電流についての記述として最も適当なものを，後の ① 〜 ⑤ のうちから一つ選べ。

17

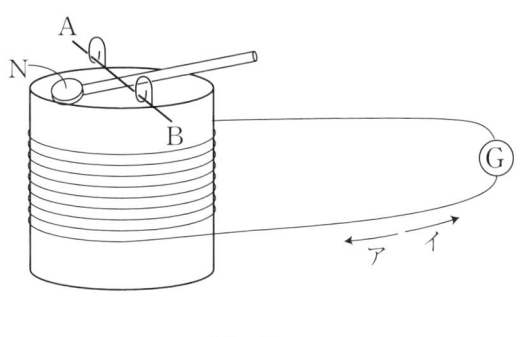

図　5

① 誘導電流は流れない。

② コイルを下向きに貫く磁場が増加するので誘導電流はアの向きに流れる。

③ コイルを下向きに貫く磁場が増加するので誘導電流はイの向きに流れる。

④ コイルを上向きに貫く磁場が増加するので誘導電流はアの向きに流れる。

⑤ コイルを上向きに貫く磁場が増加するので誘導電流はイの向きに流れる。

**第4問** 次の文章を読み，後の問い（**問1～5**）に答えよ。（配点　25）

　1900年代初期，電子の電気量を求める実験がロバート・A・ミリカンらによって行われた。ミリカンは霧吹きを用いて油滴をつくり，図1のように上の極板にある小さな穴から，油滴を極板間に落下させた。さらに，油滴周辺の空気の分子に，X線を当てて分子をイオン化し，このイオンを付着させることで油滴を正に帯電させた。

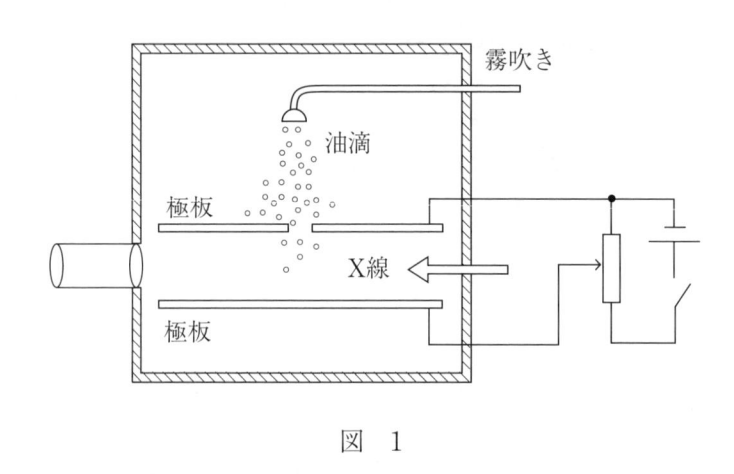

図　1

**問1**　次の文章中の空欄　ア　・　イ　に入れる語句と式の組合せとして最も適当なものを，次ページの①～⑥のうちから一つ選べ。　18

　　運動する油滴には，その速さに比例する空気抵抗がはたらく。極板間の電場が0のとき，極板間を落下する油滴にはたらく力はすぐにつり合い，油滴は等速でゆっくりと移動する。ある油滴を観測すると，その速さは$v_0$であった。

　　次に，極板間に電圧をかけると，極板間の電場から　ア　を受け，観測していた油滴が上昇し始めた。油滴にはたらく力はすぐにつり合って等速でゆっくりと移動するようになり，このときの油滴の速さは$v'$であった。

　　速さに比例する空気抵抗の比例定数を$k$，極板間の電場の強さを$E$とすると，油滴の電気量$q$は，$q =$　イ　と表される。

|   | ア | イ |
|---|---|---|
| ① | 静電気力 | $\dfrac{k}{E}(v_0+v')$ |
| ② | 静電気力 | $\dfrac{k}{E}(v_0-v')$ |
| ③ | 静電気力 | $\dfrac{k}{E}(v'-v_0)$ |
| ④ | ローレンツ力 | $\dfrac{k}{E}(v_0+v')$ |
| ⑤ | ローレンツ力 | $\dfrac{k}{E}(v_0-v')$ |
| ⑥ | ローレンツ力 | $\dfrac{k}{E}(v'-v_0)$ |

**問2** ミリカンの実験で，いろいろな油滴の電気量を測定したところ，次に示す5つの測定値が得られた。油滴の電気量は電気素量 $e$ の整数倍であるとして，この表の数値から，電気素量 $e$ を有効数字3桁で求めるとどうなるか。次の空欄 $\boxed{19}$ ～ $\boxed{21}$ に入れる数字として最も適当なものを，後の ① ～ ⓪ のうちから一つずつ選べ。ただし，同じものを繰り返し選んでもよい。

| 測定値〔$\times10^{-19}$C〕 | 1.602 | 3.180 | 4.790 | 9.528 | 12.70 |
|---|---|---|---|---|---|

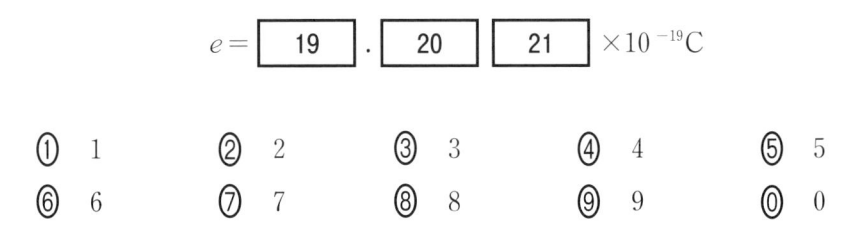

$$e = \boxed{19}\ .\ \boxed{20}\ \boxed{21}\ \times10^{-19}\text{C}$$

① 1 　　② 2 　　③ 3 　　④ 4 　　⑤ 5

⑥ 6 　　⑦ 7 　　⑧ 8 　　⑨ 9 　　⓪ 0

次に，電子の電荷を $-e$，質量を $m$ として比電荷 $e/m$ を決める方法について考える。比電荷を精密に決める方法の1つに，2つのコンデンサーを用いる方法がある。図2にその装置を示す。

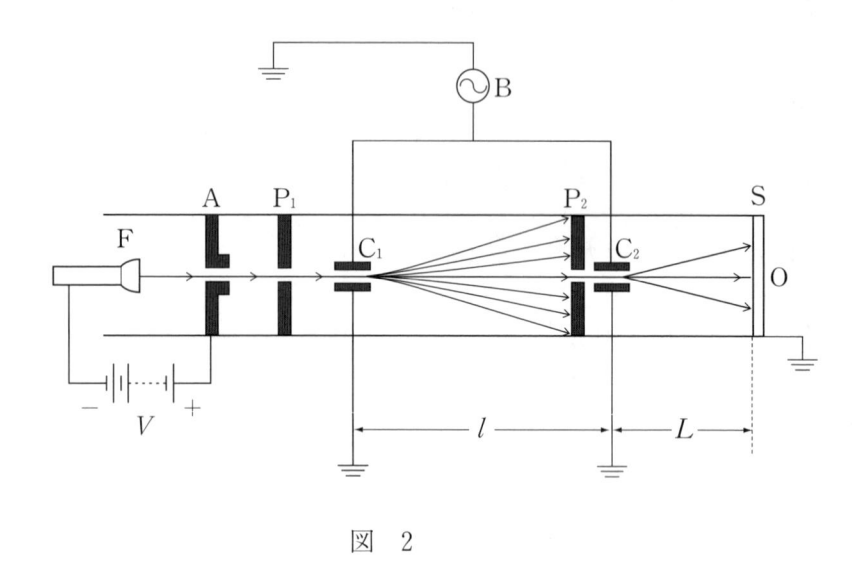

図　2

　装置中央には，コンデンサー $C_1$，$C_2$ が設置されている。$C_1$，$C_2$ の上側の極板は高周波交流電源Bに接続され，Bの先は接地されており，$C_1$，$C_2$ の下側の極板はそのまま接地されている。したがって，$C_1$，$C_2$ には，同位相の交流電圧が加わり，極板間には同位相の電場が生じる。図3は，$C_1$，$C_2$ の上側の極板の電位の時間変化を表すグラフであり，振幅は $V_0$，周期は $T$ である。

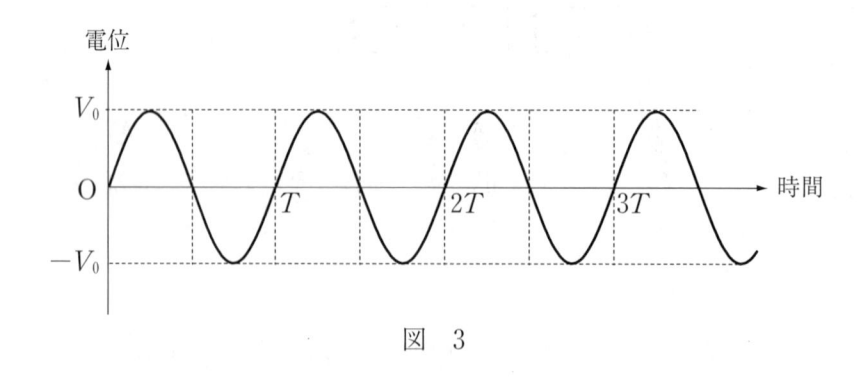

図　3

装置左端の熱せられたフィラメント(陰極)Fから出た電子は，陽極Aとの間の高電圧$V$で加速される。ただし，フィラメントFから出た直後の電子の速さを0とする。陽極Aにある小孔を通過した電子の集団は電子線となって隔壁$P_1$中の小孔を通過し，コンデンサー$C_1$，$C_2$に電圧を加えていない場合は，直進して$C_1$の極板間，隔壁$P_2$中の小孔，$C_2$の極板間を通過して，蛍光板S上の点Oまで達する。$P_1$，$P_2$，Sはこの電子線に対して垂直であり，$C_1$の極板，$C_2$の極板はこの電子線に対して平行である。コンデンサーに電圧が加えられる場合，電子線の進む向きは電場によって周期的に曲げられる。ただし，極板は短く，電子が極板間を通過する時間は電場の周期に比べて十分小さいため，極板間を通過する間に電子が電場から受ける力は変化しないと考えてよい。また，電場が0のときは電子が電場から受ける力は0なので，電子は極板間を直進すると考えてよい。2つのコンデンサーの距離を$l$，$C_2$とSとの距離を$L$とする。電子がコンデンサーの極板に衝突することはないものとする。

**問3**　電子がコンデンサー$C_1$に入射するときの速さ$v$を表す式として最も適当なものを，次の①〜④のうちから一つ選べ。　$\boxed{22}$

① $\sqrt{\dfrac{2eV}{m}}$　　② $\sqrt{\dfrac{eV}{m}}$　　③ $\sqrt{\dfrac{2mV}{e}}$　　④ $\sqrt{\dfrac{mV}{e}}$

**問4** 次の文章中の空欄 | 23 | ・ | 24 | に入れる数式として正しいものを，それぞれの直後の $\left\{ \quad \right\}$ で囲んだ選択肢のうちから一つずつ選べ。

　電子の加速電圧 $V$ をある値にしたところ，蛍光板 S には点 O に関して上下対称となる 2 か所に電子線が当たり，それぞれの位置に 2 つの輝点が現れた。2 つの輝点の間隔を $d$ とする。この状態からコンデンサー $C_1$, $C_2$ に加える交流電圧の振幅 $V_0$，周期 $T$ を一定に保ちつつ，加速電圧 $V$ を少しずつ小さくしていったところ，電子がコンデンサー $C_1$ に入射するときの速さ $v$ は少しずつ小さくなり，間隔 $d$ は初め増加して最大値に達した後減少に転じ，ついには 2 つの輝点は 1 つに収束し $d$ は 0 になった。さらに $V$ を小さくしたところ，$d$ は同様の変化を繰り返した。$d \neq 0$ における 2 つの輝点の位置はつねに点 O に関して対称の位置であった。

　$d$ は，2 つのコンデンサー間を電子が通過する時間 $l/v$ と，電場の周期 $T$ の関係によって決まる。$d$ が 0 になるとき，自然数 $n$ を用いれば

$$\frac{l}{v} = \boxed{23} \left\{ \text{①} \quad n\frac{T}{4} \quad \text{②} \quad n\frac{T}{2} \quad \text{③} \quad nT \right\}$$

の関係が成り立つ。同様に，$d$ が最大になるとき，自然数 $n'$ を用いれば

$$\frac{l}{v} = \boxed{24} \left\{ \text{①} \quad (2n'-1)\frac{T}{4} \quad \text{②} \quad (2n'-1)\frac{T}{2} \quad \text{③} \quad n'T \right\}$$

の関係が成り立つ。

**問5** 加速電圧 $V = V_1$ のときに $d = 0$ になり，$V$ を $V_1$ から少しずつ小さくしていくと $d$ は初め増加して最大値に達した後減少に転じ，$V = V_2$ のときに再び $d = 0$ となった。電子の比電荷 $e/m$ を求めるためには，$V_1$，$V_2$ の他に2つの物理量が必要である。その2つの組合せとして最も適当なものを，次の①〜⑧のうちから一つ選べ。 | 25 |

① $V_0$ と $T$　　② $V_0$ と $l$　　③ $V_0$ と $L$　　④ $V_0$ と $n$

⑤ $T$ と $l$　　⑥ $T$ と $L$　　⑦ $l$ と $L$　　⑧ $L$ と $n$

# 模試　第3回

$\left(\begin{array}{l}100点\\60分\end{array}\right)$

## 〔物理〕

注　意　事　項

1　理科解答用紙（模試 第3回）をキリトリ線より切り離し，試験開始の準備をしなさい。

2　時間を計り，上記の解答時間内で解答しなさい。

　ただし，納得のいくまで時間をかけて解答するという利用法でもかまいません。

3　**解答用紙には解答欄以外に受験番号欄，氏名欄，試験場コード欄，解答科目欄があります。解答科目欄は解答する科目を一つ選び，**科目名の右の◯に**マーク**しなさい。その他の欄は自分自身で本番を想定し，**正しく記入し，マーク**しなさい。

4　解答は，解答用紙の解答欄にマークしなさい。例えば，|　10　| と表示のある問いに対して③と解答する場合は，次の(例)のように**解答番号10の解答欄の③に**マークしなさい。

(例)

| 解答番号 | 解　　答　　欄 |
|---|---|
| | 1 2 3 4 5 6 7 8 9 0 a b |
| 10 | ① ② ③ ④ ⑤ ⑥ ⑦ ⑧ ⑨ ⓪ ⓐ ⓑ |

5　問題冊子の余白等は適宜利用してよいが，どのページも切り離してはいけません。

# 物　　　　　理

$$\left(\,\text{解答番号}\,\boxed{1}\sim\boxed{24}\,\right)$$

**第 1 問**　次の問い（**問 1 ～ 5**）に答えよ。（配点　25）

問 1　空気中の音速を $V$ として，次の文章中の　ア　・　イ　に入れる式の組合せとして最も適当なものを，次ページの①～⑥のうちから一つ選べ。　1

　　図 1 のように，A さんが一定の振動数 $f$ の音波を発するおんさを鳴らしながら，一直線上を一定の速さ $v\,(<V)$ で歩いている。A さんから見たとき，A さんが進む向きに発せられた音波の速さは　ア　である。よって，A さんから見て，この向きに発せられた音波の波長は　イ　である。

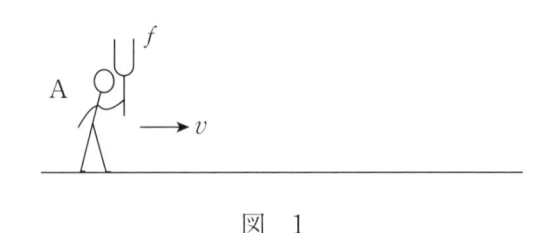

図　1

|  | ア | イ |
|---|---|---|
| ① | $V$ | $\dfrac{V+v}{f}$ |
| ② | $V$ | $\dfrac{V-v}{f}$ |
| ③ | $V+v$ | $\dfrac{V+v}{f}$ |
| ④ | $V+v$ | $\dfrac{V-v}{f}$ |
| ⑤ | $V-v$ | $\dfrac{V+v}{f}$ |
| ⑥ | $V-v$ | $\dfrac{V-v}{f}$ |

**問2** 次の文章中の ウ ・ エ に入れる記号と式の組合せとして最も適当なものを，次ページの ① 〜 ⑥ のうちから一つ選べ。 2

　図2のように，地面の点 O から 45° の角度をなす向きに小球 P を初速度の大きさ $v$ で投げ上げるのと同時に，地上の点 A の真上にある OA 間の距離と等しい高さの点 B から小球 Q を自由落下させたところ，P がその軌道の最高点に達したときに Q に衝突した。衝突直前の Q から見た P の相対速度の向きを矢印で表すと，図3の ウ であり，その大きさは エ である。

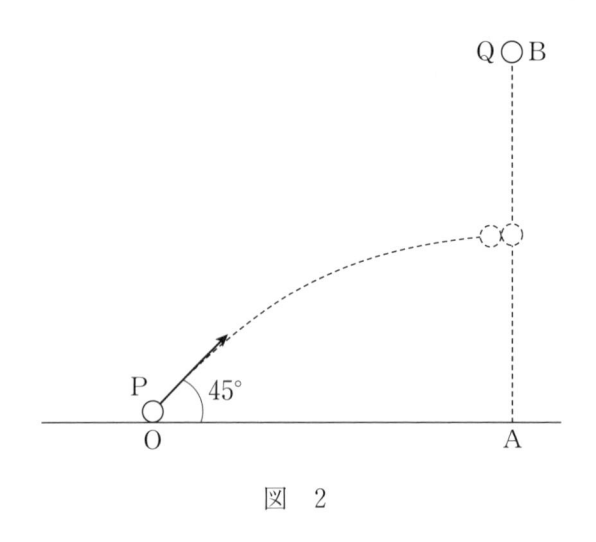

図　2

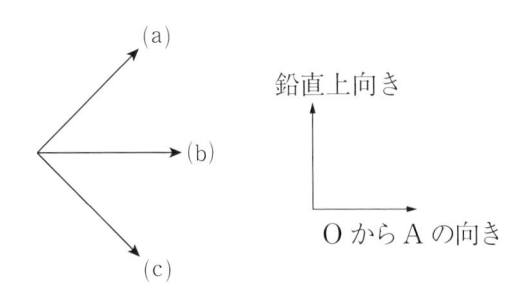

図 3

|   | ウ | エ |
|---|---|---|
| ① | (a) | $v$ |
| ② | (a) | $\dfrac{v}{\sqrt{2}}$ |
| ③ | (b) | $v$ |
| ④ | (b) | $\dfrac{v}{\sqrt{2}}$ |
| ⑤ | (c) | $v$ |
| ⑥ | (c) | $\dfrac{v}{\sqrt{2}}$ |

問3　一定量の単原子分子理想気体をシリンダー容器に封じ，気体の圧力 $p$，絶対温度 $T$ が図 4 のグラフで表されるように気体を状態変化させる。状態 A の圧力は $p_1$，絶対温度は $T_1$，状態 B の圧力は $p_2$，絶対温度は $T_1$，状態 C の圧力は $p_2$，絶対温度は $T_2$ である。気体が状態 A から状態 B，C を経て状態 A に戻る一巡の過程について述べた文章のうち**誤っているもの**を，後の ①〜⑤ のうちから一つ選べ。　3

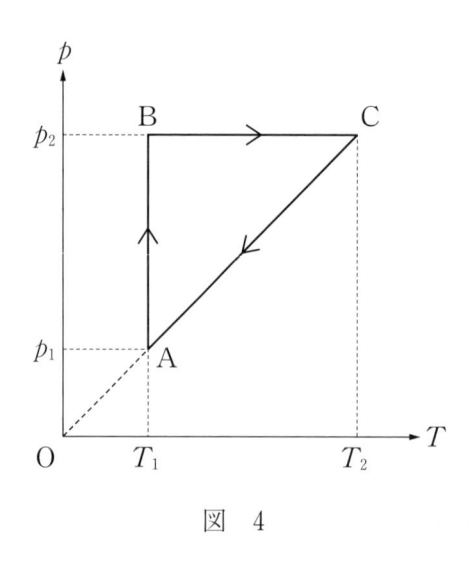

図　4

①　状態 A から状態 B への過程では，気体の圧力と体積の積は一定である。

②　状態 A から状態 B への過程では，気体が外部に熱を放出する。

③　状態 B から状態 C への過程で気体が外部から吸収する熱量は，状態 C から状態 A への過程で気体が外部に放出する熱量に等しい。

④　状態 B から状態 C への過程で，気体が外部にする仕事は正の値をとる。

⑤　状態 C から状態 A への過程では，気体の体積は一定に保たれている。

問4 同じ部屋に長時間置かれた木製の机と金属製の手すりをさわると，金属製の手すりの方が冷たく感じられた。その理由として最も適当なものを，次の①〜⑤のうちから一つ選べ。 4

① 金属は木と比較して熱放射が多いので，周囲の温度よりも低い温度に保たれているから。

② 金属は光をよく反射するので，光のエネルギーを吸収しにくく，周囲の温度よりも低い温度に保たれているから。

③ 金属は木と比較して比熱が大きいから。

④ 金属は木と比較して熱容量が小さいから。

⑤ 金属は木と比較して熱を伝えやすいから。

**問5** 図5のように，$xy$平面上で原点Oから一定距離離れた$x$軸上の点に，正電荷が置かれている。この電荷が$y$軸上につくる電場の$y$成分を$E_y$とするとき，座標$y$と$E_y$の関係を表すグラフとして最も適当なものを，次ページの①～⑥のうちから一つ選べ。 5

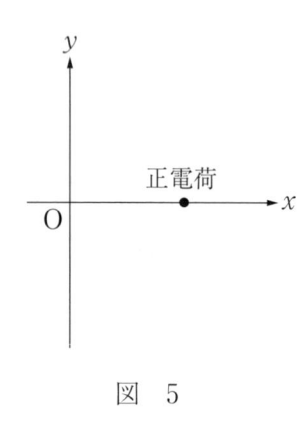

図　5

①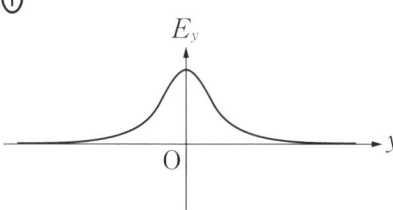

②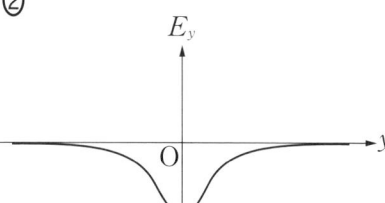

③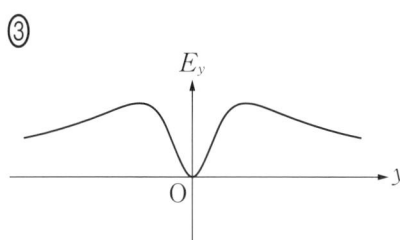

④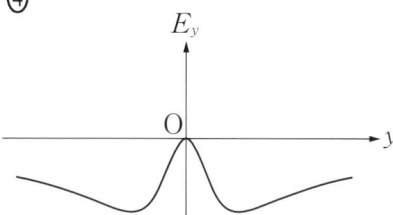

⑤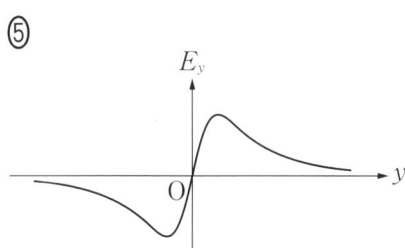

⑥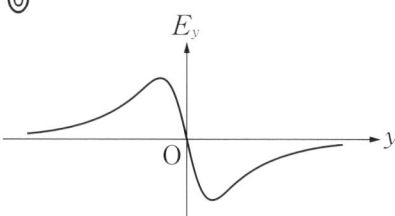

**第2問** 次の問い(**問1〜5**)に答えよ。(配点 25)

　図1のように，なめらかな水平面とそれに接続したなめらかな斜面があり，水平面上に質量 $m$ の小物体Aが，斜面上に質量 $M$ の小物体Bが置かれている。AとBは水平面と斜面の接続点に設置されたなめらかに動く軽い滑車を介した伸び縮みしない糸でつながれており，初め糸がたるんだ状態でA，Bは静止している。この状態からA，Bを静かに放すと，Bが鉛直方向に高さ $h$ だけ降下したとき糸がぴんと張り，糸が張る直前のBの速さは $v_0$ となった。糸が張った直後に，A，Bは同じ速さ $v_1$ となり，さらにBが鉛直方向に高さ $h$ 降下したとき，A，Bの速さはともに $v_2$ となった。この間，Aは滑車に衝突することはなかった。糸がたるんでいるとき，糸はA，Bの運動に影響を及ぼさないものとし，重力加速度の大きさを $g$ とする。

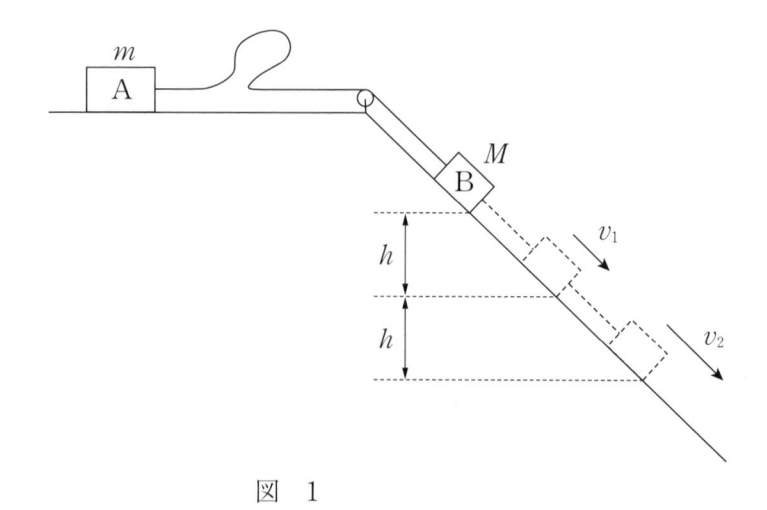

図　1

**問1** $v_0$ を表す式として正しいものを，次の①〜④のうちから一つ選べ。

$v_0 =$ ⬚ 6 ⬚

① $\dfrac{\sqrt{gh}}{2}$      ② $\sqrt{gh}$      ③ $\sqrt{2gh}$      ④ $2\sqrt{gh}$

**問2** 初めの状態から糸がぴんと張ってBが速さ $v_1$ をもつまでに，Bが糸から受けた力積の大きさを表す式として正しいものを，次の①〜⑥のうちから一つ選べ。 ⬚ 7 ⬚

① $Mv_1$      ② $Mv_0$      ③ $M(v_1-v_0)$

④ $M(v_0-v_1)$      ⑤ $Mv_1-mv_0$      ⑥ $mv_1-Mv_0$

**問3** $v_1$ を表す式として正しいものを，次の①〜⑧のうちから一つ選べ。

$v_1 =$ ⬚ 8 ⬚

① $\sqrt{\dfrac{m}{m+M}}\,v_0$      ② $\sqrt{\dfrac{M}{m+M}}\,v_0$      ③ $\sqrt{\dfrac{m+M}{m}}\,v_0$

④ $\sqrt{\dfrac{m+M}{M}}\,v_0$      ⑤ $\dfrac{m}{m+M}\,v_0$      ⑥ $\dfrac{M}{m+M}\,v_0$

⑦ $\dfrac{m+M}{m}\,v_0$      ⑧ $\dfrac{m+M}{M}\,v_0$

**問4** 小物体Aの速さが $v_1$ から $v_2$ になるまでの間に，糸の張力がAにした仕事を表す式として正しいものを，次の①〜⑥のうちから一つ選べ。 ⬚ 9 ⬚

① $\dfrac{1}{2}mv_2^2$          ② $\dfrac{1}{2}m(v_2-v_1)^2$

③ $\dfrac{1}{2}m(v_2^2-v_1^2)$        ④ $mv_2$

⑤ $m(v_2-v_1)$         ⑥ $(m+M)(v_2-v_1)$

問 5 　小物体 A，B の力学的エネルギーについて，次の(a)，(b)の値の変化の様子として最も適当な組合せを，後の ① 〜 ⑨ のうちから一つ選べ。 $\boxed{10}$

(a) 　初めの状態から A，B の速さが $v_1$ になるまでの，A と B の力学的エネルギーの和

(b) 　B の速さが $v_1$ から $v_2$ になるまでの，B の力学的エネルギー

| | (a) | (b) |
|---|---|---|
| ① | 増加する | 増加する |
| ② | 増加する | 変化しない |
| ③ | 増加する | 減少する |
| ④ | 変化しない | 増加する |
| ⑤ | 変化しない | 変化しない |
| ⑥ | 変化しない | 減少する |
| ⑦ | 減少する | 増加する |
| ⑧ | 減少する | 変化しない |
| ⑨ | 減少する | 減少する |

物理の試験問題は次に続く。

**第3問** アルミ箔，アルミ管を用いた電磁気の実験について，後の問い（**問1〜5**）に答えよ。（配点 25）

　同じ大きさのアルミ箔2枚の間に食品用ラップを挟んだ平行板コンデンサーを作成し，コンデンサーの実験を行った。図1は作成したコンデンサーを模式的に示したもので，(b)はコンデンサーの断面を表しているが，実際にはアルミ箔とラップ間に隙間はない。アルミ箔で作成したコンデンサーをCとし，このコンデンサーCと9.0Vの直流電源，100kΩ の抵抗器，オシロスコープ，および切り替えスイッチSを用いて，図2のような回路を組んだ。初め，スイッチSをA側に閉じて十分時間が経った後，B側に切り替えた。その後十分時間が経った後に，再びA側に切り替える。スイッチSを2回目にA側に切り替えた直後のPに対するQの電位をオシロスコープで測定した。

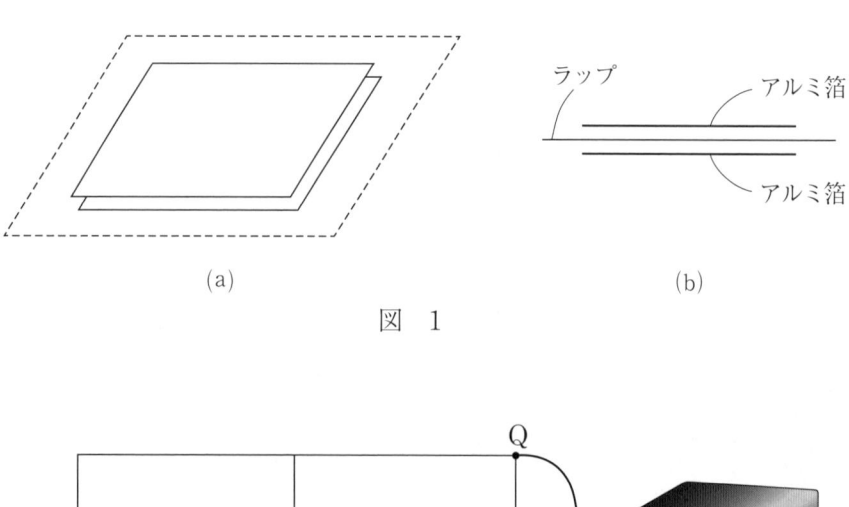

(a)　　　　　　　　　　　　　　(b)

図　1

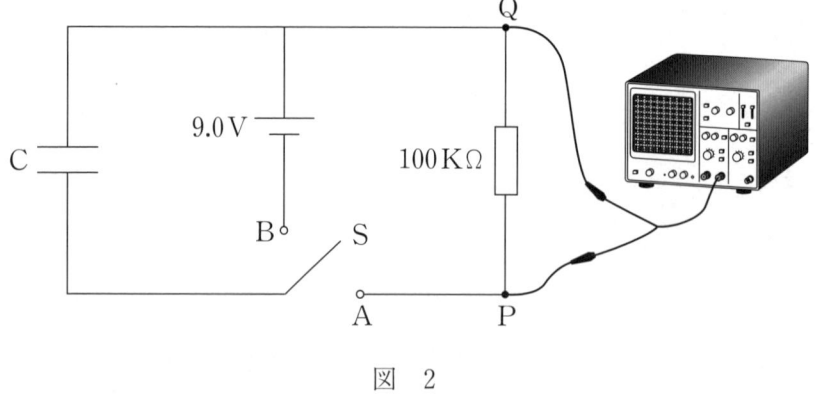

図　2

**問 1** 測定されたオシロスコープの波形として最も適当なものを，次の ① ～ ④ のうちから一つ選べ。 11

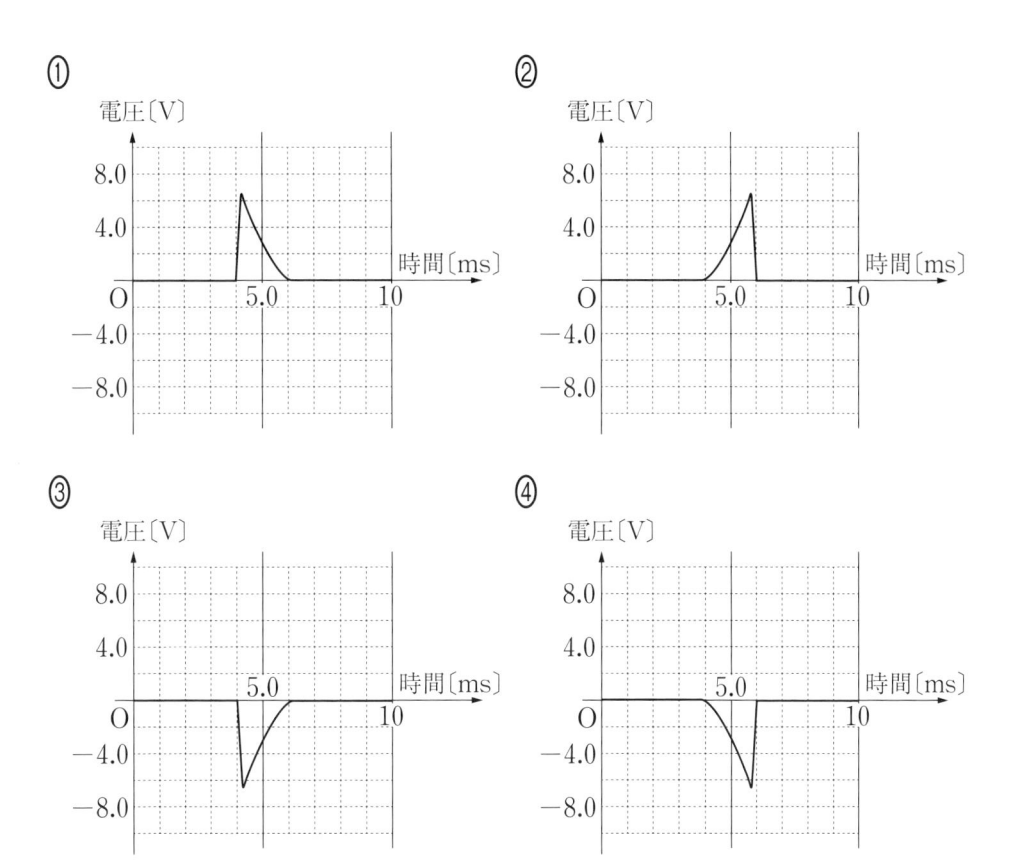

問2　問1のオシロスコープのグラフの縦軸のピーク値の絶対値 $V$ は 6.5 V，グラフが横軸から離れていた時間（電圧が生じていた時間）$\varDelta t$ は 2.0 ms と読み取れた。問1のグラフの形が三角形で近似できるものとするとき，アルミ箔で作成したコンデンサー C の電気容量を，有効数字1桁で求めるとどうなるか。次の式中の空欄 <u>12</u> ・ <u>13</u> に入れる数字として最も適当なものを，後の ①〜⓪ のうちから一つずつ選べ。ただし，同じものを繰り返し選んでもよい。

$$\boxed{12} \times 10^{-\boxed{13}}\,\text{F}$$

① 1　　　② 2　　　③ 3　　　④ 4　　　⑤ 5

⑥ 6　　　⑦ 7　　　⑧ 8　　　⑨ 9　　　⓪ 0

問3 2枚のアルミ箔の間に挟んだ食品用ラップを，コピー用紙に変えたコンデンサーを作成して，同様の実験を行った。調べてみると，厚さはコピー用紙が 0.09 mm 程度，食品用ラップが 0.01 mm 程度であり，比誘電率は紙が 2.0〜3.0，食品用ラップ(塩化ビニリデン)が 3.0〜5.0 であった。コピー用紙を挟んだコンデンサーの場合には，食品用ラップを挟んだコンデンサーの場合に比べて，オシロスコープのグラフの縦軸のピーク値の絶対値 $V$，およびグラフが横軸から離れていた時間(電圧が生じていた時間) $\Delta t$ は，どのようになると予想されるか。最も適当なものを，次の ① 〜 ⑨ のうちから一つ選べ。 | 14 |

① $V$，$\Delta t$ ともに大きくなる。

② $V$ は大きくなるが，$\Delta t$ は変わらない。

③ $V$ は大きくなるが，$\Delta t$ は小さくなる。

④ $V$ は変わらないが，$\Delta t$ は大きくなる。

⑤ $V$，$\Delta t$ ともに変わらない。

⑥ $V$ は変わらないが，$\Delta t$ は小さくなる。

⑦ $V$ は小さくなるが，$\Delta t$ は大きくなる。

⑧ $V$ は小さくなるが，$\Delta t$ は変わらない。

⑨ $V$，$\Delta t$ ともに小さくなる。

図3のように，アルミ製の管に磁力が強いネオジム磁石をN極を上または下にした状態で落とすと，アルミ管内を磁石がゆっくりと落ちていく様子が観察された。磁石が落下する速さは，落としてからすぐに一定の速さになっていた。

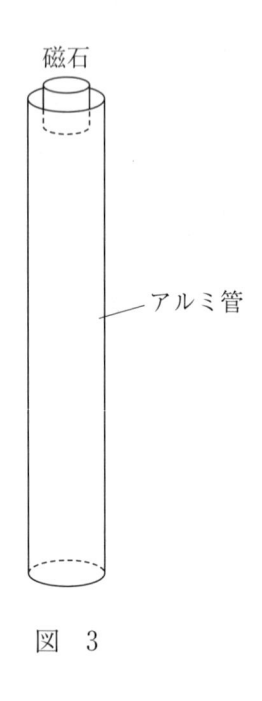

磁石

アルミ管

図　3

**問4** この実験に関して述べた次の文章中の空欄 15 ～ 17 に入れる語句として最も適当なものを，それぞれの直後の ｛ ｝ で囲んだ選択肢のうちから一つずつ選べ。

アルミ管に磁石を落とすと，磁石が通過する付近のアルミ管には，

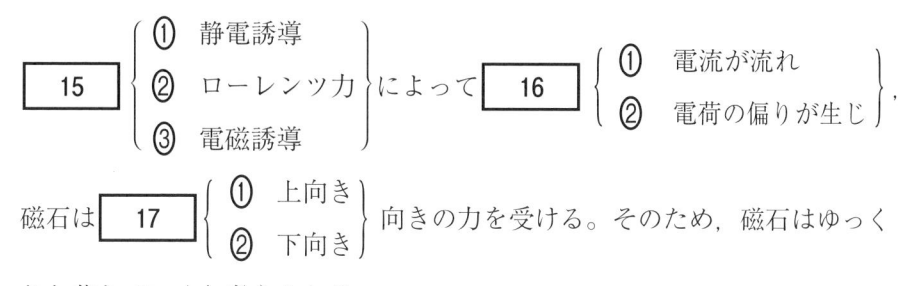

15 ｛ ① 静電誘導 ② ローレンツ力 ③ 電磁誘導 ｝ によって 16 ｛ ① 電流が流れ ② 電荷の偏りが生じ ｝，磁石は 17 ｛ ① 上向き ② 下向き ｝ 向きの力を受ける。そのため，磁石はゆっくりと落ちていくと考えられる。

**問5** 次の文章中の空欄 18 ・ 19 に入れる語句として最も適当なものを，次ページの ① ～ ⑤ のうちから一つずつ選べ。ただし，同じものを繰り返し選んでもよい。

　図4(a)のように，実験で用いたものと同じ磁石を2つ用意し，2つの磁石のN極とS極を直列につないだ状態で落下させると，磁石を1つだけ落とした場合に比べて，アルミ管内を磁石が落ちるときの一定の速さは 18 。また，図4(b)のように，磁石と同じ質量の鉄球を磁石につけて落下させると，磁石を1つだけ落とした場合に比べて，アルミ管内を磁石が落ちるときの一定の速さは 19 。ただし，図4(a)，(b)どちらの場合も，磁石が落下する速さは，落としてからすぐに一定の大きさになったものとする。

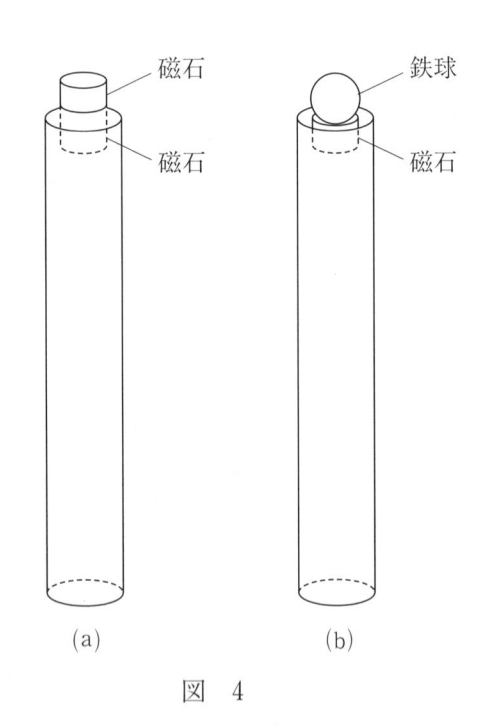

図　4

① およそ2倍になる

② およそ$\sqrt{2}$倍になる

③ ほとんど変わらない

④ およそ$\dfrac{1}{\sqrt{2}}$倍になる

⑤ およそ$\dfrac{1}{2}$倍になる

## 第4問　次の問い（問1〜5）に答えよ。（配点　25）

　光の性質について調べてみよう。

　光が波であることは，干渉によって確かめられる。

　真空中に，図1のような装置を設置して光の干渉実験を行った。点光源Sから真空中での波長$\lambda$の単色光をハーフミラーMに照射すると，一部の光はMで反射した後，鏡$M_1$で再び反射して，Mを透過して観察者Oに達する。また一部はMを透過して鏡$M_2$で反射した後，Mで反射して観察者Oに達する。$M_1$の位置を固定して，$M_2$の位置を調整すると，観測者Oに観測される光は明るくなったり暗くなったりする。Mの厚さは無視できるものとして，MからM₁までの距離を$L_1$，MからM₂までの距離を$L_2$としたとき，観測者Oが観測する光は明るくなった。ただし，$L_1<L_2$で，$L_2-L_1$は$L_1$，$L_2$に比べて十分小さいものとする。この状態から，$M_2$を図の下方に少しずつ移動させたところ，観測される光は明暗を繰り返し，$\Delta L$だけ移動させたとき，初めに明るい光を観測したときを0回目として，ちょうど$N$回目に明るくなった。なお，M，$M_1$，$M_2$で光が反射する際に位相は$\pi$ずれ，Mを光が透過する際に位相の変化はないものとする。

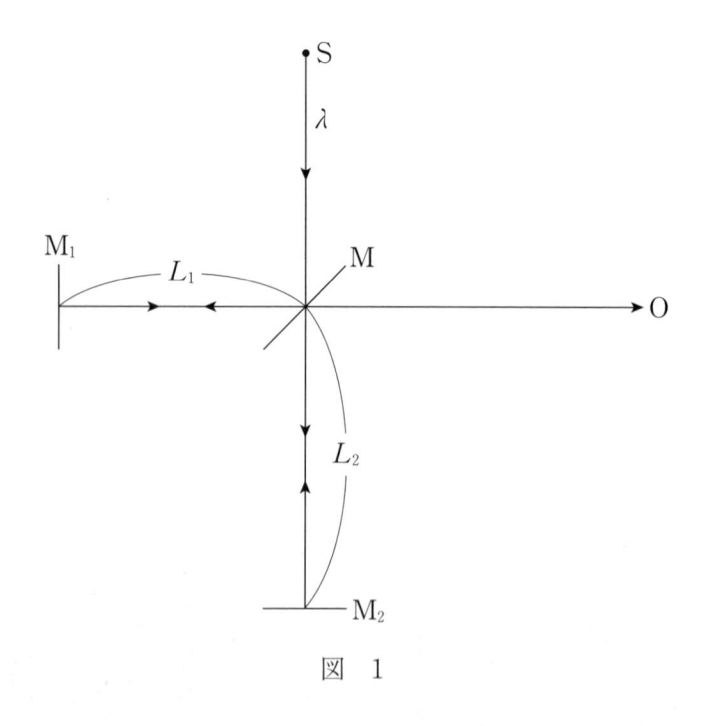

図　1

**問 1** 次の文章中の空欄 ア ・ イ に入れる式の組合せとして最も適当なものを，後の①〜⑥のうちから一つ選べ。 20

　観測者 O が観測する光が明るくなったり暗くなったりするのは，鏡 $M_1$ で反射して O に達する光と鏡 $M_2$ で反射して O に達する光に経路差があるためで，その経路差は ア と表される。観測者 O が明るい光を観測するとき，$m$ を自然数として， ア ＝ イ の関係が成り立っている。

| | ア | イ |
|---|---|---|
| ① | $L_2 - L_1$ | $m\lambda$ |
| ② | $L_2 - L_1$ | $m \cdot \dfrac{\lambda}{2}$ |
| ③ | $L_2 - L_1$ | $(2m-1)\dfrac{\lambda}{2}$ |
| ④ | $2(L_2 - L_1)$ | $m\lambda$ |
| ⑤ | $2(L_2 - L_1)$ | $m \cdot \dfrac{\lambda}{2}$ |
| ⑥ | $2(L_2 - L_1)$ | $(2m-1)\dfrac{\lambda}{2}$ |

**問 2** 鏡 $M_2$ を移動させた距離 $\Delta L$ を表す式として正しいものを，次の①〜⑤のうちから一つ選べ。$\Delta L = $ 21

① $\dfrac{1}{4}N\lambda$ ② $\dfrac{1}{2}N\lambda$ ③ $N\lambda$ ④ $2N\lambda$ ⑤ $4N\lambda$

**問3** 次の文章中の 22 に入れる図として最も適当なものを，次ページの①〜④のうちから一つ選べ。

　鏡 $M_2$ を初めの位置に戻し，観測される光が明るい状態にし，観測者 O の位置に光軸に垂直にスクリーンを設置する。このとき，図2のように，点光源 S の M に対する対称点を $S_1$，$S_1$ の $M_1$ に対する対称点を $S_1'$ とすると，S から出て M，$M_1$ で反射してスクリーンに達する光は，$S_1'$ から直接スクリーンに達する光とみなすことができる。S から出て $M_2$，M で反射してスクリーンに達する光も，同様に考えることができる。このことから，スクリーン上に光軸との交点を原点として，図2で，紙面に垂直で裏から表向きを正とする $x$ 軸を，上向きを正とする $y$ 軸をとったとき，スクリーン上には 22 のような明暗の縞が生じると考えられる。

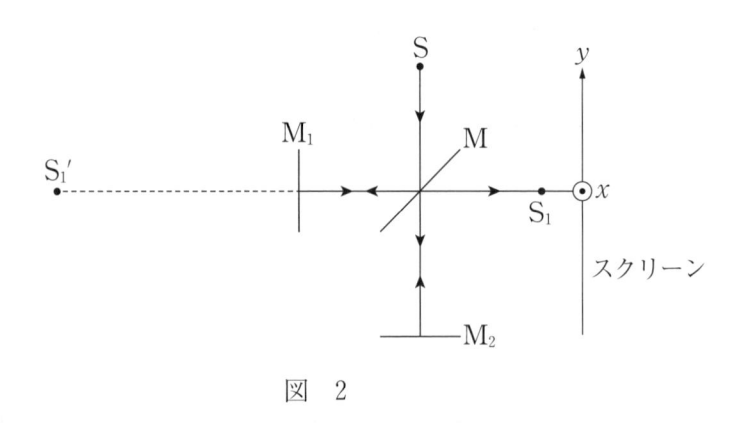

図　2

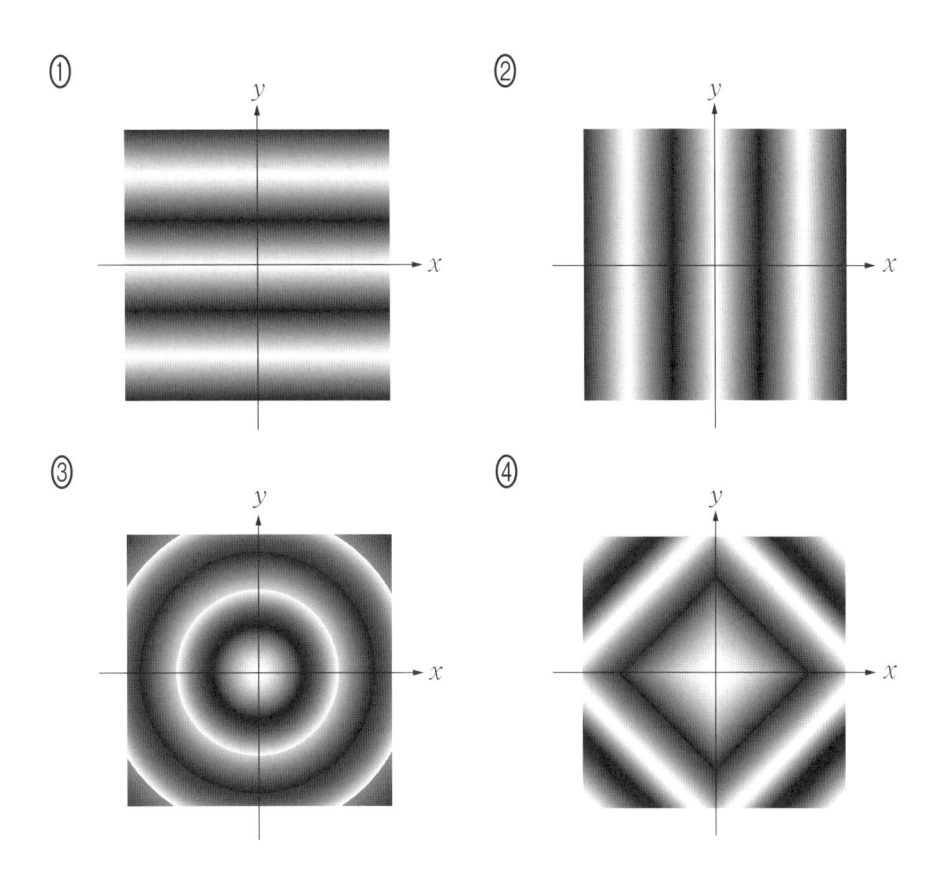

光は波であると同時に粒子としての性質もあわせもつ。

　最初に光が粒子の性質をもつことは，金属に光を当てると金属から電子が飛び出す現象（光電効果）を，アインシュタインが解明したことによって示された。その後コンプトンは，光の一種であるX線を物質に照射すると，散乱されたX線の中に照射したX線より長い波長をもつX線が含まれる現象（コンプトン効果）を解明した。コンプトンは，プランク定数を$h$，真空中の光速を$c$として，波長$\lambda$の光子の運動量の大きさは$h/\lambda$，エネルギーは$hc/\lambda$と表され，粒子であるX線光子が物質内の電子と弾性衝突すると考えて，波長の変化$\varDelta\lambda$が，次式で与えられることを示した。

$$\varDelta\lambda = \frac{h}{mc}(1-\cos\theta)$$

　ただし，上式の$\theta$は散乱されたX線の進行の向きが入射X線の進行の向きとなす角度で，$m$は電子の質量である。上式は，実験結果とよく一致し，波として考えられていた光が，粒子の性質をあわせもつことの確かな証拠となった。

　このコンプトン効果について考えてみよう。図3のように波長$\lambda$のX線光子が静止した電子に弾性衝突し，散乱されたX線の進行の向きが入射X線の進行の向きと角度$\theta$をなす場合を考える。

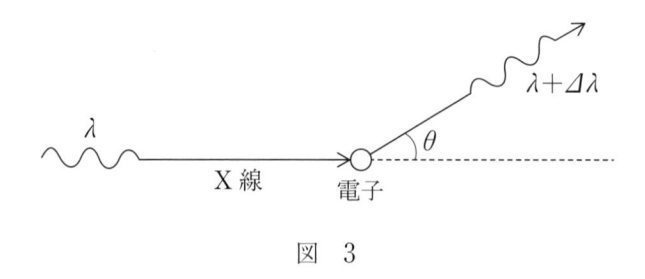

図　3

**問 4** 入射 X 線，散乱 X 線の運動量ベクトルを，それぞれ $\vec{p}$, $\vec{p'}$, 衝突後の電子の運動量ベクトルを $\vec{P}$ とするとき，$\vec{p}$, $\vec{p'}$, $\vec{P}$ の関係を示す図として最も適当なものを，次の ① 〜 ④ のうちから一つ選べ。 | 23 |

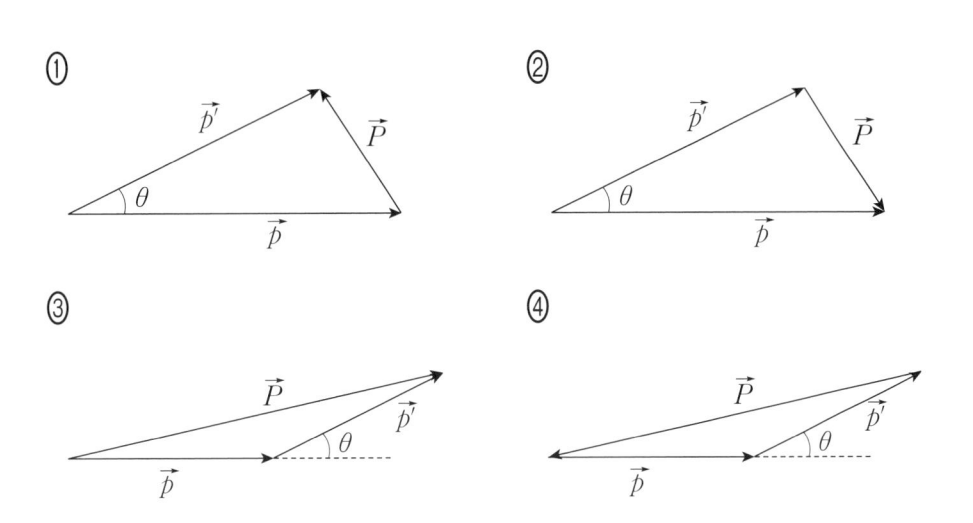

**問 5** 入射 X 線，散乱 X 線，衝突後の電子の運動については，**問 4** で求めた運動量の関係以外の関係式が成り立つ。散乱された X 線の波長を $\lambda'$，衝突後の電子の速さを $v$ とするとき，この関係式として正しいものを，次の ① 〜 ⑥ のうちから一つ選べ。 | 24 |

① $\dfrac{hc}{\lambda} = \dfrac{hc}{\lambda'} + \dfrac{1}{2}mv^2$ 　　② $\dfrac{hc}{\lambda} = \dfrac{hc}{\lambda'} - \dfrac{1}{2}mv^2$

③ $\dfrac{hc}{\lambda} + \dfrac{hc}{\lambda'} = \dfrac{1}{2}mv^2$ 　　④ $\dfrac{h}{\lambda} = \dfrac{h}{\lambda'} + \dfrac{1}{2}mv^2$

⑤ $\dfrac{h}{\lambda} = \dfrac{h}{\lambda'} - \dfrac{1}{2}mv^2$ 　　⑥ $\dfrac{h}{\lambda} + \dfrac{h}{\lambda'} = \dfrac{1}{2}mv^2$

# 模試　第4回

$\left(\begin{array}{c}100点\\60分\end{array}\right)$

## 〔物理〕

注　意　事　項

1　理科解答用紙（模試 第4回）をキリトリ線より切り離し，試験開始の準備をしなさい。

2　時間を計り，上記の解答時間内で解答しなさい。

　ただし，納得のいくまで時間をかけて解答するという利用法でもかまいません。

3　解答用紙には解答欄以外に受験番号欄，氏名欄，試験場コード欄，解答科目欄があります。解答科目欄は解答する科目を一つ選び，科目名の右の◯にマークしなさい。その他の欄は自分自身で本番を想定し，正しく記入し，マークしなさい。

4　解答は，解答用紙の解答欄にマークしなさい。例えば，　10　と表示のある問いに対して③と解答する場合は，次の（例）のように解答番号10の解答欄の③にマークしなさい。

（例）

| 解答番号 | 解　　答　　欄 |
|---|---|
| | 1 2 3 4 5 6 7 8 9 0 a b |
| 10 | ① ② ⬤ ④ ⑤ ⑥ ⑦ ⑧ ⑨ ⓪ ⓐ ⓑ |

5　問題冊子の余白等は適宜利用してよいが，どのページも切り離してはいけません。

# 物　　　　　　　　理

$$\left(\text{解答番号}\quad\boxed{1}\sim\boxed{26}\right)$$

**第1問**　次の問い(問1〜5)に答えよ。(配点　25)

問1　図1のように，あらく水平な床上で質量$m$の小物体につけた糸を一定の力で引いて，小物体を一定の速度で床上を移動させる。糸を引く向きと水平面とのなす角度を$\theta$とするとき，糸を引く力の大きさを表す式として正しいものを，後の①〜⑦のうちから一つ選べ。ただし，小物体と床との間の動摩擦係数を$\mu$，重力加速度の大きさを$g$とする。　$\boxed{1}$

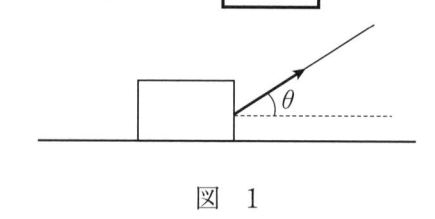

図　1

① $\mu mg$　　② $\dfrac{\mu mg}{\sin\theta}$　　③ $\dfrac{\mu mg}{\cos\theta}$　　④ $\dfrac{mg}{\sin\theta+\mu\cos\theta}$

⑤ $\dfrac{mg}{\cos\theta+\mu\sin\theta}$　　⑥ $\dfrac{\mu mg}{\sin\theta+\mu\cos\theta}$　　⑦ $\dfrac{\mu mg}{\cos\theta+\mu\sin\theta}$

問2　一定量の単原子分子理想気体をシリンダー容器に封じ，気体の圧力 $P$，体積 $V$ が図2のグラフで表されるように気体を状態変化させる。状態 A から状態 B への変化は温度が一定の過程，状態 B から状態 C への変化は体積が一定の過程，状態 C から状態 A への変化は気体と外部との間に熱の出入りがないようにした過程である。気体が状態 A から状態 B，C を経て状態 A に戻る一巡の過程について述べた文のうち**誤っているもの**を，後の①〜⑥のうちから一つ選べ。　2

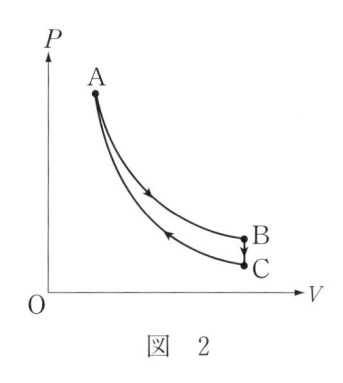

図　2

①　状態 A から状態 B の過程では，気体が外部にする仕事は正の値である。

②　状態 C から状態 A への過程では，気体が外部からされた仕事の量だけ気体の内部エネルギーが増加する。

③　一巡の過程で外部から熱を吸収しているのは，状態 A から状態 B への過程だけである。

④　一巡の過程で，気体の内部エネルギーが最も小さいのは状態 C である。

⑤　一巡の過程で，気体が外部から吸収した熱量は，気体が外部に放出した熱量より小さい。

⑥　一巡の過程を示す図2の曲線で囲まれた部分の面積は，一巡の過程で気体が外部にした正味の仕事に等しい。

問3 次の文章中の空欄 ア ～ ウ に入れる数値の組合せとして最も適当なものを，次ページの①～⑧のうちから一つ選べ。 3

　横波の正弦波が $x$ 軸上を進んでいる。図 3(a) は時刻 $t=0\text{s}$ での座標 $x\text{[m]}$ での媒質の変位 $y\text{[m]}$ を，図 3(b) は $x=1.0\text{m}$ での時刻 $t\text{[s]}$ における媒質の変位 $y\text{[m]}$ を表したものである。この正弦波の座標 $x\text{[m]}$ での時刻 $t\text{[s]}$ における媒質の変位 $y\text{[m]}$ を表す式は，次のように表される。

$$y = \boxed{\text{ア}} \times \sin(\boxed{\text{イ}} \times t + \boxed{\text{ウ}} \times x)\ \text{[m]}$$

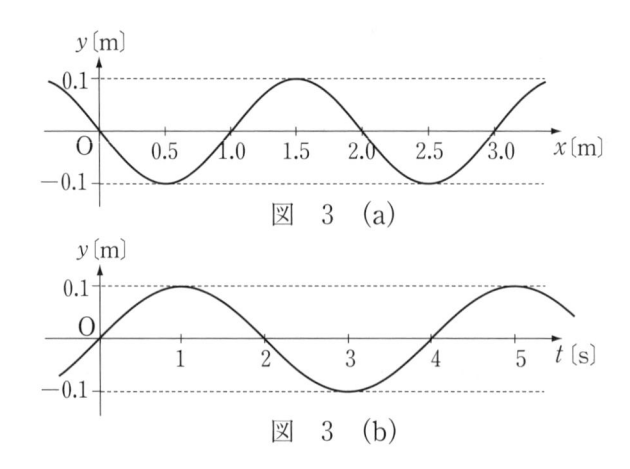

図　3　(a)

図　3　(b)

|  | ア | イ | ウ |
|---|---|---|---|
| ① | 0.1 | $\dfrac{\pi}{2}$ | $\dfrac{\pi}{2}$ |
| ② | 0.1 | $\dfrac{\pi}{2}$ | $\pi$ |
| ③ | 0.1 | $\pi$ | $\dfrac{\pi}{2}$ |
| ④ | 0.1 | $\pi$ | $\pi$ |
| ⑤ | $-0.1$ | $\dfrac{\pi}{2}$ | $\dfrac{\pi}{2}$ |
| ⑥ | $-0.1$ | $\dfrac{\pi}{2}$ | $\pi$ |
| ⑦ | $-0.1$ | $\pi$ | $\dfrac{\pi}{2}$ |
| ⑧ | $-0.1$ | $\pi$ | $\pi$ |

**問4** $xy$ 平面上の点 A$(a, a)$, B$(0, a)$, C$(-a, a)$, D$(-a, 0)$, E$(-a, -a)$, F$(a, -a)$ の各点に，等しい正の電気量 $q(q>0)$ をもつ 6 個の点電荷が置かれている。原点 O での電場の向きおよび強さとして最も適当なものを，後のそれぞれの選択肢から一つずつ選べ。ただし，1 個の正電荷 $q$ が距離 $a$ だけ離れた点につくる電場の強さを $E_0$ とする。

電場の向き： 4 ， 電場の強さ： 5

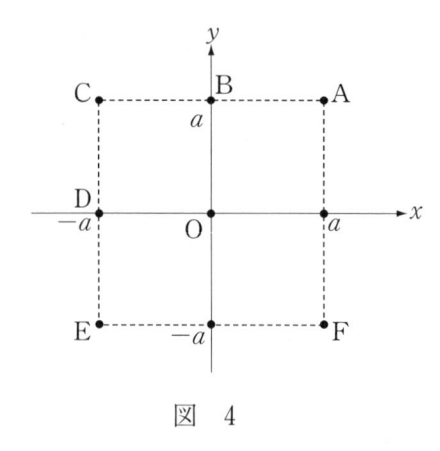

図 4

4 の選択肢

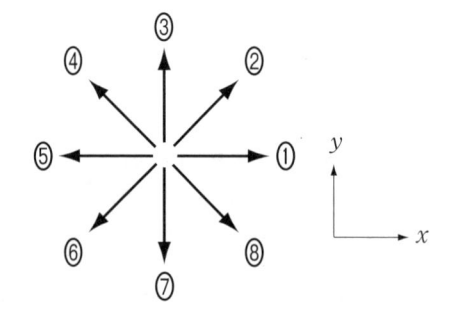

5 の選択肢

① $2E_0$  ② $\sqrt{2}\,E_0$  ③ $E_0$  ④ $\dfrac{E_0}{\sqrt{2}}$  ⑤ $\dfrac{E_0}{2}$

（下 書 き 用 紙）

物理の試験問題は次に続く。

**問5** 次の文章中の空欄 $\boxed{\text{ア}}$ ・ $\boxed{\text{イ}}$ に入れる式の組合せとして最も適当なものを，次ページの ① ～ ⑧ のうちから一つ選べ。 $\boxed{6}$

　19世紀から20世紀にかけて，原子の構造に関してさまざまな議論がなされた。ラザフォードは，金箔に $\alpha$ 粒子を当てる実験から，原子の中心の極めて小さな領域に正電荷が集中していると結論した。そして，中心に正電荷をもつ原子核のまわりを負電荷の電子が周回する原子模型を考えた。

　最も単純な水素原子の模型として，静止している陽子のまわりを電子が等速円運動をしている状況を考える。電子の円運動の半径を $r$，速さを $v$ とし，電子の質量を $m$，電気素量を $e$，クーロンの法則の比例定数を $k$ とすると，電子の円運動の運動方程式は，$\boxed{\text{ア}}$ と表される。しかし，電磁気学の理論によると，電子が円運動すると電磁波を放射してやがて原子核に落ち込んでしまうので，原子は安定して存在できないことになってしまう。そこで，ボーアは電子が等速円運動をし続ける安定な状態(定常状態)が存在し，定常状態であるための条件は，正の整数を $n(n=1,\ 2,\ 3,\ ...)$，プランク定数を $h$ として，

$$\boxed{\text{イ}} = n \times \frac{h}{2\pi}$$ を満たす場合であると提唱した。これによって，電子のエネルギーが，$n$ の値によって異なるとびとびの値をもつことが説明された。

|  | ア | イ |
|---|---|---|
| ① | $mrv^2 = k\dfrac{e^2}{r}$ | $r \times mv$ |
| ② | $mrv^2 = k\dfrac{e^2}{r}$ | $\dfrac{h}{mv}$ |
| ③ | $mrv^2 = k\dfrac{e^2}{r^2}$ | $r \times mv$ |
| ④ | $mrv^2 = k\dfrac{e^2}{r^2}$ | $\dfrac{h}{mv}$ |
| ⑤ | $m\dfrac{v^2}{r} = k\dfrac{e^2}{r}$ | $r \times mv$ |
| ⑥ | $m\dfrac{v^2}{r} = k\dfrac{e^2}{r}$ | $\dfrac{h}{mv}$ |
| ⑦ | $m\dfrac{v^2}{r} = k\dfrac{e^2}{r^2}$ | $r \times mv$ |
| ⑧ | $m\dfrac{v^2}{r} = k\dfrac{e^2}{r^2}$ | $\dfrac{h}{mv}$ |

**第2問** 水平面内，鉛直面内の円運動について，後の問い（**問1〜5**）に答えよ。
（配点　25）

　図1のように，細いガラス管に質量15gのゴム栓をつけた軽い糸を通し，糸の他端に1個の質量5.0gのS字型おもりをいくつかつり下げる。おもりがちょうどつり合って静止するようにしながら，ガラス管からゴム栓までの長さが50cmとなるように糸に印をつけ，その印がちょうどガラス管の縁になるように，ガラス管を中心としてゴム栓を水平面内で等速円運動させる。S字型おもりの数を5個，10個，15個，…と増やしながら，ゴム栓がちょうど20回転する時間を測定した。横軸にS字型おもりの個数，縦軸にゴム栓が20回転する時間を取り，プロットしたところ図2のグラフを得た。ガラス管の縁はなめらかで，ゴム栓が等速円運動しているときの糸の張力はおもりが受ける重力の大きさに等しいものとし，重力加速度の大きさを$9.8\text{m/s}^2$とする。

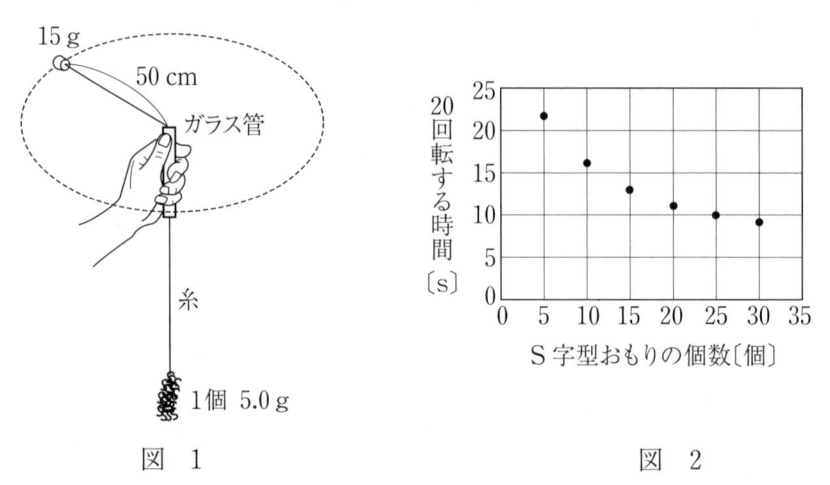

図　1　　　　　　　　　　　　　　　図　2

**問1** ゴム栓が等速円運動をしているときのゴム栓が受ける向心力の大きさは, おもりが受ける重力に等しいと考えたとき, 図2のグラフを用いて, 円運動の周期がちょうど1.0sの場合の向心力の大きさはいくらになるか。最も適当な値を, 次の①〜⑥のうちから一つ選べ。 <u>　7　</u> N

① 0.1　　② 0.3　　③ 0.8　　④ 1.2　　⑤ 2.2　　⑥ 3.0

問2　次の文章は，この実験を行った生徒たちの会話である。会話文中の下線①〜④のうちで，科学的に正しいものを一つ選べ。　8

生徒1：この実験は，ゴム栓とガラス管の間の糸の長さを50cmとして，半径50cmで水平面内を等速円運動をする場合の，周期と向心力の関係を表したものでいいのかなあ。図3のように，ゴム栓が重力を受けるから，糸は水平になっていないよね。

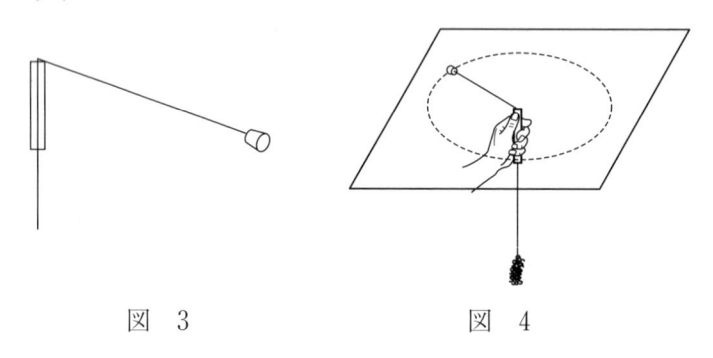

図　3　　　　　　　　図　4

生徒2：確かにそうだね。実際の円運動の半径は50cmではないね。

生徒3：だとすると，①図2のグラフで表される回転時間とおもりの個数の関係は，半径が50cmよりも小さい場合のものだね。

生徒1：②図4のように，なめらかな板に穴を開けてガラス管につけ，糸が水平になるように正しく半径50cmで円運動する場合，図2でおもりの数が同じ場合の回転時間はもっと長くなるはずだね。

生徒2：いいや。③図4のように，半径50cmで円運動するときは，図2でおもりの数が同じ場合の回転時間はもっと短くなるでしょう。

生徒1：きちんと考えてみようか。糸と鉛直線がなす角度を$\theta$として，$\theta$は90°より小さくなっているから，おもりが受ける重力の大きさを$F$とすると，向心力の大きさは$F\sin\theta$と表されるね。

生徒4：そうだね。でも，④図2の周期と向心力の関係は，やっぱり半径50cmで円運動する場合のものと考えていいんじゃないのかな。

生徒3：本当かなあ。実際に円運動の半径が50cmより小さくなっているんだから，その考えは違う気がするけど。

**問3** 図2の測定結果が，ニュートンの運動の法則から導かれる円運動の周期と向心力の関係を実際に満たしているのかどうか確認するために，横軸を「S字型おもりの個数」，縦軸を「(S字型おもりの個数)×(20回転の時間)²」としたグラフを作成して調べることにした。作成したグラフとして最も適当なものを，次の①～⑥のうちから一つ選べ。 9

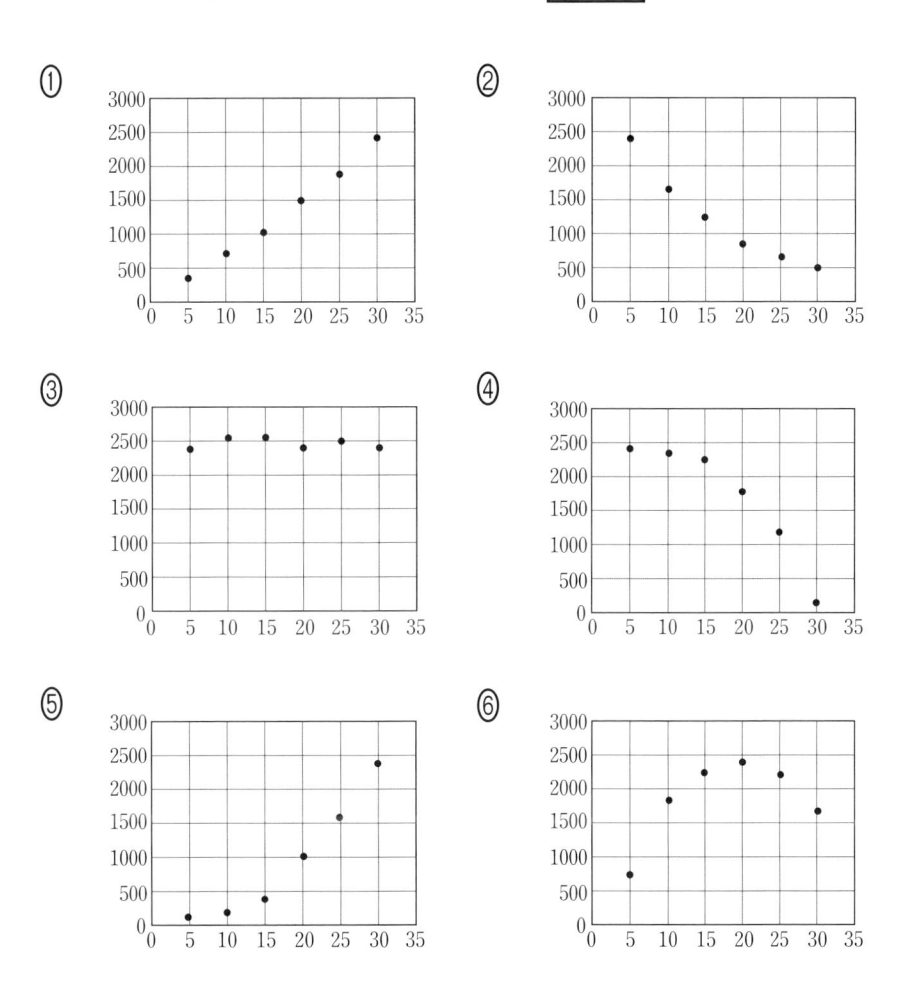

図5のように，なめらかな円筒面と，それにつながれた段差のある2つのなめらかな水平面がある。円筒面の中心Oは下側の水平面の高さと等しく，2つの水平面の高さの差は円筒面の半径に等しく$R$である。上側の水平面と円筒面がつながった点Aから静かに小球を放したところ，小球は円筒面をすべり下りて円筒面上の点Pで円筒面から離れ，下側の水平面に弾性衝突してはね返った。

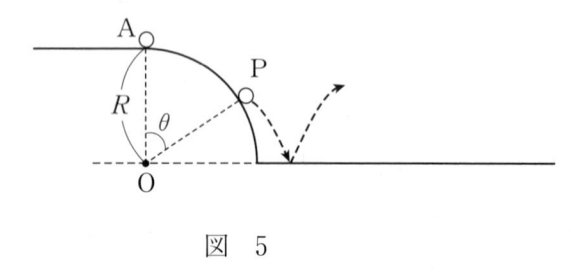

図　5

**問4**　∠AOP$=\theta$とするとき，$\cos\theta$の値として最も適当なものを，次の①～⑥のうちから一つ選べ。$\cos\theta=$　[ 10 ]

① $0$　　② $\dfrac{1}{6}$　　③ $\dfrac{1}{3}$　　④ $\dfrac{1}{2}$　　⑤ $\dfrac{2}{3}$　　⑥ $\dfrac{5}{6}$

**問5**　下側の水平面ではね返った後，下側の水平面から測った小球が達する最高点の高さを$h$とする。$h$と$R$の大小関係として正しいものを，次の①～④のうちから一つ選べ。　[ 11 ]

① $h<R$　　　　　　② $h>R$　　　　　　③ $h=R$

④　$h$と$R$の大小関係はこの条件だけでは決まらない。

物理の試験問題は次に続く。

**第3問** 身の回りの電磁誘導について，後の問い(**問1～5**)に答えよ。(配点　25)

　　太郎君は，ガソリンを給油している父親が，長さ数 cm ほどの小さな黒い棒状の物体を機械にかざして支払いを行っているのを見た。それはクレジットカード代わりになるものだという。同じもので使わなくなったものを譲りうけた太郎君は，それを高校の物理部に持っていった。

**問1**　次の文章は，物理部内の会話である。顧問の先生や生徒たちの会話が科学的に正しい考察となるように，文章中の空欄 | 12 | ～ | 14 | に入れる語句として最も適当なものを，それぞれの直後の { } で囲んだ選択肢のうちから一つずつ選べ。

「棒状の物体 S を分解したら，中から，導線が円筒状にすきまなく巻かれた縦長のコイルが出てきたよ。」

「一般に，集積回路(IC)を組み込んだカードは IC カードとよばれるよ。この物体 S も IC カードの一種だね。一般にクレジットカードは，IC チップ(金属端子)が表面にむき出しになっていて，それを外部機器と接触させることで外部の電源を使うのだけれど，そうした金属端子は表面に出ていないよ。」

「どうやら，電池で動くテレビのリモコンとも，充電したバッテリーで動く携帯電話とも，仕組みが違うようだ。」

「IC カードには，接触型と非接触型の 2 タイプがあるよ。クレジットカードは接触型，通学で使うような交通系 IC カードは非接触型だね。」

「物体 S の中にコイルがあって，接触せずに作動するなら，これは | 12 | {① キルヒホッフ　② レンツ　③ ファラデー} の電磁誘導の法則を使って回路に起電力を発生させるに違いない。」

「ということは，ガソリンスタンドの機械にもコイルがあるということかな。」

「そのとおり。そのコイルに交流電流を流すことで，周囲に変動する磁場を発生させ物体 S に誘導起電力を供給しているんだ。非接触型 IC カードを近づける機械は一般にリーダライタとよばれていて，個人情報を読み取ったり，金額などの情報を更新したりすることができるようになっているよ。」

「磁場が変動するなら，リーダライタからは　13

① 電波
② 紫外線
③ X 線
④ 中性子線

が発生していると考えることもできるはず。」

「双方のコイルが，情報をやりとりする　14

① 記憶装置
② アンテナ
③ レンズ

の役割を果たしているのね。」

問2　ガソリンスタンドに設置された機械（リーダライタ）を R とする。物体 S を機械 R の正面近くに置き，機械 R のコイルと物体 S のコイルをそれぞれ 1 巻きの円形コイルとみなしたものが，次ページの図 1 の模式図である。いま，機械 R のコイルを流れる 1 周期分の電流が図 2 のように変化するとき，物体 S のコイルに生じる誘導起電力はどのように表されるか。横軸を時刻，縦軸を誘導起電力にとったグラフとして最も適当なものを，次ページの ① ～ ④ のうちから一つ選べ。ただし，電流および誘導起電力は図 1 の矢印の向きを正とし，また，コイルの自己インダクタンスは無視し，機械 R のコイルがつくる磁場は物体 S の位置に瞬時に伝わるとしてよい。　15

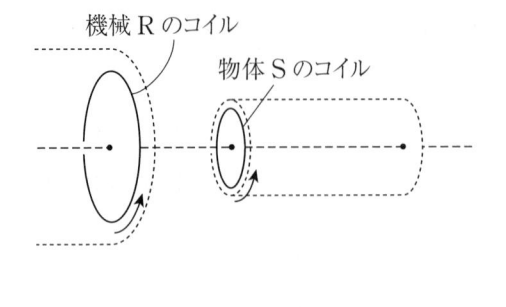

機械 R のコイル

物体 S のコイル

図　1

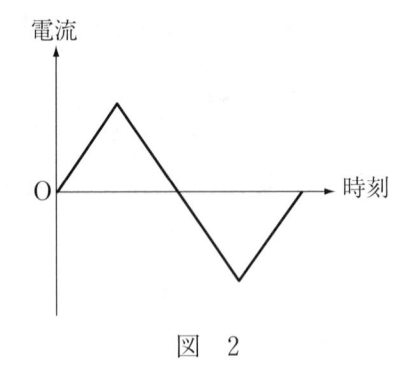

電流

O　時刻

図　2

①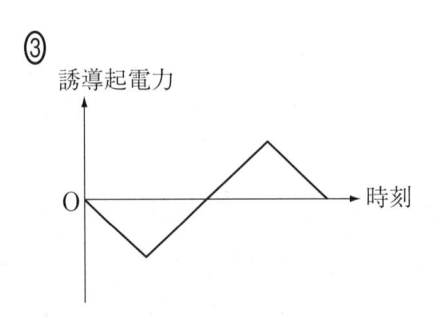

誘導起電力

O　時刻

②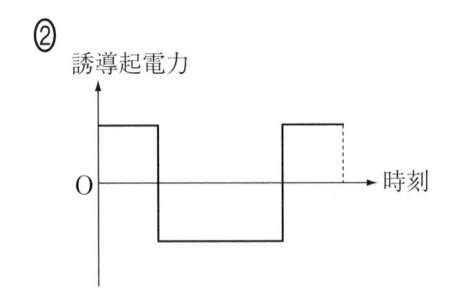

誘導起電力

O　時刻

③

誘導起電力

O　時刻

④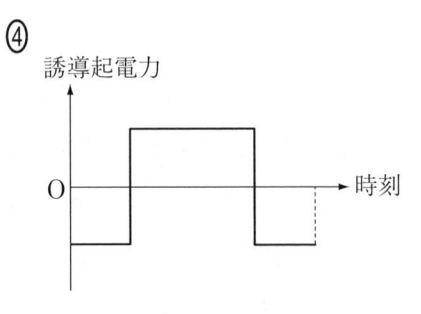

誘導起電力

O　時刻

**問3** 問2で，機械Rのコイルに一定の強さの電流を流すことで，コイルのまわりに時間的に変化しない磁場をつくる場合を考える。機械Rの近くに物体Sを置いて静止させた後，この状態から物体Sを動かした。コイル部分の移動の速さを同じにしたとき，物体Sのコイルに発生する誘導起電力の大きさが最も小さいと考えられるものはどれか。最も適当なものを，次ページの①〜⑥のうちから一つ選べ。ただし，物体Sの移動の向きは白抜きの矢印で表し，物体Sが移動する間，物体Sのコイルの軸は機械Rのコイルの軸を含む平面内にあるものとする。 16

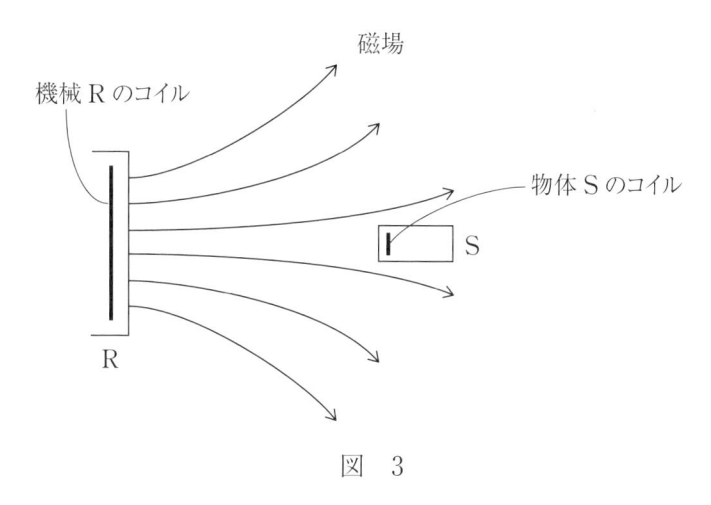

図　3

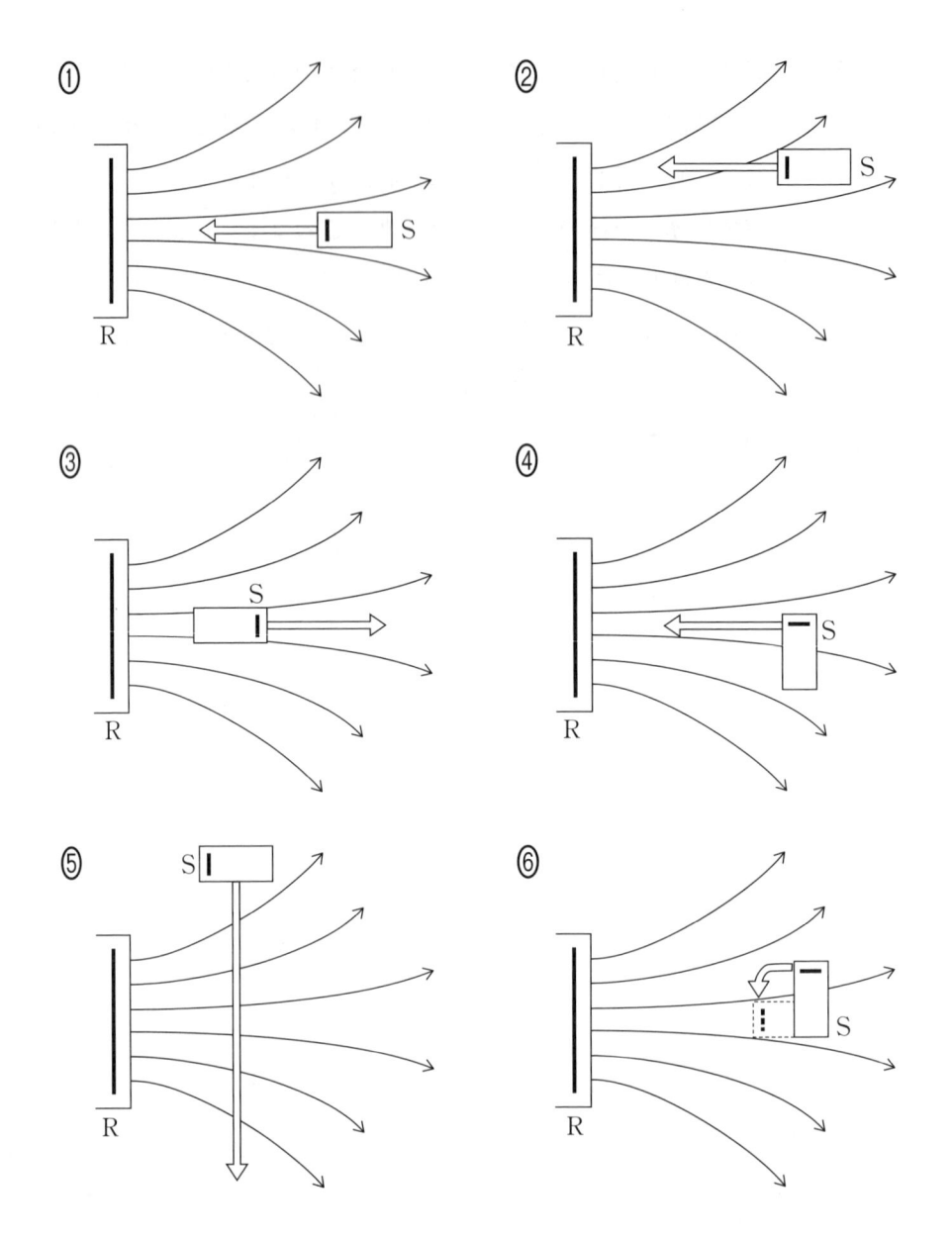

電磁誘導はブレーキにも利用されることがあると聞いた物理部の生徒たちは、その効果を確かめるために、下の手順ⅰ〜ⅳに従って実験を行い、測定結果を表1にまとめた。

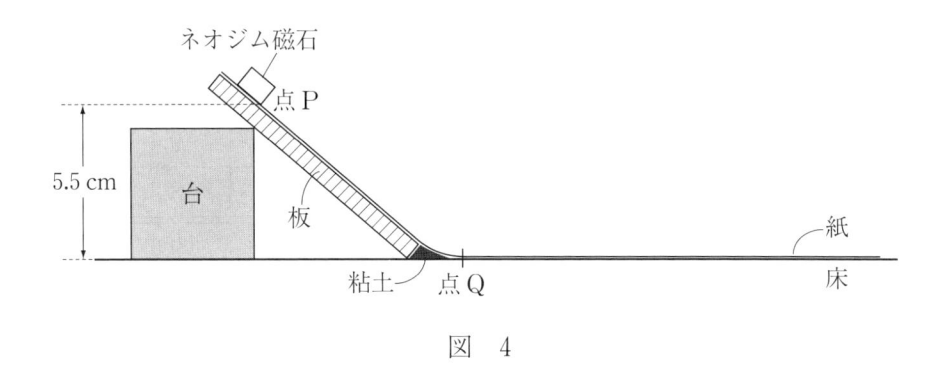

図　4

ⅰ　水平な床上で図4のように台と板で斜面を作り、板と床を覆うように紙を敷いて全体を固定する。板と床の接触部分には粘土を詰めて角度を調節し、紙上を滑る物体がなめらかに板から床に移動できるようにする。

ⅱ　床からの高さが5.5 cmの紙上の位置を点Pとする。点Pから、ボタン型のネオジム磁石を静かに滑らせると、ネオジム磁石は紙が水平になる地点Qを通過し、やがて紙上で静止した。

ⅲ　ⅱを5回行い、点Qからネオジム磁石が静止した地点までの距離を、5回測定する。

ⅳ　点Qから右の紙と床のすき間に薄いアルミホイルを入れた後、再びⅲを行う。

| iii アルミホイルなし | |
|---|---|
| 測定〔回目〕 | 距離〔cm〕 |
| 1 | 10.6 |
| 2 | 9.3 |
| 3 | 11.9 |
| 4 | 11.8 |
| 5 | 10.9 |
| 平均 | 10.9 |

| iv アルミホイルあり | |
|---|---|
| 測定〔回目〕 | 距離〔cm〕 |
| 1 | 9.4 |
| 2 | 9.7 |
| 3 | 8.0 |
| 4 | 9.4 |
| 5 | 8.5 |
| 平均 | 9.0 |

表1　測定結果

**問4** 表1の結果を踏まえた物理部員の考察として科学的に**誤っているもの**を，次の①〜⑤のうちから一つ選べ。　| 17 |

① アルミホイルがない状態では，磁場の時間的変化によって誘導電場が生じても，誘導電流は流れないので磁石の運動に影響しなかったんだ。

② アルミホイルがあると，電磁誘導によってネオジム磁石の前後に磁場が発生し，磁石の運動を妨げたんだ。

③ アルミホイルの代わりに薄い鉄の板を入れ，ネオジム磁石がなめらかに板から床に移動できるようにしても，アルミホイルを入れたときと同じような実験結果が得られるはずだ。

④ アルミホイルがある方の実験で，斜面にもアルミホイルを入れれば，ネオジム磁石が止まるまでの平均距離は 9.0 cm より小さくなるはずだ。

⑤ アルミホイルがない状態での 9.3 cm という 2 回目の測定結果は他の測定結果に比べて小さい値なので，2 回目の測定方法に何らかの問題がなかったか検討する必要がある。

**問5** 水平な紙の上を滑るネオジム磁石は，アルミホイルがない状態では紙から受ける摩擦力から仕事をされるが，アルミホイルがある状態では紙から受ける摩擦力の他に，磁気的な力からも仕事をされる。アルミホイルがある状態の運動について，この磁気的な力のする仕事は摩擦力のする仕事のおよそ何倍か。最も適当な値を，次の ① ～ ⑥ のうちから一つ選べ。ただし，表1の平均の値をそのまま計算に使ってよい。また，ネオジム磁石が紙の上を滑っているときに受ける紙からの摩擦力は，アルミホイルがある状態でもない状態でも，ほぼ同じ大きさと考えてよいものとする。 18 倍

① 0.17 　　　　② 0.21 　　　　③ 0.83

④ 1.21 　　　　⑤ 4.73 　　　　⑥ 5.74

# 第4問 波の干渉，周期変化について，後の問い（**問1～5**）に答えよ。（配点　25）

図1のように，ナトリウムランプから出る光を回折格子を通して観測する。ナトリウムランプと回折格子を結ぶ直線は水平で，ナトリウムランプに接するように鉛直に定規（スケール）を設置して，ナトリウムランプからの回折光が見える位置までの距離$x$を測定した。ナトリウムランプの上側に見える回折光を下から順に1次，2次，…，$m$次の回折光とし，各回折光について測定した距離$x$を表1に示す。ただし，2次，3次の距離$x$は，表に記載されていない。

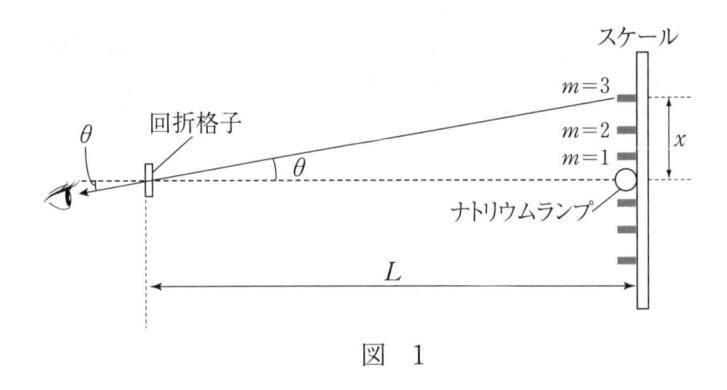

図　1

| $m$ | 1 | 2 | 3 | 4 | 5 |
|---|---|---|---|---|---|
| $x$〔cm〕 | 5.7 | — | — | 23.5 | 29.6 |

表1

**問 1** この実験について述べた文として**誤っているもの**を，次の①〜⑤のうちから一つ選べ。　19

① 観測できる 1 次，2 次，…の回折光は，ナトリウムランプの虚像である。

② 回折格子をナトリウムランプに近づけていくと，回折光が見える位置はナトリウムランプの位置に近づいていく。

③ $x=0$cm の位置に見える光は，ナトリウムランプからの直接光である。

④ 実験室の室温が変わっても，実験結果はそう大きくは変わらない。

⑤ 実験に電球ではなくナトリウムランプを用いたのは，光の色の違いによる。電球の光は白色で，ナトリウムランプの光はオレンジ色だが，人はオレンジ色の方が白色よりも視認しやすいからである。

**問 2** ナトリウムランプから出る光の波長を $\lambda$，回折格子の格子間隔(格子定数)を $d$，$m$ 次の回折光が観測できる方向と水平面との角度を $\theta$ としたとき，$\lambda$，$d$，$\theta$，$m$ の間の関係式として正しいものを，次の①〜⑥のうちから一つ選べ。　20

① $d\sin\theta=m\dfrac{\lambda}{2}$　　② $d\sin\theta=(2m-1)\dfrac{\lambda}{2}$　　③ $d\sin\theta=m\lambda$

④ $d\cos\theta=m\dfrac{\lambda}{2}$　　⑤ $d\cos\theta=(2m-1)\dfrac{\lambda}{2}$　　⑥ $d\cos\theta=m\lambda$

**問 3** 表 1 には 2 次，3 次のときの $x$ の測定値が記載されていないが，2 次のときの $x$ の測定値として最も適当な数値を，次の①〜⑥のうちから一つ選べ。
　21　cm

① 6.8　　　　　② 8.0　　　　　③ 11.6

④ 14.9　　　　⑤ 17.6　　　　⑥ 19.9

図2のように，$x$軸上を，波源Sが一定の速さ$v$で$+x$向きに進んでいる。波源Sは，時刻$t=0$に原点Oを通過する瞬間から，周期$T$の正弦波を時間$\varDelta t$だけ発する。Sが発した波を，原点Oから$+x$向きに十分離れた$x$軸上で，一定の速さ$u$で$+x$向きに運動している観測者Aが観測する。$x$軸上を伝わる正弦波の速さを$V$とし，$v$，$u$は$V$より小さいものとする。

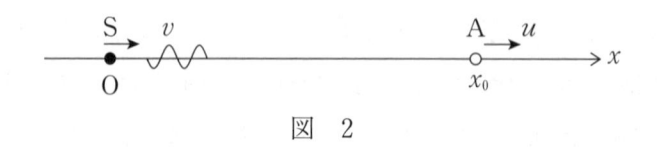

図　2

問4　次の文章中の空欄　22　～　25　に入れる式として正しいものを，後の①～⑨のうちからそれぞれ一つずつ選べ。

　　Sから発せられて$+x$向きに進む波を考えると，時刻$t=\varDelta t$の瞬間に，波の先端の位置は$x=$　22　，波の後端の位置は$x=$　23　である。観測者Aがこの波の先端を時刻$t=t_0$に$x=x_0$の位置で，波の後端を時刻$t=t_0+\varDelta t'$に観測した。時刻$t=t_0+\varDelta t'$において，波の先端の位置は$x=x_0+$　24　，後端の位置は$x=x_0+$　25　である。波の先端から後端までの長さは一定なので，　22　－　23　＝　24　－　25　が成り立ち，これより$\varDelta t$と$\varDelta t'$の関係を求めることができる。

① 　0
② 　$v\varDelta t$
③ 　$V\varDelta t$
④ 　$u\varDelta t'$
⑤ 　$V\varDelta t'$
⑥ 　$(V+v)\varDelta t$
⑦ 　$(V-v)\varDelta t$
⑧ 　$(V+u)\varDelta t'$
⑨ 　$(V-u)\varDelta t'$

**問5** 観測者 A が観測する波の周期を $T'$ とする。$T$, $T'$, $\Delta t$, $\Delta t'$ の間に成り立つ関係式として正しいものを，次の ①〜⑥ のうちから一つ選べ。

26

① $\quad T+T'=\Delta t+\Delta t'$     ② $\quad T-T'=\Delta t-\Delta t'$     ③ $\quad \dfrac{\Delta t}{T}=\dfrac{\Delta t'}{T'}$

④ $\quad \dfrac{\Delta t}{T'}=\dfrac{\Delta t'}{T}$     ⑤ $\quad \dfrac{\Delta t+\Delta t'}{T+T'}=\dfrac{\Delta t}{T}$     ⑥ $\quad \dfrac{\Delta t-\Delta t'}{T-T'}=\dfrac{\Delta t}{T}$

# 模試　第5回

$\left(\begin{matrix}100\text{点}\\60\text{分}\end{matrix}\right)$

## 〔物理〕

注　意　事　項

1　理科解答用紙（模試 第5回）をキリトリ線より切り離し，試験開始の準備をしなさい。

2　時間を計り，上記の解答時間内で解答しなさい。

　ただし，納得のいくまで時間をかけて解答するという利用法でもかまいません。

3　**解答用紙には解答欄以外に受験番号欄，氏名欄，試験場コード欄，解答科目欄があります。解答科目欄は解答する科目を一つ選び，**科目名の右の◯に**マークしなさい。その他の欄は自分自身で本番を想定し，正しく記入し，マークしなさい。**

4　解答は，解答用紙の解答欄にマークしなさい。例えば，　10　と表示のある問いに対して③と解答する場合は，次の（例）のように**解答番号10の解答欄の③に**マークしなさい。

（例）

| 解答番号 | 解　　　答　　　欄 |
|---|---|
| | 1 2 3 4 5 6 7 8 9 0 a b |
| 10 | ① ② ③ ④ ⑤ ⑥ ⑦ ⑧ ⑨ ⑩ ⓐ ⓑ |

5　問題冊子の余白等は適宜利用してよいが，どのページも切り離してはいけません。

模試　第5回

# 物　　　　理

$$\left(\text{解答番号}\boxed{\ 1\ }\sim\boxed{\ 30\ }\right)$$

**第1問**　次の問い(**問1～5**)に答えよ。(配点　25)

問1　図1のように，天井からつるした軽い糸の下端に小球を取りつけ，糸が張った状態で鉛直方向と糸がなす角度が45°となる位置まで小球を持ち上げて静かに放すと，小球は鉛直面内で振動した。小球を放した直後と小球が最下点を通過する瞬間の小球の加速度の向きを表す矢印または記述として最も適当なものを，下の①～⑨のうちからそれぞれ一つずつ選べ。ただし，同じものを繰り返し選んでもよい。

小球を放した直後：$\boxed{\ 1\ }$

小球が最下点を通過する瞬間：$\boxed{\ 2\ }$

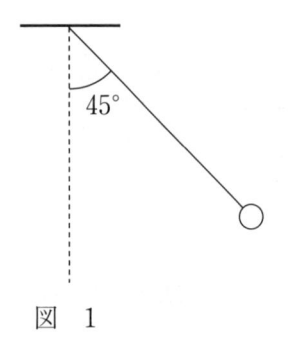

図　1

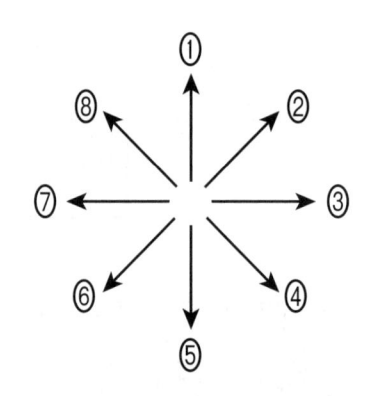

⑨ 加速度の大きさは 0 で向きはもたない。

**問2** 次の文章中の空欄 | 3 | ・ | 4 | に入れる物理量または語句として最も適当なものを，それぞれの直後の $\left\{\phantom{x}\right\}$ で囲んだ選択肢のうちから一つずつ選べ。

　地上でコンパスの N 極が北の方角を指すことからわかるように，地球の内部には大きな棒磁石があると考えてよく，地球の周りには地磁気が生じている。この地磁気の影響で，上空を飛ぶ金属製の飛行機の翼の両端には電位差が発生する。いま，主翼の両端の距離が 50 m の飛行機が，日本の上空を水平方向に速さ 720 km/h で直進している。日本の上空での地磁気の鉛直成分の磁束密度の大きさを $3.5 \times 10^{-5}$ T とするとき，この飛行機の主翼の両端に発生する電

位差は | 3 | 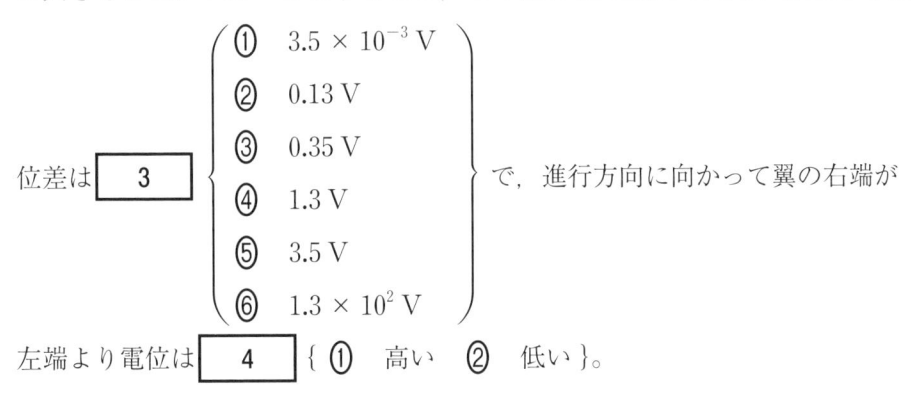 で，進行方向に向かって翼の右端が

左端より電位は | 4 | { ① 高い　② 低い }。

$\left\{\begin{array}{ll} ① & 3.5 \times 10^{-3} \text{ V} \\ ② & 0.13 \text{ V} \\ ③ & 0.35 \text{ V} \\ ④ & 1.3 \text{ V} \\ ⑤ & 3.5 \text{ V} \\ ⑥ & 1.3 \times 10^2 \text{ V} \end{array}\right\}$

**問 3** 光の性質に関する記述として最も適当なものを，次の①〜⑤のうちから一つ選べ。 　5

① 太陽からの光は空気中の気体分子によって散乱される。散乱のされやすさは光の波長によって異なり，波長が短い光ほど散乱されにくい。このため晴れた日の昼間の空は青く見える。

② 空気中を進む光が水との境界面で反射するときの反射角は，光の波長によって異なる。虹が見えるのは，空気中の水滴によって反射される光の反射角が異なるためである。

③ 光が絶対屈折率の小さな媒質中から大きな媒質中に向かって進むとき，境界面での入射角が臨界角を超えると全反射が起こる。カメラや双眼鏡では，直角プリズムなどを用いて全反射を起こさせて光の向きを変えているものがある。

④ 水の絶対屈折率は空気の絶対屈折率より大きいので，空気中から水中に進む光が水面で屈折するとき，屈折角は入射角より大きくなる。

⑤ 光は横波であり，自然の光はその進行方向に垂直ないろいろな方向に振動している。ガラスや水面での反射光は特定の方向の振動を多く含むようになるので，偏光板を用いて反射光を遮ると，ガラスの向こう側や水中の様子がよく見える。

**問4** 下の文章中の空欄 $\boxed{6}$, $\boxed{7}$ に入れる語句または数値の組合せとして最も適当なものを，それぞれの直後の $\Big\{\ \Big\}$ で囲んだ選択肢のうちから一つ選べ。ただし，大気中の $^{12}_{6}\text{C}$ に対する $^{14}_{6}\text{C}$ の割合はつねに一定に保たれているとする。また，必要であれば $\log_{10}2=0.30$ を用いよ。

　大気中には宇宙線によって生じる放射性炭素 $^{14}_{6}\text{C}$ が存在する。$^{14}_{6}\text{C}$ の半減期は $5.7\times10^3$ 年で，$\boxed{6}$ $\{$① $\alpha$　② $\beta$　③ $\gamma\}$ 崩壊して $^{14}_{7}\text{N}$ になる。ある遺跡から発掘した木片に含まれる $^{12}_{6}\text{C}$ に対する $^{14}_{6}\text{C}$ の割合を測定したところ，現在の大気中に含まれる $^{12}_{6}\text{C}$ に対する $^{14}_{6}\text{C}$ の割合の 80 ％ であった。このことから，この遺跡は現在から約 $\boxed{7}$ $\left\{\begin{array}{ll}① & 1.1\times10^3 \\ ② & 1.9\times10^3 \\ ③ & 4.6\times10^3\end{array}\right\}$ 年前のものと推定される。

**問5** 図2のように，断熱性の同じ容積をもつ容器A〜Dを用意し，容器AとB，CとDを，それぞれコックつきの細管でつなぐ。コックが閉じられた状態で，容器A，C，Dには同種の理想気体が封じられており，容器Bは真空である。容器A，C，Dの気体の圧力は，順に $P$，$\frac{1}{3}P$，$\frac{2}{3}P$ で，気体の絶対温度はすべて $T$ である。この状態から，容器AとBをつなぐ細管のコック，容器CとDをつなぐ細管のコックを開く。コックを開いて十分時間が経ったときの，容器Aの気体の圧力を $P_A$，容器Cの気体の圧力を $P_C$ とするとき，$P_A$ と $P_C$ の関係を表す式として正しいものを，下の①〜⑦のうちから一つ選べ。ただし，細管は断熱性で，その容積は無視できるものとする。 $\boxed{8}$

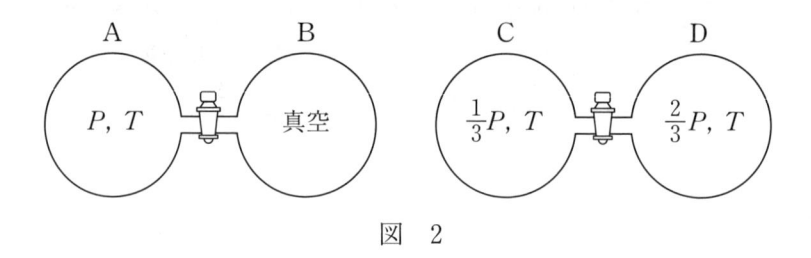

図　2

① $P_A = \dfrac{1}{3}P_C$　　② $P_A = \dfrac{1}{2}P_C$　　③ $P_A = \dfrac{2}{3}P_C$　　④ $P_A = P_C$

⑤ $P_A = \dfrac{3}{2}P_C$　　⑥ $P_A = 2P_C$　　⑦ $P_A = 3P_C$

物理の試験問題は次に続く。

**第2問** 次の文章(**A・B**)を読み，下の問い(**問1〜4**)に答えよ。(配点　25)

**A** 抵抗器の接続について考える。

問1　次の文章中の空欄に入れる式として最も適当なものを，次ページの①〜⑨のうちからそれぞれ一つずつ選べ。

| 9 | 10 | 11 | 12 |

抵抗値がそれぞれ $r_1$, $r_2$, $r_3$ の3つの抵抗器，および起電力 $E$ で内部抵抗の無視できる電池を用いて，図1および図2のような回路をつくる。図1の場合に，電池を流れる電流の強さを $I$ とすると，キルヒホッフの第2法則を用いて，$E=\boxed{\phantom{9}9}$ となるので，図1のように3つの抵抗器を直列につないだ場合の合成抵抗の抵抗値は $\boxed{\phantom{10}10}$ と表される。図2の場合に，3つの抵抗器に流れる電流の強さを，それぞれ $I_1$, $I_2$, $I_3$ とすると，電池を流れる電流の強さは，キルヒホッフの第1法則より，$I_1+I_2+I_3=\boxed{\phantom{11}11}$ となるので，図2のように3つの抵抗器を並列につないだ場合の合成抵抗の抵抗値は $\boxed{\phantom{12}12}$ と表される。

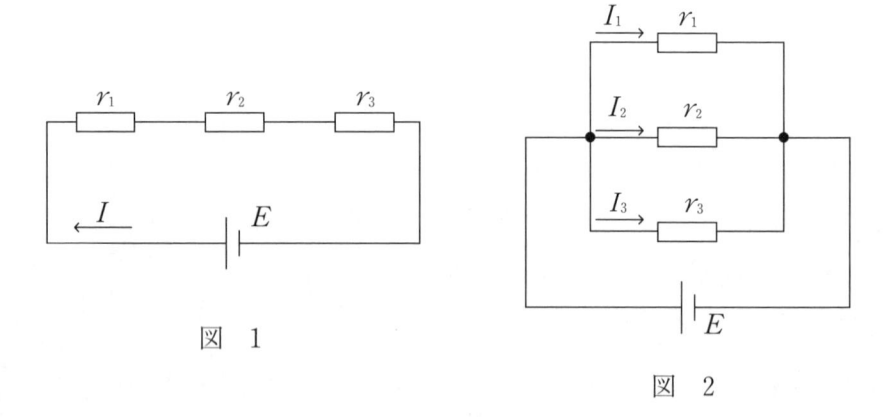

図　1

図　2

① $r_1I + r_2I + r_3I$

② $r_1I_1 + r_2I_2 + r_3I_3$

③ $\dfrac{E}{r_1} + \dfrac{E}{r_2} + \dfrac{E}{r_3}$

④ $I_1E + I_2E + I_3E$

⑤ $r_1I_1^2 + r_2I_2^2 + r_3I_3^2$

⑥ $r_1 + r_2 + r_3$

⑦ $\dfrac{1}{r_1} + \dfrac{1}{r_2} + \dfrac{1}{r_3}$

⑧ $\dfrac{r_1r_2 + r_2r_3 + r_3r_1}{r_1 + r_2 + r_3}$

⑨ $\dfrac{r_1r_2r_3}{r_1r_2 + r_2r_3 + r_3r_1}$

問2　学校でキルヒホッフの法則を習った太郎さんと花子さんは，先生から次のような宿題を出された。

［宿題］

　図3のように，抵抗値 $r$ をもつ同じ長さの12本の金属線を，それぞれが一辺となるようにつないで立方体の回路を組んだ。点Aと点Gに起電力 $E$ で内部抵抗が無視できる直流電源をつないだとき，直流電源を流れる電流の強さはいくらになるか。

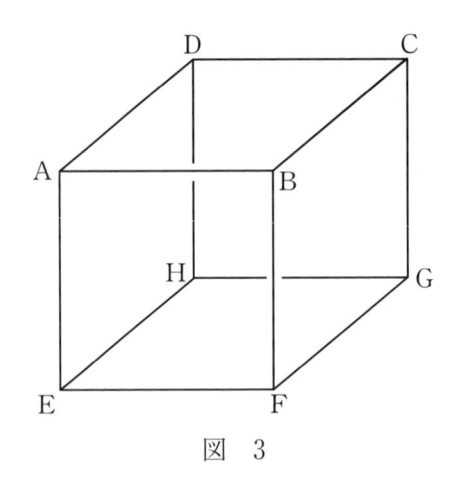

図　3

　次ページの文章は，この宿題を解くにあたっての太郎さんと花子さんの会話である。二人の説明が科学的に正しい考察となるように，それぞれの選択肢から正しい式を一つずつ選べ。ただし，同じものを繰り返し選んでもよい。
　13　　14　　15

「AG 間の合成抵抗を求めればいいんだよね。」

「でも，立方体に組まれたこの回路の場合，どの金属線とどの金属線が直列なのか並列なのかが，よくわからないね。」

「合成抵抗の公式から求めようとしないで，基本に戻ってキルヒホッフの法則から考えればいいんじゃないかしら。」

「だとすると，まず電源に流れる電流の強さを $I$ としよう。このとき，それぞれの金属線に流れる電流の強さはどうなるかだ。」

「そうね。辺 AB の金属線に流れる電流の強さは 13 になるでしょ。だから，辺 BC に流れる電流の強さは 14 になるはず。」

「そうか。そうするとすべての辺の金属線に流れる電流の強さがわかるね。」

「あとは，キルヒホッフの第 2 法則を用いればいいから，求める電流の強さ $I$ は 15 になるわけね。」

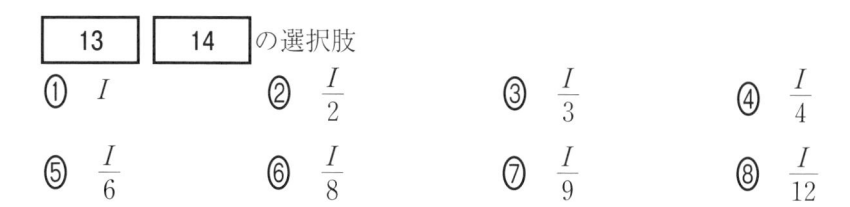

13 14 の選択肢

① $I$  ② $\dfrac{I}{2}$  ③ $\dfrac{I}{3}$  ④ $\dfrac{I}{4}$

⑤ $\dfrac{I}{6}$  ⑥ $\dfrac{I}{8}$  ⑦ $\dfrac{I}{9}$  ⑧ $\dfrac{I}{12}$

15 の選択肢

① $\dfrac{2E}{3r}$  ② $\dfrac{3E}{4r}$  ③ $\dfrac{5E}{6r}$  ④ $\dfrac{E}{r}$

⑤ $\dfrac{6E}{5r}$  ⑥ $\dfrac{4E}{3r}$  ⑦ $\dfrac{3E}{2r}$

**B** 一郎さんは，小学生の弟の次郎さんが学校から持って帰ってきた電気実験セットを見て，自分でもいくつか実験をしてみることにした。

実験セットには，1.5Vの単一乾電池とスイッチ付き電池ケース，工作用のモーター，モーターにはめ込んで使うプロペラ，2種類の豆電球A，Bと電球ソケットなどがあり，図4のように，乾電池，モーター，豆電球を直列につないでスイッチを閉じて電流を流したときの，モーターの回転の様子と豆電球の明るさを観察した。モーターにプロペラをつけた場合と外した場合，豆電球Aを使った場合，豆電球Bを使った場合の組合せで実験を行ったところ，表1に示すような結果が得られた。なお，豆電球Aには1.5V，0.3Aの表示が，豆電球Bには1.5V，0.06Aの表示があった。

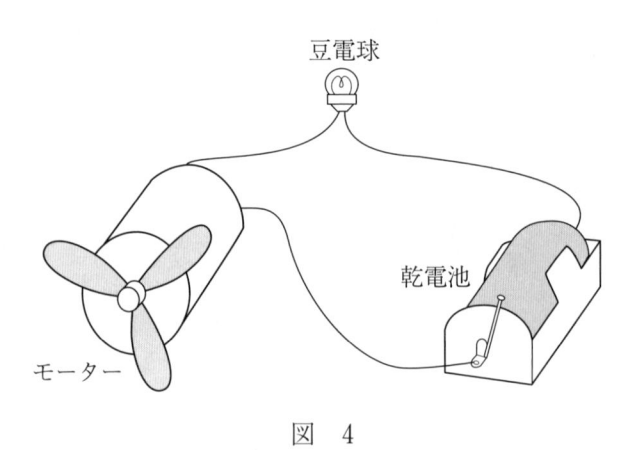

図 4

|  | プロペラ | 豆電球 | モーターの様子 | 豆電球の明るさ |
|---|---|---|---|---|
| 実験1 | 外す | A | 回転する | 点灯しない |
| 実験2 | 外す | B | 回転しない | 明るく点灯する |
| 実験3 | つける | A | 回転する | 暗く点灯する |
| 実験4 | つける | B | 回転しない | 明るく点灯する |

表 1

**問3** 次の文章は，この実験結果についての一郎さんの考察である。一郎さんの考察が科学的に正しい考察となるように，文章中の空欄に入れる語句として最も適当なものを，下の①〜⑧のうちからそれぞれ一つずつ選べ。

| 16 | 17 | 18 | 19 |
|---|---|---|---|

　豆電球Bを使ったときは明るく点灯するけれど，豆電球Aを使ったときは点灯しないか点灯しても暗いのは，豆電球AとBの  16  の違いによると考えていいだろう。モーターの  16  に比べて豆電球の  16  が大きくなると，豆電球の  17  が大きくなるので豆電球が明るくなるのだろう。この場合，モーターの  17  が小さくなるので回転しないと考えてよいだろう。

　実験1と3を比較すると，プロペラをつけたときにはモーターには大きな負荷がかかっているからモーターの  18  が小さくなっているはずで，実験3のときの豆電球Aの  17  は，実験1の場合より大きくなっている。モーターの中身はただのコイル状に巻いた導線だけで，モーターの  16  が変化したとは考えにくい。そうか，モーターが回転するとモーターに  19  が生じるわけか。それで実験3のときには，モーターの  18  が小さいからモーターの  19  も小さくて，豆電球の  17  が大きくなって点灯したと考えてよさそうだな。

① 電流　　　② 電圧　　　③ 抵抗値　　　④ 誘導起電力

⑤ 仕事率　　⑥ 回転数　　⑦ ジュール熱　⑧ 摩擦

**問 4**　一郎さんは，プロペラをつけないモーター，豆電球 A，B をすべて乾電池に直列につないでスイッチを入れて電流を流してみた。このときのモーター，および豆電球 A，B の様子を表す記述の組合せとして，最も適当なものを次の ① ～ ⑦ のうちから一つ選べ。ただし，モーターが回転せず，豆電球 A，B どちらも点灯しなかったということはなかった。　| 20 |

|  | モーター | 豆電球 A | 豆電球 B |
|---|---|---|---|
| ① | 回転する | 点灯する | 点灯する |
| ② | 回転する | 点灯する | 点灯しない |
| ③ | 回転する | 点灯しない | 点灯する |
| ④ | 回転する | 点灯しない | 点灯しない |
| ⑤ | 回転しない | 点灯する | 点灯する |
| ⑥ | 回転しない | 点灯する | 点灯しない |
| ⑦ | 回転しない | 点灯しない | 点灯する |

（下 書 き 用 紙）

物理の試験問題は次に続く。

**第3問** 次の文章($\mathbf{A} \cdot \mathbf{B}$)を読み，下の問い(**問1～5**)に答えよ。(配点 25)

**A** 光の干渉について考える。

問1 次の文章中の空欄 ア ～ ウ に入れる式または数値の組合せとして最も適当なものを，次ページの①～⑧のうちから一つ選べ。 21

　光の屈折を干渉条件から考えてみよう。

　図1のように，真空中で波長 $\lambda$ の光が，絶対屈折率 $n_1$ の媒質中から絶対屈折率 $n_2$ の媒質中へ入射角 $i$ で入射し，屈折角 $r$ で屈折する場合について，入射光のうち光線 a，b が，境界面上で距離 $d$ だけ離れた点 A，B で屈折して進むときの干渉条件を考える。点 A から光線 b の射線に下ろした垂線の足を点 C，点 B から光線 a の射線に下ろした垂線の足を点 D とすると，光線 a，b は点 A，C まで同位相で進み，点 B，D から先で位相差に変化はないので，光線 a，b の光路差は ア と表される。したがって，2つの光線 a，b が強め合うのは，$m = 0$，1，2，…として， ア ＝ イ となる場合である。実際には，境界面の点 A，B 以外でも屈折する多数の光線があるので，すべての光線が強め合うためには，距離 $d$ がどのような値であっても，この条件式が成り立たなければならない。これを考慮すると，$m =$ ウ でなければならないので，これより屈折の法則が導かれる。

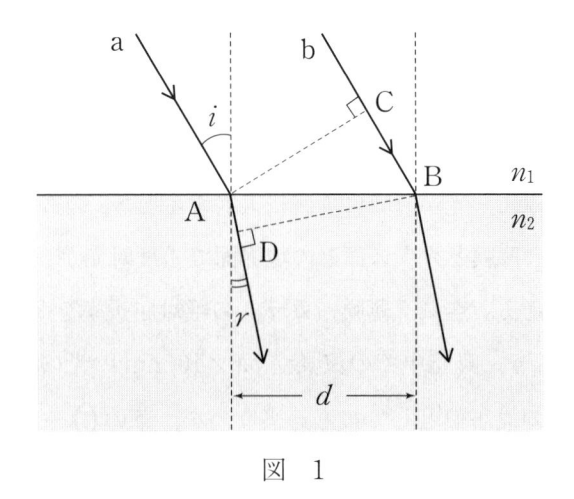

図　1

|   | ア | イ | ウ |
|---|---|---|---|
| ① | $d\,|n_1\sin i - n_2\sin r|$ | $m\lambda$ | 0 |
| ② | $d\,|n_1\sin i - n_2\sin r|$ | $m\lambda$ | 1 |
| ③ | $d\,|n_1\sin i - n_2\sin r|$ | $(2m+1)\dfrac{\lambda}{2}$ | 0 |
| ④ | $d\,|n_1\sin i - n_2\sin r|$ | $(2m+1)\dfrac{\lambda}{2}$ | 1 |
| ⑤ | $d\,|n_1\sin r - n_2\sin i|$ | $m\lambda$ | 0 |
| ⑥ | $d\,|n_1\sin r - n_2\sin i|$ | $m\lambda$ | 1 |
| ⑦ | $d\,|n_1\sin r - n_2\sin i|$ | $(2m+1)\dfrac{\lambda}{2}$ | 0 |
| ⑧ | $d\,|n_1\sin r - n_2\sin i|$ | $(2m+1)\dfrac{\lambda}{2}$ | 1 |

**問2** メガネやカメラのレンズの表面には，反射防止のコーティングが施されている場合が多い。レンズのガラス表面に薄膜をつけることで，光の干渉を利用して反射を低減させて透過率を上げることができる。

図2のように，光が薄膜に垂直に入射するとき，空気と薄膜との境界面での反射光と，薄膜とガラス面との境界面での反射光が，干渉によって弱め合う場合を考える。空気，薄膜，ガラスの絶対屈折率をそれぞれ順に 1.0，1.4，1.5 とするとき，真空中での波長が $5.6 \times 10^2$ nm の光の反射を抑えるための薄膜の厚さの最小値として最も適当な値を，下の ① 〜 ⑧ のうちから一つ選べ。 **22** nm

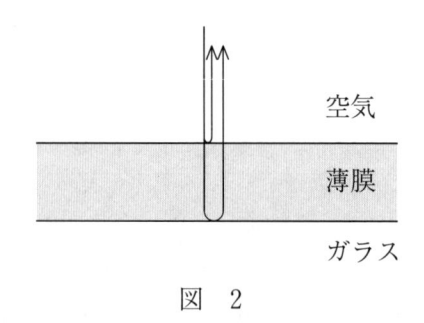

図 2

① 93       ② $1.0 \times 10^2$       ③ $1.4 \times 10^2$

④ $1.8 \times 10^2$       ⑤ $2.0 \times 10^2$       ⑥ $2.8 \times 10^2$

⑦ $3.5 \times 10^2$       ⑧ $4.0 \times 10^2$

（下 書 き 用 紙）

物理の試験問題は次に続く。

**B** 太郎君はテレビで熱気球に乗ってアフリカのサバンナを空から眺める映像を見て，熱気球に興味をもった。人が実際に乗れる熱気球をつくるのは大変だが，空に浮かぶだけの風船のようなものなら自作できるのではないかと考え，作り方を調べてみた。

まず，軽く丈夫な材質ということで，材料としてポリエチレンのフィルムを貼り合わせて気球をつくることにした。黒色のポリエチレンであれば，晴れた日には太陽からの放射熱で内部の空気が暖まるので，バーナー等で空気を暖めることなく空に浮かぶはずだと考えた。

そこで，実際にどのくらいの大きさの気球をつくれば，浮かび上がるのか計算することにした。以下では，空気は理想気体とみなせるものとする。

**問3** 気球は，図3のように，下部に大きさの無視できる小さな穴があいた半径 $r$ の球形とし，球皮の厚みは無視できるものとする。気球内部の空気の密度を $\rho_1$，外気の空気の密度を $\rho_0$ とし，気球の球皮の単位面積当たりの質量を $\sigma$ とするとき，気球が浮かび上がるための $\rho_1$ の条件式として正しいものを，下の ① ～ ⑥ のうちから一つ選べ。 $\boxed{23}$

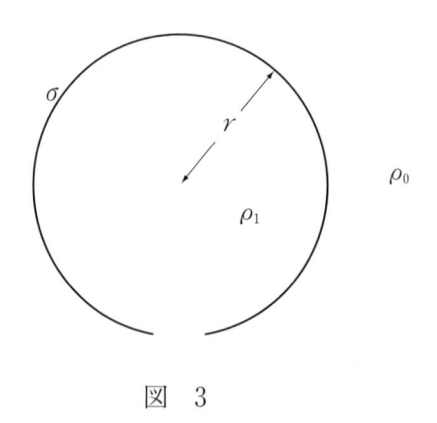

図　3

① $\rho_1 \leqq \rho_0 - \dfrac{4\sigma}{r}$ 　　② $\rho_1 \leqq \rho_0 - \dfrac{3\sigma}{r}$ 　　③ $\rho_1 \leqq \rho_0 - \dfrac{3\sigma}{4r}$

④ $\rho_1 \leqq \rho_0 - \dfrac{4\sigma}{\pi r}$ 　　⑤ $\rho_1 \leqq \rho_0 - \dfrac{3\sigma}{\pi r}$ 　　⑥ $\rho_1 \leqq \rho_0 - \dfrac{3\sigma}{4\pi r}$

問4　外気の絶対温度を $T_0$ とし，気球内部の空気の絶対温度はこれより $\varDelta T$ だけ高いものとする。このとき，気球内部の空気の密度 $\rho_1$ を表す式として正しいものを，次の①〜⑧のうちから一つ選べ。$\rho_1=$ 　24

① $\dfrac{\varDelta T}{T_0}\rho_0$

② $\dfrac{T_0}{\varDelta T}\rho_0$

③ $\dfrac{T_0-\varDelta T}{T_0}\rho_0$

④ $\dfrac{T_0}{T_0-\varDelta T}\rho_0$

⑤ $\dfrac{T_0+\varDelta T}{T_0}\rho_0$

⑥ $\dfrac{T_0}{T_0+\varDelta T}\rho_0$

⑦ $\dfrac{T_0+\varDelta T}{T_0-\varDelta T}\rho_0$

⑧ $\dfrac{T_0-\varDelta T}{T_0+\varDelta T}\rho_0$

問5　外気の大気圧を 1013 hPa，外気温を 20℃ とし，気球内部の空気の温度は外気より 7℃ 高いとしたとき，気球内部の空気の密度と外気の密度の差は $2.8\times10^{-2}\,\mathrm{kg/m^3}$ となる。気球の球皮の単位面積あたりの質量は，ポリエチレンフィルムの単位面積当たりの質量 $2.6\,\mathrm{g/m^2}$ に等しいとするとき，この条件の下で気球が浮かび上がるための気球の最小の半径として最も適当な値を，次の①〜⑧のうちから一つ選べ。　25　m

① 0.28　　② 0.32　　③ 0.37　　④ 0.43
⑤ 2.8　　⑥ 3.2　　⑦ 3.7　　⑧ 4.3

# 第4問 次の文章(A・B)を読み，問い(問1～5)に答えよ。(配点 25)

**A** 花子と太郎は，学校で放物運動の実験を行った。実験は，投射装置から右上向きに打ち出した白いガラス玉を，暗幕を背景に，一定の発光周期をもつマルチストロボ装置で撮影するというものである。また，写真に重ねて，縦横それぞれに等間隔に平行線を引き，その座標を読み取れるようにした。縦線はガラス玉の水平位置を表す線であり，横線はガラス玉の高さを表す線である。図1は，この写真をトレーシングペーパーに写し取ったものであり，ガラス玉の像(位置)に，左から順番にa，b，…，1と名前をつけた。

マルチストロボ装置の発光周期は $t_0〔s〕=\dfrac{1}{20}$ s である。また縦および横の太線の間隔は $4.9×10^{-2}$ m であり，横の太線の間は細線で分割されている。

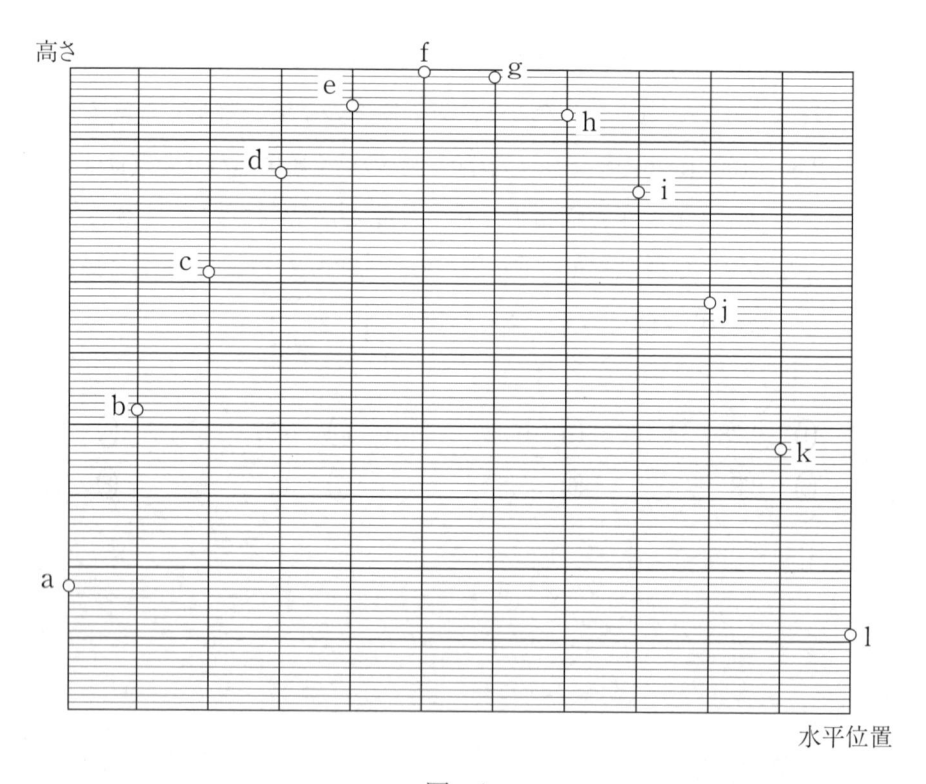

図 1

二人は，図1を見ながら気づいたことを話し合った。

太郎：ガラス玉が通る縦の太線は等間隔になっているね。

花子：鉛直方向について見ると，隣り合うガラス玉の間隔は次第に狭くなり，最高点を通過した後，次第に広くなっているわ。

太郎：重力の影響で，鉛直方向の運動は等速運動にならないんだ。図から，平均の速度を求めていけば，重力加速度の大きさがわかると思う。

花子：平均の速度は斜め方向になるわね。平均の速度をベクトルで表してみましょう。

問1　次ページの図2のように $\overrightarrow{ac}$, $\overrightarrow{ce}$ をとる。また，それら2つのベクトルの始点を任意の点Oに一致させて描いたものは，それぞれ $\overrightarrow{Oc'}$, $\overrightarrow{Oe'}$ のようになる。点bでの瞬間の速度の大きさ，点cでの瞬間の加速度の大きさの組合せとして最も適当なものを，次の① 〜 ⑥ のうちから一つ選べ。ただし，**第4問 A** では平均の速度および平均の加速度は，それらを計測した時間帯のちょうど中央の時刻における瞬間の速度および瞬間の加速度に等しいとみなす。　26

|  | 点bでの瞬間の速度の大きさ | 点cでの瞬間の加速度の大きさ |
|---|---|---|
| ① | $\|\overrightarrow{Oc'}\|$ | $\dfrac{\|\overrightarrow{c'e'}\|}{2t_0}$ |
| ② | $\|\overrightarrow{Oc'}\|$ | $\dfrac{\|\overrightarrow{c'e'}\|}{4t_0{}^2}$ |
| ③ | $\dfrac{\|\overrightarrow{Oc'}\|}{t_0}$ | $\dfrac{\|\overrightarrow{c'e'}\|}{2t_0}$ |
| ④ | $\dfrac{\|\overrightarrow{Oc'}\|}{t_0}$ | $\dfrac{\|\overrightarrow{c'e'}\|}{4t_0{}^2}$ |
| ⑤ | $\dfrac{\|\overrightarrow{Oc'}\|}{2t_0}$ | $\dfrac{\|\overrightarrow{c'e'}\|}{2t_0}$ |
| ⑥ | $\dfrac{\|\overrightarrow{Oc'}\|}{2t_0}$ | $\dfrac{\|\overrightarrow{c'e'}\|}{4t_0{}^2}$ |

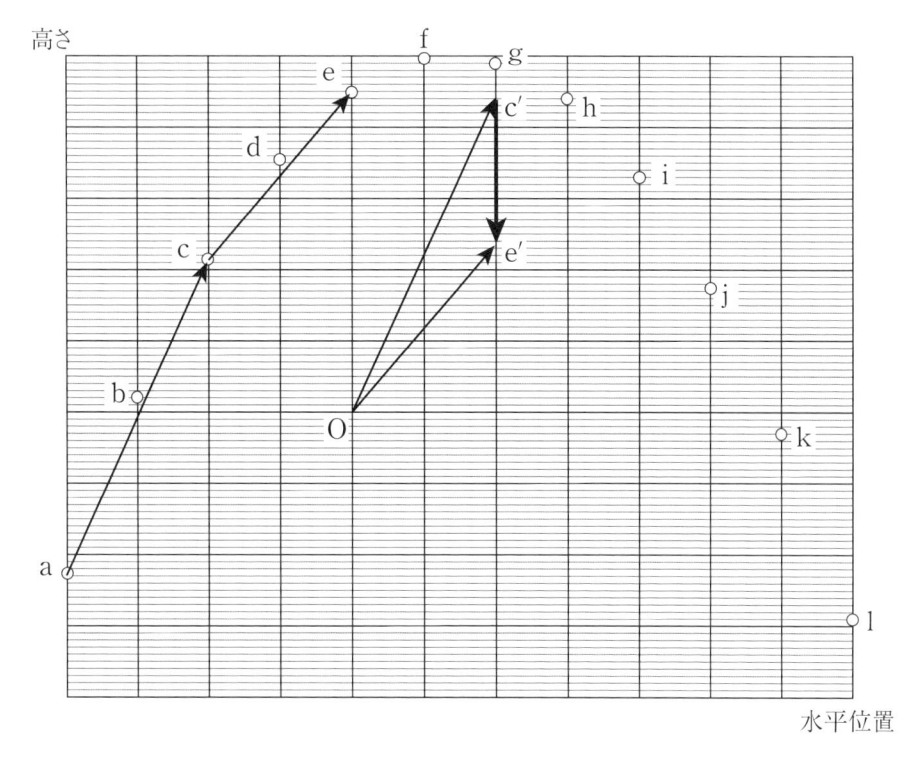

図 2

花子：他の点でも，同じようなベクトルを描いてみましょう。

太郎：$\overrightarrow{ac}$，$\overrightarrow{ce}$ を考えたように，一つ間をおいた 2 点を結んだベクトル $\overrightarrow{eg}$，$\overrightarrow{gi}$，$\overrightarrow{ik}$ をとってみるよ。

花子：5つのベクトルの始点を O に一致させて描いたら，とてもおもしろいことがわかったわ。

問2　二人が描いた図はどのようになったか。最も適当なものを，次の①～⑤のうちから一つ選べ。ただし，ベクトルを表す矢印の長さは，図2の矢印の長さと同じには描かれていない。　27

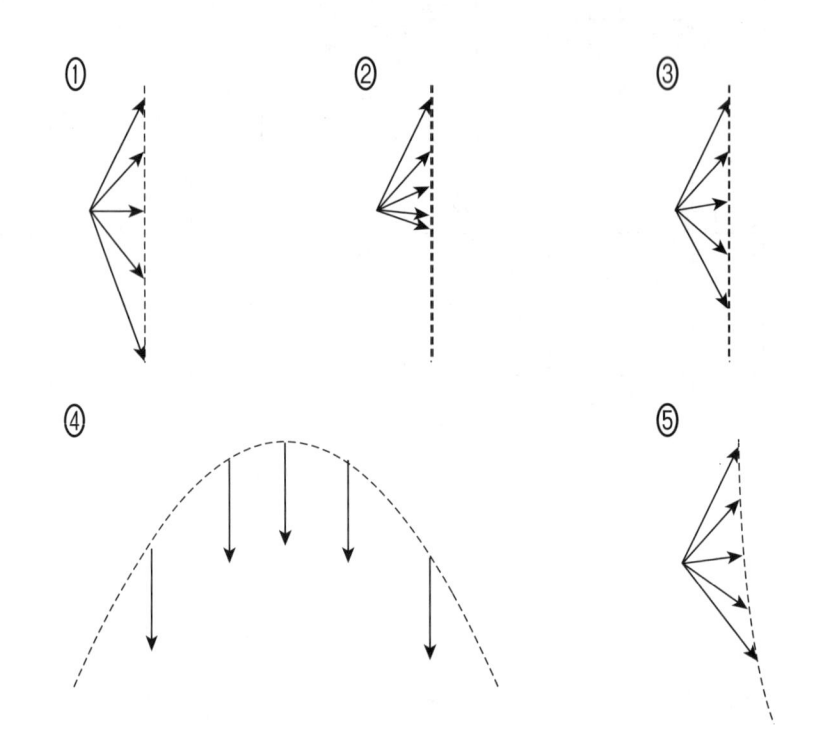

花子：この手法は，複雑な運動の速度変化を視覚的に理解するのにとても役立つ気がするわ。

太郎：等速円運動に応用してみるとどうなるだろう？

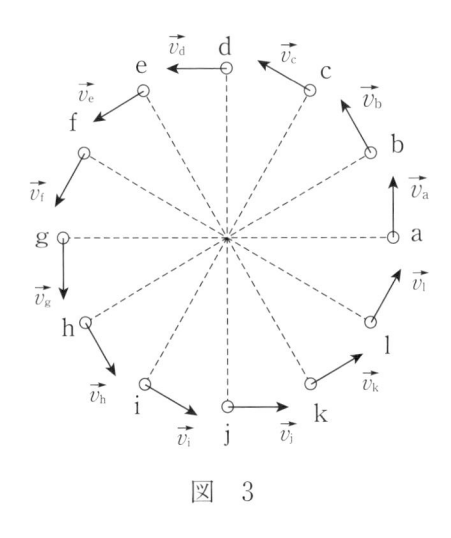

図　3

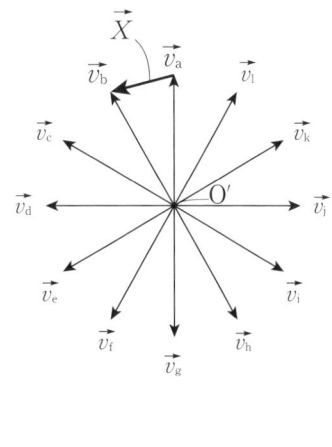

図　4

**問3**　図3は，反時計回りに等速円運動するガラス玉を同じ装置でストロボ撮影したものである。円運動の周期を発光周期 $t_0$ のちょうど12倍にしたため，撮影されるガラス玉の数も12個になった。このガラス玉の位置を，図3のように順に a，b，…，l とおく。各点を始点とするベクトル $\vec{v_a}$，$\vec{v_b}$，…，$\vec{v_l}$ は，それぞれの位置における瞬間の速度を表し，それらのベクトルの始点を任意の点 O' に一致させて描いたものが図4になるとき，図4で $\vec{X}$（$\vec{v_a}$ の終点から $\vec{v_b}$ の終点に向かうベクトル）の向きが示すものは何か。最も適当なものを，次の ① ～ ⑥ のうちから選べ。ただし，図4のベクトルを表す矢印の長さは，図3の矢印の長さと同じには描かれていない。　28

① 点 a での瞬間の速度の向き

② 点 a での瞬間の加速度の向き

③ 点 b での瞬間の速度の向き

④ 点 b での瞬間の加速度の向き

⑤ 弧 ab 上で2点 ab から等距離にある点での瞬間の速度の向き

⑥ 弧 ab 上で2点 ab から等距離にある点での瞬間の加速度の向き

B　なめらかな水平面上を，図5のような直角三角形 ABC の各辺に沿って，質量 $m$ の小物体が A → B → C の向きに周回している。辺 AB，BC，CA 上での小物体の速さは一定で $u$ であり，小物体は三角形の各頂点で瞬間的に力積を受け，運動の方向を変える。

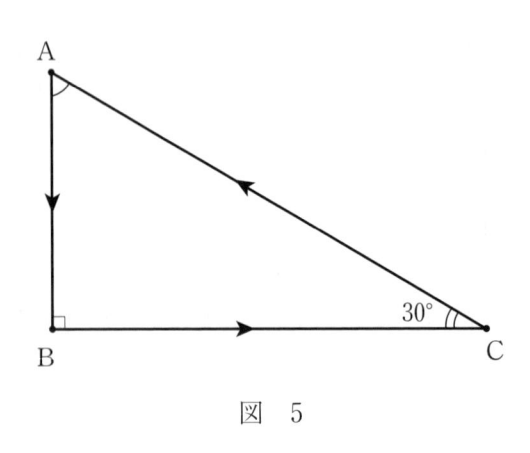

図　5

問4　A, B, C の各点で小物体が受ける力積を $\vec{I_A}$, $\vec{I_B}$, $\vec{I_C}$ とする。$|\vec{I_A}|$, $|\vec{I_B}|$, $|\vec{I_C}|$ の大小関係を表す式として正しいものを，次の ① 〜 ⑥ のうちから一つ選べ。　　29

① $|\vec{I_A}|>|\vec{I_B}|>|\vec{I_C}|$　　　　　② $|\vec{I_A}|>|\vec{I_C}|>|\vec{I_B}|$

③ $|\vec{I_B}|>|\vec{I_A}|>|\vec{I_C}|$　　　　　④ $|\vec{I_B}|>|\vec{I_C}|>|\vec{I_A}|$

⑤ $|\vec{I_C}|>|\vec{I_A}|>|\vec{I_B}|$　　　　　⑥ $|\vec{I_C}|>|\vec{I_B}|>|\vec{I_A}|$

**問5** この小物体が A → B → C の向きとは逆回り（A → C → B の向き）に周回する場合について，小物体が点 A で受ける力積の向きを表す矢印として最も適当なものを，次の ①〜⑧ のうちから一つ選べ。ただし，選択肢 ⑤ の向きが A → B 向きに一致するものとする。　30

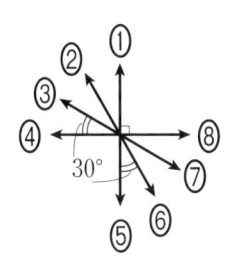

# 2024 本試

$\left(\begin{array}{l}100点\\60分\end{array}\right)$

## 〔物理〕

### 注 意 事 項

1  理科②解答用紙（2024 本試）をキリトリ線より切り離し，試験開始の準備をしなさい。

2  時間を計り，上記の解答時間内で解答しなさい。

ただし，納得のいくまで時間をかけて解答するという利用法でもかまいません。

3  **解答用紙には解答欄以外に受験番号欄，氏名欄，試験場コード欄，解答科目欄があります。解答科目欄は解答する科目を一つ選び，科目名の右の◯にマークしなさい。その他の欄は自分自身で本番を想定し，正しく記入し，マークしなさい。**

4  解答は，解答用紙の解答欄にマークしなさい。例えば，| 10 | と表示のある問いに対して③と解答する場合は，次の(例)のように**解答番号10の解答欄の③**にマークしなさい。

(例)

| 解答番号 | 解　　答　　欄 |
|---|---|
| | 1 2 3 4 5 6 7 8 9 0 a b |
| 10 | ① ② ③ ④ ⑤ ⑥ ⑦ ⑧ ⑨ ⑩ ⓐ ⓑ |

5  問題冊子の余白等は適宜利用してよいが，どのページも切り離してはいけません。

# 物　　　　　理

**第 1 問**　次の問い（問 1 ～ 5）に答えよ。（配点　25）

問 1　図 1 のように，直角二等辺三角形の一様な薄い板を水平な床に対して垂直に立てる。板の頂点を A，B，C とし，板が壁と垂直になるように，頂点 A を壁に接触させる。AC ＝ BC ＝ $L$ とする。板の重心は辺 BC から $\dfrac{L}{3}$ の距離のところにある。この三角形を含む鉛直面内で，点 B に水平右向きに大きさ $F$ の力を加えるとき，板が点 A のまわりに回転しないような $F$ の最大値を表す式として正しいものを，後の①～⑥のうちから一つ選べ。ただし，板の質量を $M$ とし，重力加速度の大きさを $g$ とする。 $\boxed{1}$

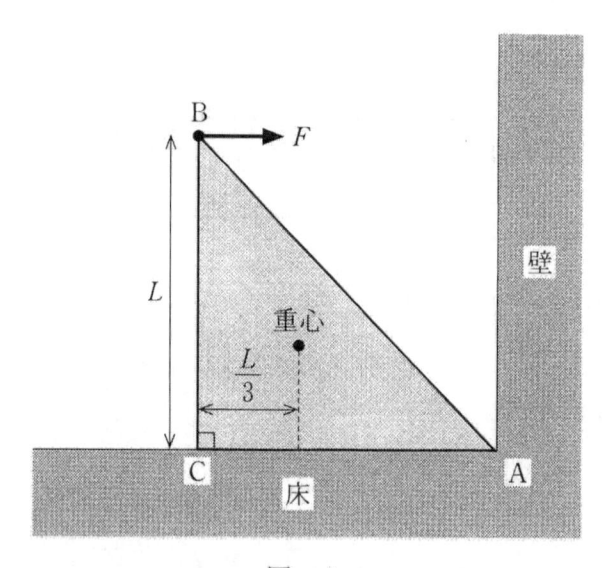

図　　1

① $\dfrac{Mg}{3\sqrt{2}}$　　　　② $\dfrac{Mg}{3}$　　　　③ $\dfrac{Mg}{2}$

④ $\dfrac{\sqrt{2}\,Mg}{3}$　　　　⑤ $\dfrac{2\,Mg}{3}$　　　　⑥ $Mg$

**問 2** 次の文章中の空欄 2 ・ 3 に入れる数値として最も適当なものを，それぞれの直後の ｛ ｝ で囲んだ選択肢のうちから一つずつ選べ。

　太陽の中心部の温度は約 1500 万 K であり，そこには水素原子核やヘリウム原子核が電子と結びつかずに存在している。その状態を，単原子分子理想気体とみなすとき，太陽の中心部にあるヘリウム原子核 1 個あたりの運動エネルギーの平均値は，温度 300 K の空気中に，単原子分子理想気体として存在するヘリウム原子 1 個あたりの運動エネルギーの平均値の

約 2 ｛
① 2500　② 5000
③ 12500　④ 25000
⑤ 50000　⑥ 125000
｝ 倍となる。

　また，太陽の中心部で，水素原子核 1 個あたりの運動エネルギーの平均値は，ヘリウム原子核 1 個あたりの運動エネルギーの平均値の

3 ｛
① $\dfrac{1}{4}$

② $\dfrac{1}{2}$

③ 1

④ 2

⑤ 4
｝ 倍である。

問 3 次の文章中の空欄 ア ・ イ に入れる語句と式の組合せとして最も
適当なものを，後の①〜⑨のうちから一つ選べ。 4

　図2には，水，厚さ一定のガラス，空気の層を，光が屈折しながら進む
様子が描かれている。水，ガラス，空気の屈折率をそれぞれ $n$, $n'$, $n''$
($n' > n > n''$, $n'' = 1$) とすると，水とガラスの境界面での屈折では
$n \sin \theta = n' \sin \theta'$ の関係が成り立ち，ガラスと空気の境界面でも同様の関係
が成り立つ。図2の角度 $\theta$ がある角度 $\theta_C$ を超えると，光は空気中に出てこな
くなる。このとき，光は ア の境界面で全反射しており，$\theta_C$ は
$\sin \theta_C = $ イ で与えられる。

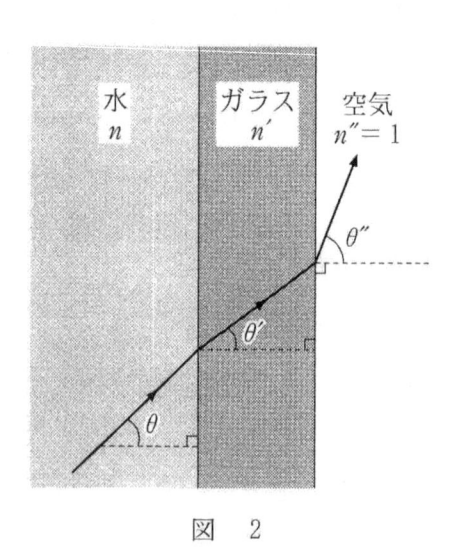

図　2

| | ア | イ |
|---|---|---|
| ① | 水とガラス | $\dfrac{1}{n}$ |
| ② | 水とガラス | $\dfrac{1}{n'}$ |
| ③ | 水とガラス | $\dfrac{n'}{n}$ |
| ④ | ガラスと空気 | $\dfrac{1}{n}$ |
| ⑤ | ガラスと空気 | $\dfrac{1}{n'}$ |
| ⑥ | ガラスと空気 | $\dfrac{n'}{n}$ |
| ⑦ | 水とガラス，および，ガラスと空気の両方 | $\dfrac{1}{n}$ |
| ⑧ | 水とガラス，および，ガラスと空気の両方 | $\dfrac{1}{n'}$ |
| ⑨ | 水とガラス，および，ガラスと空気の両方 | $\dfrac{n'}{n}$ |

**問 4** 次の文章中の空欄 ウ ・ エ に入れる語の組合せとして最も適当なものを，後の①〜⑨のうちから一つ選べ。ただし，重力は無視できるものとする。 5

　一様な磁場(磁界)中の荷電粒子の運動について，互いに直交する三つの座標軸として $x$ 軸，$y$ 軸，$z$ 軸を定めて考える。荷電粒子が $xy$ 平面内で円運動しているときは，磁場の方向は ウ に平行である。また，荷電粒子が $x$ 軸に平行に直線運動しているときは，磁場の方向は エ に平行である。

| | ウ | エ |
|---|---|---|
| ① | $x$ 軸 | $x$ 軸 |
| ② | $x$ 軸 | $y$ 軸 |
| ③ | $x$ 軸 | $z$ 軸 |
| ④ | $y$ 軸 | $x$ 軸 |
| ⑤ | $y$ 軸 | $y$ 軸 |
| ⑥ | $y$ 軸 | $z$ 軸 |
| ⑦ | $z$ 軸 | $x$ 軸 |
| ⑧ | $z$ 軸 | $y$ 軸 |
| ⑨ | $z$ 軸 | $z$ 軸 |

問 5 次の文章中の空欄 | オ | ・ | カ | に入れるものの組合せとして最も適当なものを，後の①～⑨のうちから一つ選べ。 | 6 |

陽子($_1^1$H)を炭素の原子核 $_6^{12}$C に衝突させたところ，原子核反応により原子核 $_7^{13}$N が生成された。表1に示す統一原子質量単位 u で表した原子核の質量から考えると，この反応で核エネルギーが | オ | ことがわかる。

原子核 $_7^{13}$N は，やがて原子核 $_6^{13}$C に崩壊する。崩壊によって，原子核 $_7^{13}$N の個数が 40 分間で $\frac{1}{16}$ になったとすると，原子核 $_7^{13}$N の半減期は約 | カ | となる。

表　1

| 元　素 | 原子核 | 原子核の質量〔u〕 |
|---|---|---|
| 水　素 | $_1^1$H | 1.0073 |
| 炭　素 | $_6^{12}$C | 11.9967 |
|  | $_6^{13}$C | 13.0000 |
| 窒　素 | $_7^{13}$N | 13.0019 |

|  | オ | カ |
|---|---|---|
| ① | 放出されなかった | 10 分 |
| ② | 放出されなかった | 20 分 |
| ③ | 放出されなかった | 40 分 |
| ④ | 放出されたかどうかは，反応前の陽子の運動エネルギーによる | 10 分 |
| ⑤ | 放出されたかどうかは，反応前の陽子の運動エネルギーによる | 20 分 |
| ⑥ | 放出されたかどうかは，反応前の陽子の運動エネルギーによる | 40 分 |
| ⑦ | 放出された | 10 分 |
| ⑧ | 放出された | 20 分 |
| ⑨ | 放出された | 40 分 |

**第2問** ペットボトルロケットに関する探究の過程についての次の文章を読み，後の問い(**問1～5**)に答えよ。(配点 25)

　　図1は，ペットボトルロケットの模式図である。ペットボトルの飲み口には栓のついた細い管(ノズル)が取り付けられていて，内部には水と圧縮空気がとじこめられている。ノズルの栓を開くとその先端から下向きに水が噴出する。ペットボトルとノズルはそれぞれ断面積$S_0$, $s$の円筒形とする。考えやすくするために，以下の計算では，水の運動による摩擦(粘性)，空気抵抗，大気圧，重力の影響は無視する。

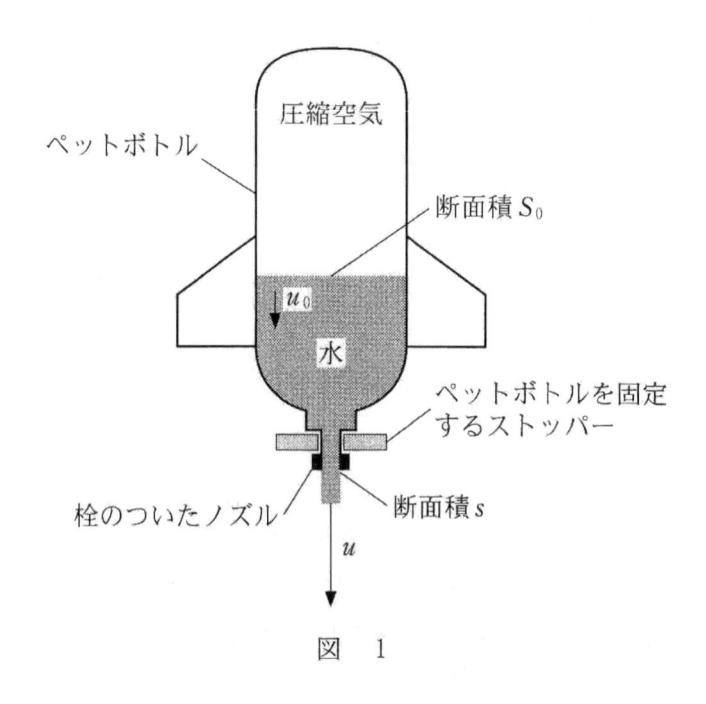

圧縮空気

ペットボトル

断面積$S_0$

$u_0$

水

ペットボトルを固定するストッパー

栓のついたノズル

断面積$s$

$u$

図　1

まず，図1のように，ペットボトルがストッパーで固定されている場合を考える。

問1　次の文章中の空欄 $\boxed{\text{ア}}$・$\boxed{\text{イ}}$ に入れる式の組合せとして最も適当なものを，後の①〜⑧のうちから一つ選べ。$\boxed{7}$

ノズルから噴出する水の速さを $u$ とするとき，短い時間 $\Delta t$ の間に噴出する水の体積 $\Delta V$ は $\Delta V = \boxed{\text{ア}}$ と表される。また，$\Delta V$ は，ペットボトル内で下降する水面の速さ $u_0$ を用いて表すこともできるから，$\Delta V$ を消去して $u_0$ を求めると，$u_0 = \boxed{\text{イ}}$ が得られる。したがって，$u$ の値が同じであれば，ノズルを細くすればするほど，$u_0$ は小さくなる。

| | ア | イ |
|---|---|---|
| ① | $su$ | $\sqrt{\dfrac{s}{S_0}}\,u$ |
| ② | $su$ | $\dfrac{s}{S_0}\,u$ |
| ③ | $su^2$ | $\sqrt{\dfrac{s}{S_0}}\,u$ |
| ④ | $su^2$ | $\dfrac{s}{S_0}\,u$ |
| ⑤ | $su\Delta t$ | $\sqrt{\dfrac{s}{S_0}}\,u$ |
| ⑥ | $su\Delta t$ | $\dfrac{s}{S_0}\,u$ |
| ⑦ | $su^2\Delta t$ | $\sqrt{\dfrac{s}{S_0}}\,u$ |
| ⑧ | $su^2\Delta t$ | $\dfrac{s}{S_0}\,u$ |

引き続き，ペットボトルが固定されている場合を考える。栓を開けた後，図2(a)のような状態にあったところ，時刻 $t = 0$ から $t = \Delta t$ までの間に質量 $\Delta m$，体積 $\Delta V$ の水が噴出し，図2(b)のような状態になった。このとき，$\Delta t$ は小さいので，$t = 0$ から $t = \Delta t$ までの間，圧縮空気の圧力 $p$ や，噴出した水の速さ $u$ は一定とみなせるものとする。また，ペットボトルやノズルの中にあるときの水の運動エネルギーは考えなくてよい。水の密度を $\rho_0$ とする。なお，以下の図で，$t < 0$ で噴出した水は省略されている。

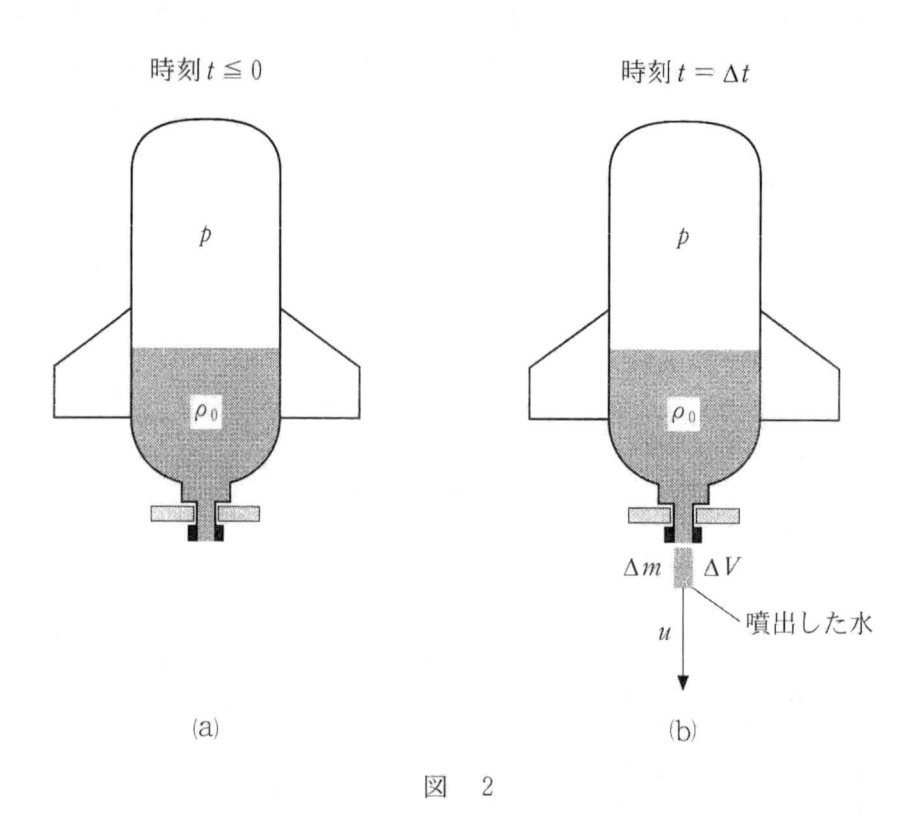

時刻 $t \leqq 0$　　　　時刻 $t = \Delta t$

$p$　　　$\rho_0$

$\Delta m$　$\Delta V$

噴出した水

$u$

(a)　　　　(b)

図　2

**問 2**　時刻 $t = 0$ から $t = \Delta t$ までの間に噴出した水の質量 $\Delta m$ と，同じ時間の間に圧縮空気がした仕事 $W'$ を表す式として正しいものを，それぞれの選択肢のうちから一つずつ選べ。

$\Delta m = \boxed{\phantom{0}8\phantom{0}}$

$W' = \boxed{\phantom{0}9\phantom{0}}$

$\boxed{8}$ の選択肢

① $p\Delta V$        ② $\rho_0\Delta V$        ③ $u\Delta V$        ④ $p\rho_0\Delta V$

⑤ $\dfrac{\Delta V}{p}$        ⑥ $\dfrac{\Delta V}{\rho_0}$        ⑦ $\dfrac{\Delta V}{u}$        ⑧ $\dfrac{\Delta V}{p\rho_0}$

$\boxed{9}$ の選択肢

① $p\Delta V$        ② $\rho_0\Delta V$        ③ $p\rho_0\Delta V$        ④ $p\rho_0(\Delta V)^2$

⑤ $-p\Delta V$        ⑥ $-\rho_0\Delta V$        ⑦ $-p\rho_0\Delta V$        ⑧ $-p\rho_0(\Delta V)^2$

**問 3** 次の文章中の空欄 $\boxed{\text{ウ}}$・$\boxed{\text{エ}}$ には，それぞれの直後の $\{\ \}$ 内の語句および数式のいずれか一つが入る。入れる語句および数式を示す記号の組合せとして最も適当なものを，後の①～⑨のうちから一つ選べ。$\boxed{10}$

時刻 $t = 0$ から $t = \Delta t$ までの間に噴出した水の，$t = \Delta t$ での

$\boxed{\text{ウ}}$ $\begin{cases} \text{(a)} & \text{運動量} \\ \text{(b)} & \text{内部エネルギー} \\ \text{(c)} & \text{運動エネルギー} \end{cases}$ が，この間に圧縮空気がした仕事 $W'$ に等し

いとき，

$u = \boxed{\text{エ}}$ $\begin{cases} \text{(d)} & \dfrac{2W'}{\Delta m} \\[2mm] \text{(e)} & \dfrac{2W'}{p\Delta m} \\[2mm] \text{(f)} & \sqrt{\dfrac{2W'}{\Delta m}} \end{cases}$ となる。この式と前問の結果から，$p$ と $\rho_0$ を用

いて $u$ を表すことができる。

| | ① | ② | ③ | ④ | ⑤ | ⑥ | ⑦ | ⑧ | ⑨ |
|---|---|---|---|---|---|---|---|---|---|
| ウ | (a) | (a) | (a) | (b) | (b) | (b) | (c) | (c) | (c) |
| エ | (d) | (e) | (f) | (d) | (e) | (f) | (d) | (e) | (f) |

今度は，ペットボトルロケットが静止した状態から飛び出す状況を考える。時刻 $t < 0$ では，図2(a)と同じ状態であり，$t = 0$ にストッパーを外して動けるようになったとする(図3(a))。$t = \Delta t$ では，水を噴出したロケットは上向きに動いている(図3(b))。$t = 0$ での，ペットボトルと内部の水やノズルを含むロケット全体の質量を $M$，速さを0とする。また，$t = \Delta t$ での，ロケット全体の質量を $M'$，速さを $\Delta v$，$\Delta t$ の間に噴出した水の速さを $u'$ とする。$\Delta t$ が小さいときには，$\Delta m$ と $\Delta v$ も小さいので，$M'$ を $M$ に，$u'$ を $u$ に等しいとみなせるものとする。ペットボトル内部の水の流れの影響は考えなくてよいものとする。

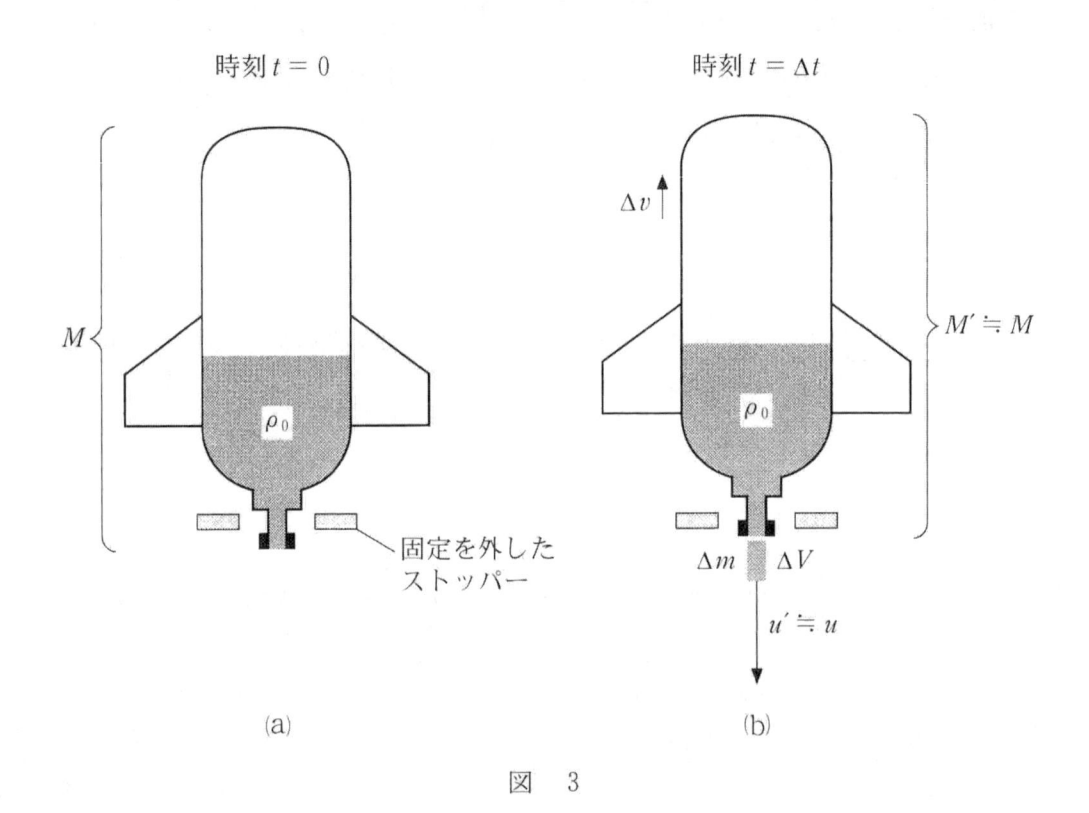

図　3

**問 4** 時刻 $t = \Delta t$ でのロケットの運動量と噴出した水の運動量の和は，$t = 0$ での
ロケットの運動量に等しいと考えられる。その関係を表す式として最も適当な
ものを，次の①〜⑧のうちから一つ選べ。 11

① $\Delta m \Delta v + Mu = 0$  
② $\Delta m \Delta v - Mu = 0$

③ $M \Delta v + \Delta mu = 0$  
④ $M \Delta v - \Delta mu = 0$

⑤ $\dfrac{1}{2} M (\Delta v)^2 + \dfrac{1}{2} \Delta mu^2 = 0$  
⑥ $\dfrac{1}{2} M (\Delta v)^2 - \dfrac{1}{2} \Delta mu^2 = 0$

⑦ $\dfrac{1}{2} \Delta m (\Delta v)^2 + \dfrac{1}{2} Mu^2 = 0$  
⑧ $\dfrac{1}{2} \Delta m (\Delta v)^2 - \dfrac{1}{2} Mu^2 = 0$

**問 5** $\Delta t$ の間に増加した速さ $\Delta v$ から，噴出する水がロケットに及ぼす力(推進力)
を求めることができる。この推進力の大きさが，ロケットにはたらく重力の大
きさ $Mg$ よりも大きくなる条件を表す不等式として最も適当なものを，次の
①〜⑥のうちから一つ選べ。ここで，$g$ は重力加速度の大きさである。
12

① $\Delta v > g$  
② $\Delta v > 2g$  
③ $\Delta m \Delta v > Mg$

④ $\Delta v > g \Delta t$  
⑤ $\Delta v > 2g \Delta t$  
⑥ $\Delta m \Delta v > Mg \Delta t$

**第3問** 次の文章を読み，後の問い（問1〜5）に答えよ。（配点 25）

　図1の装置を用いて，弦の固有振動に関する探究活動を行った。均一な太さの一本の金属線の左端を台の左端に固定し，間隔 $L$ で置かれた二つのこまにかける。金属線の右端には滑車を介しておもりをぶら下げ，金属線を大きさ $S$ の一定の力で引く。金属線は交流電源に接続されており，交流の電流を流すことができる。以下では，二つのこまの間の金属線を弦と呼ぶ。弦に平行に $x$ 軸をとる。弦の中央部分には $y$ 軸方向に，U字型磁石による一定の磁場（磁界）がかけられており，弦には電流に応じた力がはたらく。交流電源の周波数を調節すると弦が共振し，弦にできた横波の定在波（定常波）を観察できる。

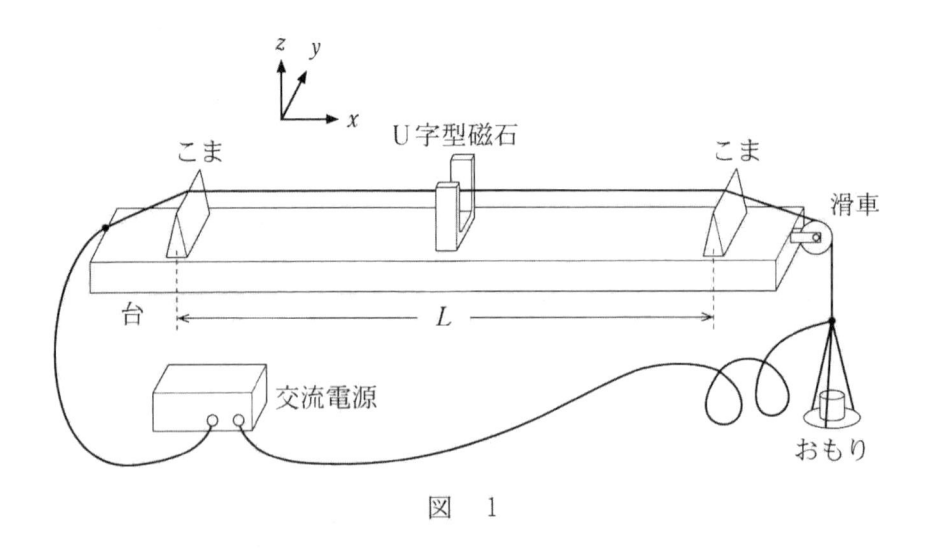

図　1

問 1　次の文章中の空欄 ア ・ イ に入れる語の組合せとして最も適当なものを，後の①〜⑥のうちから一つ選べ。 13

　　金属線に交流電流が流れると，弦の中央部分は図 1 の ア に平行な力を受ける。弦が振動して横波の定在波ができたとき，弦の中央部分は イ となる。

| | ① | ② | ③ | ④ | ⑤ | ⑥ |
|---|---|---|---|---|---|---|
| ア | $x$ 軸 | $x$ 軸 | $y$ 軸 | $y$ 軸 | $z$ 軸 | $z$ 軸 |
| イ | 腹 | 節 | 腹 | 節 | 腹 | 節 |

問 2　弦に 3 個の腹をもつ横波の定在波ができたとき，この定在波の波長を表す式として最も適当なものを，次の①〜⑤のうちから一つ選べ。 14

①　$2L$　　　②　$L$　　　③　$\dfrac{2L}{3}$　　　④　$\dfrac{L}{3}$　　　⑤　$\dfrac{L}{2}$

定在波の腹が $n$ 個生じているときの交流電源の周波数を弦の固有振動数 $f_n$ として記録し，縦軸を $f_n$，横軸を $n$ としてグラフを描くと図 2 が得られた。

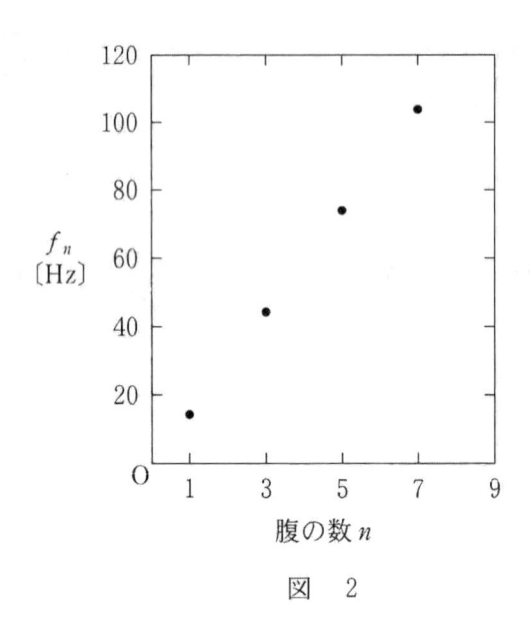

図　2

**問 3**　図 2 で，原点とグラフ中のすべての点を通る直線を引くことができた。この直線の傾きに比例する物理量として最も適当なものを，次の①〜④のうちから一つ選べ。　15

① 弦を伝わる波の位相　　　　　② 弦を伝わる波の速さ

③ 弦を伝わる波の振幅　　　　　④ 弦を流れる電流の実効値

**問 4** 次の文章中の空欄 | 16 | に入れる式として最も適当なものを，後の①～⑥のうちから一つ選べ。

　おもりの質量を変えることで，金属線を引く力の大きさ $S$ を 5 通りに変化させ，$n = 3$ の固有振動数 $f_3$ を測定した。$f_3$ と $S$ の間の関係を調べるために，縦軸を $f_3$ とし，横軸を $S$, $\dfrac{1}{S}$, $S^2$, $\sqrt{S}$ として描いたグラフを図 3 に示す。これらのグラフから，$f_3$ は | 16 | に比例することが推定される。

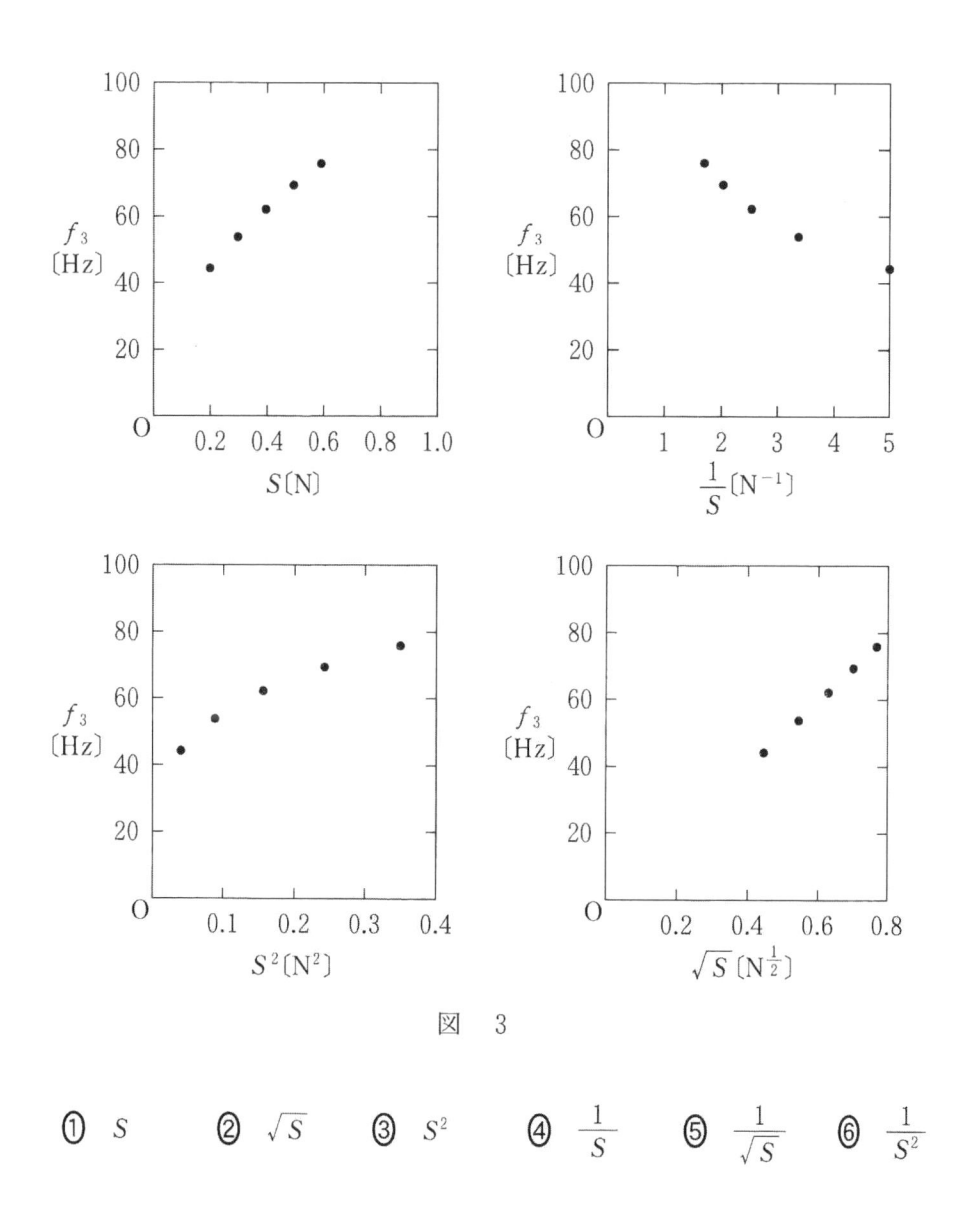

図　3

① $S$　　② $\sqrt{S}$　　③ $S^2$　　④ $\dfrac{1}{S}$　　⑤ $\dfrac{1}{\sqrt{S}}$　　⑥ $\dfrac{1}{S^2}$

次に，おもりの質量を変えずに，直径 $d = 0.1\,\mathrm{mm}$, $0.2\,\mathrm{mm}$, $0.3\,\mathrm{mm}$ の，同じ材質の金属線を用いて実験を行った。表1に，得られた固有振動数 $f_1$, $f_3$, $f_5$ を示す。

表 1

|  | $d = 0.1\,\mathrm{mm}$ | $d = 0.2\,\mathrm{mm}$ | $d = 0.3\,\mathrm{mm}$ |
|---|---|---|---|
| $f_1$〔Hz〕 | 29.4 | 14.9 | 9.5 |
| $f_3$〔Hz〕 | 89.8 | 44.3 | 28.8 |
| $f_5$〔Hz〕 | 146.5 | 73.9 | 47.4 |

**問 5** 次の文中の空欄 17 に入れる式として最も適当なものを，直後の { } で囲んだ選択肢のうちから一つ選べ。

表1から，弦の固有振動数 $f_n$ は

17 { ① $d$ ② $\sqrt{d}$ ③ $d^2$ ④ $\dfrac{1}{d}$ ⑤ $\dfrac{1}{\sqrt{d}}$ ⑥ $\dfrac{1}{d^2}$ } に，ほぼ比例することがわかる。

以上の実験結果より，弦を伝わる横波の速さ，力の大きさ，線密度(金属線の単位長さあたりの質量)の間の関係式を推定できる。

（下 書 き 用 紙）

物理の試験問題は次に続く。

**第4問** 次の文章を読み，後の問い(**問1～5**)に答えよ。(配点　25)

真空中の，大きさが同じで符号が逆の二つの点電荷が作る電位の様子を調べよう。

問1　電荷を含む平面上の等電位線の模式図として最も適当なものを，次の①～⑥のうちから一つ選べ。ただし，図中の実線は一定の電位差ごとに描いた等電位線を示す。　18

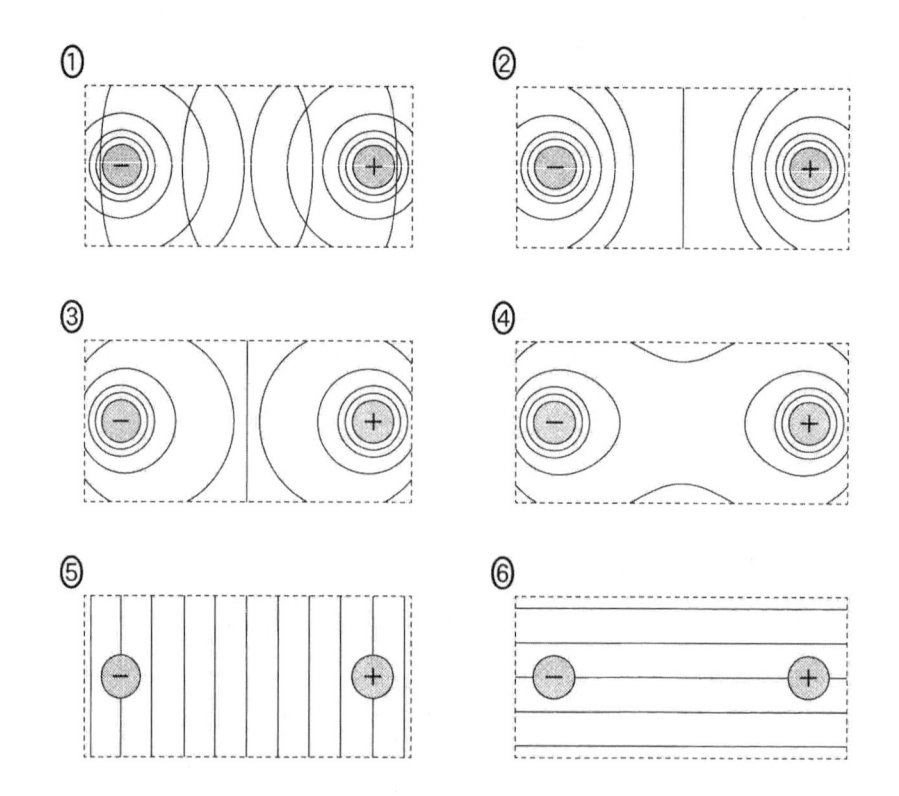

問 2　等電位線と電気力線について述べた次の文 (a)〜(c) から，正しいものをすべて選んだ組合せとして最も適当なものを，後の ①〜⑦ のうちから一つ選べ。

19

(a)　電気力線は，電場(電界)が強いところほど密である。

(b)　すべての隣り合う等電位線の間の距離は等しい。

(c)　等電位線と電気力線は直交する。

① (a)　　　　② (b)　　　　③ (c)　　　　④ (a) と (b)

⑤ (a) と (c)　　⑥ (b) と (c)　　⑦ (a) と (b) と (c)

続いて，図1のように，長方形の一様な導体紙（導電紙）に電流を流し，導体紙上の電位を測定すると，図2のような等電位線が描けた。ただし，点P，Qを通る直線上に，負の電極（点Q）から正の電極（点P）の向きに$x$軸をとり，電極間の中央の位置を原点$\mathrm{O}(x=0)$にとる。また，原点での電位を$0\,\mathrm{mV}$にとる。図2の太枠は導体紙の辺を示す。

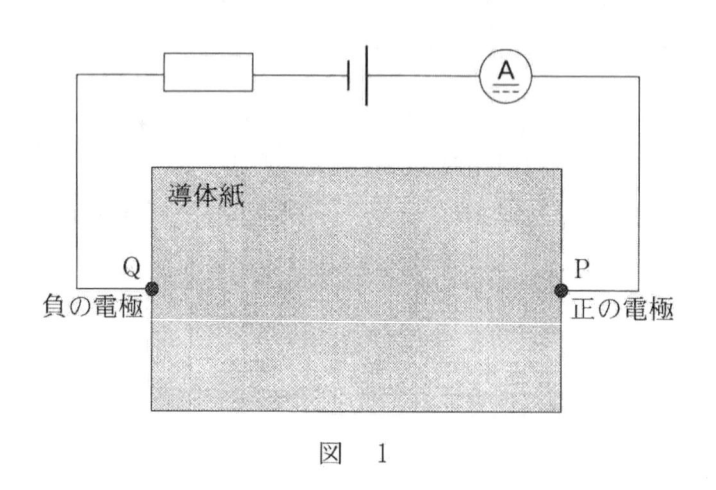

図　1

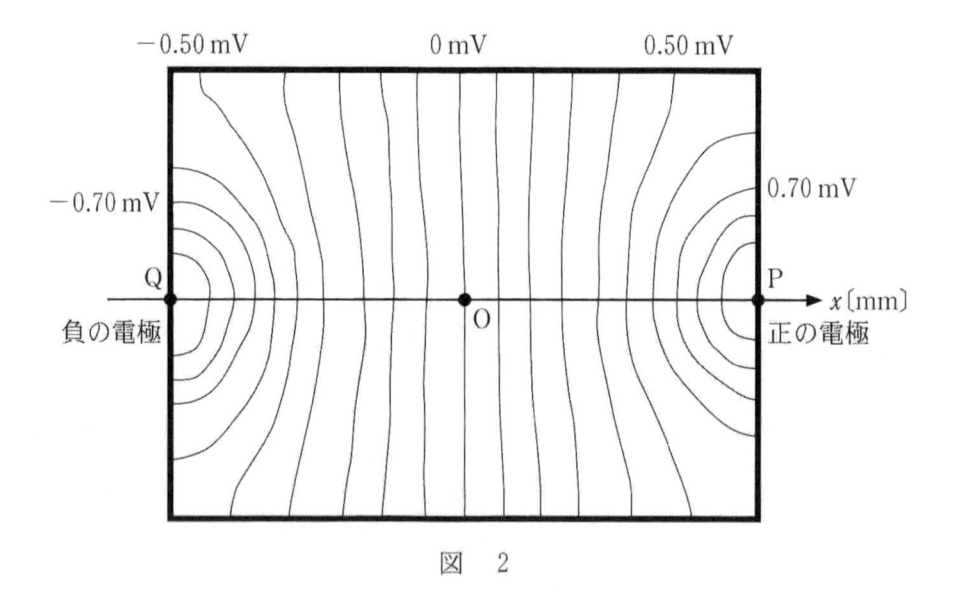

図　2

問 3　次の文章中の空欄　ア　～　ウ　に入れる語の組合せとして最も適当な
ものを，後の①～⑧のうちから一つ選べ。　20

　　図2において，導体紙の辺の近くで，等電位線は辺に対して垂直になってい
る。このことから，辺の近くの電場はその辺に　ア　であることがわかる。
電流と電場の向きは　イ　なので，辺の近くの電流はその辺に　ウ　に流
れていることがわかる。

| | ア | イ | ウ |
|---|---|---|---|
| ① | 平　行 | 同　じ | 平　行 |
| ② | 平　行 | 同　じ | 垂　直 |
| ③ | 平　行 | 逆 | 平　行 |
| ④ | 平　行 | 逆 | 垂　直 |
| ⑤ | 垂　直 | 同　じ | 平　行 |
| ⑥ | 垂　直 | 同　じ | 垂　直 |
| ⑦ | 垂　直 | 逆 | 平　行 |
| ⑧ | 垂　直 | 逆 | 垂　直 |

直線 PQ 上で位置 $x$〔mm〕と電位 $V$〔mV〕の関係を調べたところ，図3が得られた。

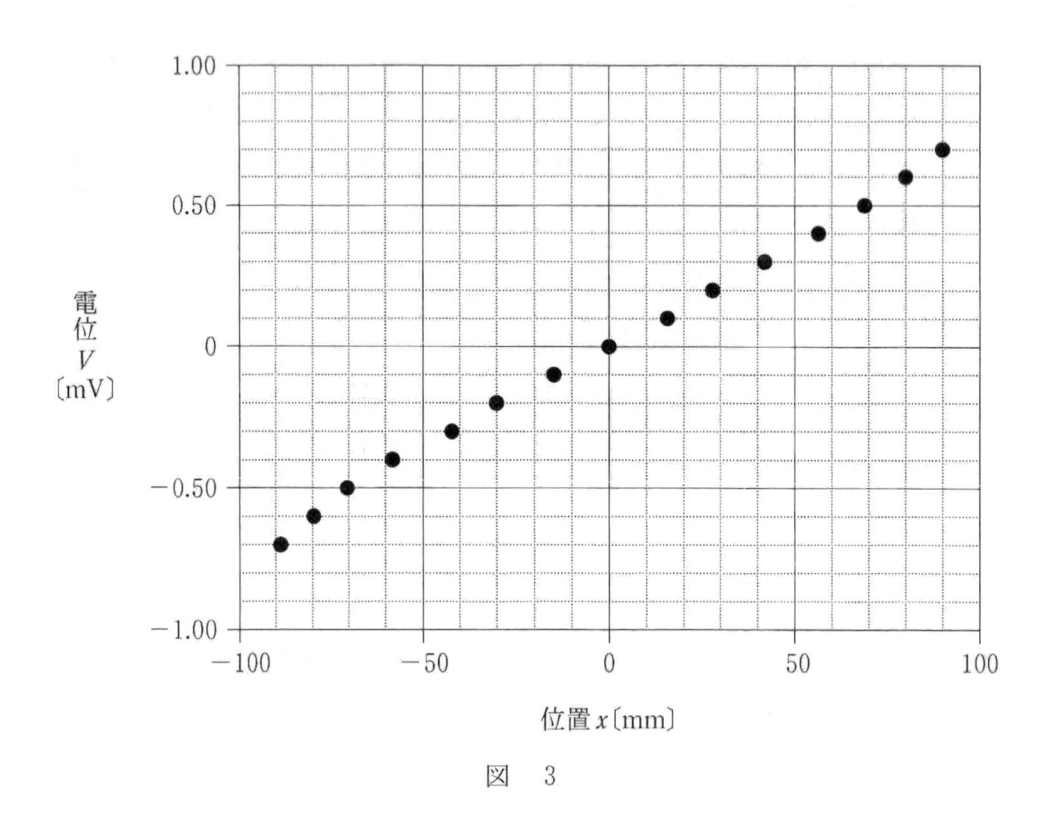

図　3

問 4　$x = 0$ mm の位置における電場の大きさに最も近い値を，次の①〜⑥のうちから一つ選べ。　21

① $1 \times 10^{-4}$ V/m
② $4 \times 10^{-4}$ V/m
③ $7 \times 10^{-4}$ V/m
④ $1 \times 10^{-3}$ V/m
⑤ $4 \times 10^{-3}$ V/m
⑥ $7 \times 10^{-3}$ V/m

最後に，**問 4** で求めた電場の大きさを用いて，導体紙の抵抗率を求めることを試みた。

**問 5**　図 4 に示すように，導体紙を立体的に考えて，導体紙の $x$ 軸に垂直で $x = 0$ を通る断面の面積を $S$ とする。$x = 0$ を中心とする小さい幅の範囲において，電場の大きさは一様とみなせるものとする。この電場の大きさを $E$ とし，面積 $S$ の断面を通る電流を $I$ とするとき，導体紙の抵抗率を表す式として正しいものを，後の ①〜⑥ のうちから一つ選べ。　22

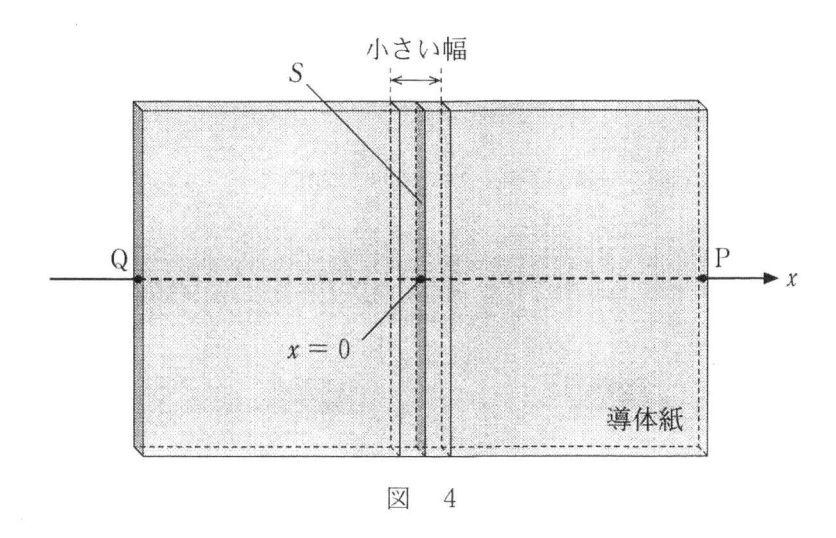

図　4

①　$\dfrac{SE}{I}$ 　　②　$\dfrac{IS}{E}$ 　　③　$\dfrac{IE}{S}$ 　　④　$\dfrac{S}{IE}$ 　　⑤　$\dfrac{E}{IS}$ 　　⑥　$\dfrac{I}{SE}$

# 2023 本試

$\left(\begin{array}{c}100点\\60分\end{array}\right)$

## 〔物理〕

**注　意　事　項**

1　理科②解答用紙（2023 本試）をキリトリ線より切り離し，試験開始の準備をしなさい。

2　時間を計り，上記の解答時間内で解答しなさい。

　ただし，納得のいくまで時間をかけて解答するという利用法でもかまいません。

3　**解答用紙には解答欄以外に受験番号欄，氏名欄，試験場コード欄，解答科目欄が**あります。**解答科目欄は解答する科目を一つ選び**，科目名の右の◯に**マーク**しなさい。その他の欄は自分自身で本番を想定し，**正しく記入し，マーク**しなさい。

4　解答は，解答用紙の解答欄にマークしなさい。例えば，| 10 | と表示のある問いに対して③と解答する場合は，次の（例）のように**解答番号10の解答欄**の③にマークしなさい。

（例）

| 解答番号 | 解　　　答　　　欄 |
|---|---|
| | 1 2 3 4 5 6 7 8 9 0 a b |
| 10 | ① ② ③ ④ ⑤ ⑥ ⑦ ⑧ ⑨ ⑩ ⓐ ⓑ |

5　問題冊子の余白等は適宜利用してよいが，どのページも切り離してはいけません。

# 物　　　　理

$\left(\text{解答番号}\boxed{\ 1\ }\sim\boxed{\ 26\ }\right)$

**第1問**　次の問い(問1〜5)に答えよ。(配点　25)

問1　変形しない長い板を用意し，板の両端の下面に細い角材を取り付けた。水平な床の上に，二つの体重計 a，b を離して置き，それぞれの体重計が正しく重さを計測できるように板をのせた。

　図1のように，体重計ではかると 60 kg の人が，板の全長を 2：1 に内分する位置(体重計 a から遠く，体重計 b に近い)に，片足立ちでのって静止した。このとき，体重計 a と b の表示は，それぞれ何 kg を示すか。数値の組合せとして最も適当なものを，後の①〜⑥のうちから一つ選べ。ただし，板と角材の重さは考えなくてよいものとする。　$\boxed{\ 1\ }$

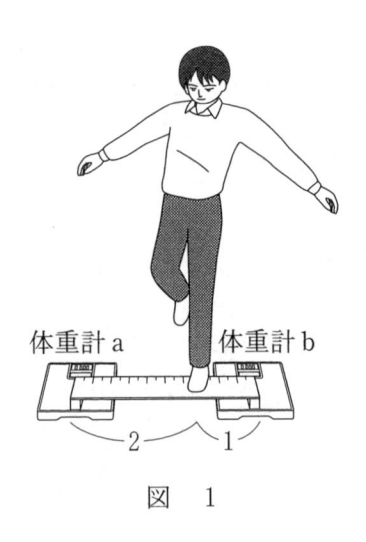

体重計 a　　　体重計 b

2　1

図　1

|  | 体重計 a | 体重計 b |
| --- | --- | --- |
| ① | 30 | 30 |
| ② | 60 | 60 |
| ③ | 20 | 40 |
| ④ | 40 | 20 |
| ⑤ | 40 | 80 |
| ⑥ | 80 | 40 |

問 2　次の文章中の空欄 2 に入れる語句として最も適当なものを，直後の
{ } で囲んだ選択肢のうちから一つ選べ。また，文章中の空欄 ア ・
イ に入れる語の組合せとして最も適当なものを，後の①～⑨のうちから
一つ選べ。 3

　　　図2のような理想気体の状態変化のサイクルA→B→C→Aを考える。

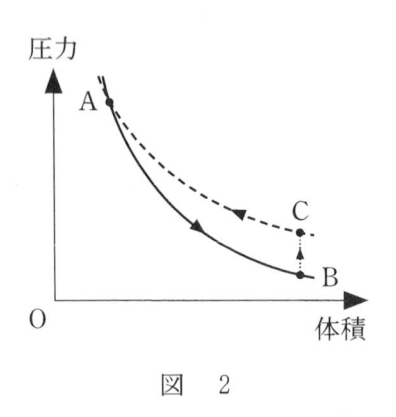

図　　2

　　A→B：熱の出入りがないようにして，膨張させる。
　　B→C：熱の出入りができるようにして，定積変化で圧力を上げる。
　　C→A：熱の出入りができるようにして，等温変化で圧縮してもとの状態に
　　　　　戻す。
　　サイクルを一周する間，気体の内部エネルギーは

2 { ① 増加する。　　　　　　　　② 一定の値を保つ。
　 ③ 変化するがもとの値に戻る。　④ 減少する。 }

　　この間に気体がされた仕事の総和は ア であり，気体が吸収した熱量の
総和は イ である。

　 3 の選択肢

| | ① | ② | ③ | ④ | ⑤ | ⑥ | ⑦ | ⑧ | ⑨ |
|---|---|---|---|---|---|---|---|---|---|
| ア | 正 | 正 | 正 | 0 | 0 | 0 | 負 | 負 | 負 |
| イ | 正 | 0 | 負 | 正 | 0 | 負 | 正 | 0 | 負 |

物理の試験問題は次に続く。

**問 3** 図3のように，池一面に張った水平な氷の上で，そりが岸に接している。そりの上面は水平で，岸と同じ高さである。また，そりと氷の間には摩擦力ははたらかない。岸の上を水平左向きに滑ってきたブロックがそりに移り，その上を滑った。そりに対してブロックが動いている間，ブロックとそりの間には摩擦力がはたらき，その後，ブロックはそりに対して静止した。

ブロックがそりの上を滑り始めてからそりの上で静止するまでの間の，運動量と力学的エネルギーについて述べた次の文章中の空欄　4 ・ 5 に入れる文として最も適当なものを，後の①～④のうちから一つずつ選べ。ただし，同じものを繰り返し選んでもよい。

そりが岸に固定されていて動けない場合は，　4 。そりが固定されておらず，氷の上を左に動くことができる場合は，　5 。

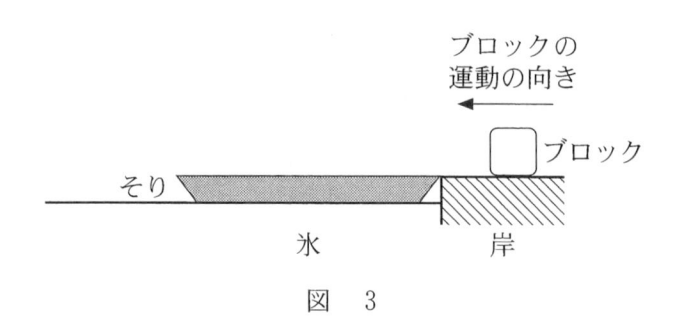

図　3

| 4 | ・ | 5 | の選択肢

① ブロックとそりの運動量の総和も，ブロックとそりの力学的エネルギーの総和も保存する

② ブロックとそりの運動量の総和は保存するが，ブロックとそりの力学的エネルギーの総和は保存しない

③ ブロックとそりの運動量の総和は保存しないが，ブロックとそりの力学的エネルギーの総和は保存する

④ ブロックとそりの運動量の総和も，ブロックとそりの力学的エネルギーの総和も保存しない

**問 4** 紙面に垂直で表から裏に向かう一様な磁場（磁界）中において，同じ大きさの電気量をもつ正と負の荷電粒子が，磁場に対して垂直に同じ速さで運動している。ここで正の荷電粒子は負の荷電粒子より，質量が大きいものとする。その運動の様子を描いた模式図として最も適当なものを，次の①〜④のうちから一つ選べ。ただし，図の矢印は荷電粒子の運動の向きを表す。また，荷電粒子間にはたらく力や重力の影響は無視できるものとする。 6

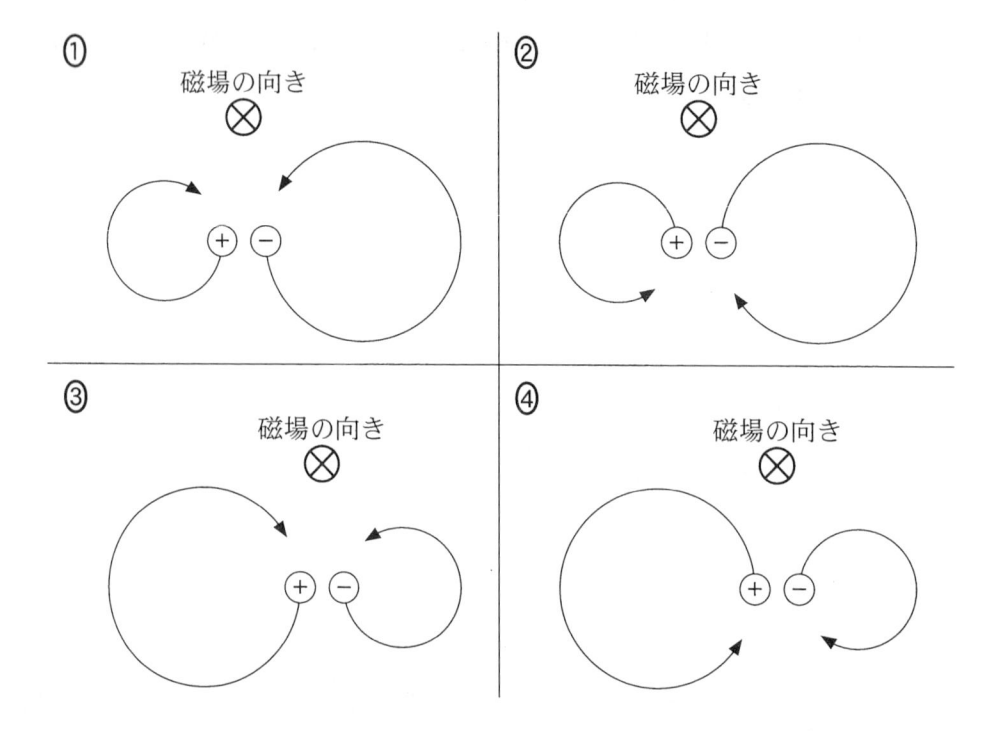

**問 5** 金属に光を照射すると電子が金属外部に飛び出す現象を，光電効果という。図4は飛び出してくる電子の運動エネルギーの最大値 $K_0$ と光の振動数 $\nu$ の関係を示したグラフである。実線は実験から得られるデータ，破線は実線を $\nu = 0$ まで延長したものである。プランク定数 $h$ を，図4に示す $W$ と $\nu_0$ を用いて表す式として正しいものを，後の①〜⑤のうちから一つ選べ。

$$h = \boxed{\phantom{7}7\phantom{7}}$$

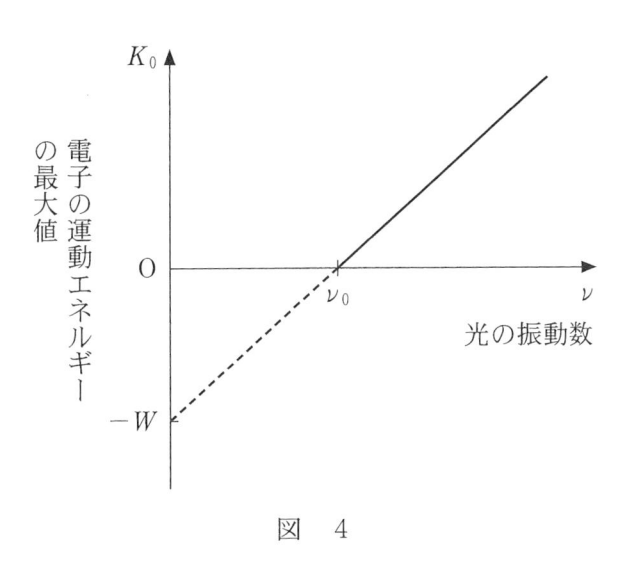

図 4

①　$\nu_0 - W$　　②　$\nu_0 + W$　　③　$\nu_0 W$　　④　$\dfrac{\nu_0}{W}$　　⑤　$\dfrac{W}{\nu_0}$

**第2問** 空気中での落下運動に関する探究について，次の問い(問1～5)に答えよ。(配点　25)

問 1　次の発言の内容が正しくなるように，空欄 ア ～ ウ に入れる語句の組合せとして最も適当なものを，後の①～⑧のうちから一つ選べ。 8

先生：物体が空気中を運動すると，物体は運動の向きと ア の抵抗力を空気から受けます。初速度0で物体を落下させると，はじめのうち抵抗力の大きさは イ し，加速度の大きさは ウ します。やがて，物体にはたらく抵抗力が重力とつりあうと，物体は一定の速度で落下するようになります。このときの速度を終端速度とよびます。

| | ア | イ | ウ |
|---|---|---|---|
| ① | 同じ向き | 増 加 | 増 加 |
| ② | 同じ向き | 増 加 | 減 少 |
| ③ | 同じ向き | 減 少 | 増 加 |
| ④ | 同じ向き | 減 少 | 減 少 |
| ⑤ | 逆向き | 増 加 | 増 加 |
| ⑥ | 逆向き | 増 加 | 減 少 |
| ⑦ | 逆向き | 減 少 | 増 加 |
| ⑧ | 逆向き | 減 少 | 減 少 |

物理の試験問題は次に続く。

先生：それでは，授業でやったことを復習してください。

生徒：抵抗力の大きさ $R$ が速さ $v$ に比例すると仮定すると，正の比例定数 $k$ を用いて

$$R = kv$$

と書けます。物体の質量を $m$，重力加速度の大きさを $g$ とすると，$R = mg$ となる $v$ が終端速度の大きさ $v_\mathrm{f}$ なので，

$$v_\mathrm{f} = \frac{mg}{k}$$

と表されます。実験をして $v_\mathrm{f}$ と $m$ の関係を確かめてみたいです。

先生：いいですね。図1のようなお弁当のおかずを入れるアルミカップは，何枚か重ねることによって質量の異なる物体にすることができるので，落下させてその関係を調べることができますね。その物体の形は枚数によらずほぼ同じなので，$k$ は変わらないとみなしましょう。物体の質量 $m$ はアルミカップの枚数 $n$ に比例します。

生徒：そうすると，$v_\mathrm{f}$ が $n$ に比例することが予想できますね。

図　1

$n$ 枚重ねたアルミカップを落下させて動画を撮影した。図2のように，アルミカップが落下していく途中で，20 cm ごとに落下するのに要する時間を10回測定して平均した。この実験を $n = 1$，2，3，4，5の場合について行った。その結果を表1にまとめた。

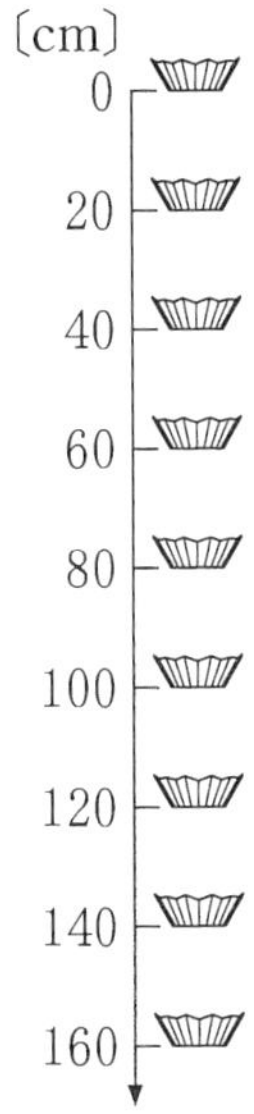

図　2

表　1

20 cm の落下に要する時間〔s〕

| 枚数 $n$<br>区間〔cm〕 | 1 | 2 | 3 | 4 | 5 |
|---|---|---|---|---|---|
| 0〜 20 | 0.29 | 0.25 | 0.23 | 0.22 | 0.22 |
| 20〜 40 | 0.23 | 0.16 | 0.14 | 0.12 | 0.12 |
| 40〜 60 | 0.23 | 0.16 | 0.13 | 0.12 | 0.11 |
| 60〜 80 | 0.23 | 0.16 | 0.13 | 0.11 | 0.10 |
| 80〜100 | 0.23 | 0.16 | 0.13 | 0.11 | 0.10 |
| 100〜120 | 0.23 | 0.16 | 0.13 | 0.11 | 0.10 |
| 120〜140 | 0.23 | 0.16 | 0.13 | 0.11 | 0.10 |
| 140〜160 | 0.23 | 0.16 | 0.13 | 0.11 | 0.10 |

**問 2**　表1の測定結果から，アルミカップを3枚重ねたとき（$n = 3$ のとき）の $v_f$ を有効数字2桁で求めるとどうなるか。次の式中の空欄 　9　 〜 　11　 に入れる数字として最も適当なものを，後の①〜⓪のうちから一つずつ選べ。ただし，同じものを繰り返し選んでもよい。

$$v_f = \boxed{\phantom{9}}\,.\,\boxed{\phantom{10}} \times 10^{\boxed{\phantom{11}}} \text{ m/s}$$

① 1　　　② 2　　　③ 3　　　④ 4　　　⑤ 5

⑥ 6　　　⑦ 7　　　⑧ 8　　　⑨ 9　　　⓪ 0

生徒：アルミカップの枚数 $n$ と $v_\mathrm{f}$ の測定値を図3に点で描き込みましたが，$v_\mathrm{f} = \dfrac{mg}{k}$ に基づく予想と少し違いますね。

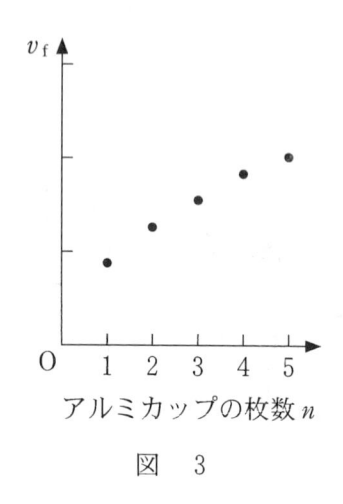

アルミカップの枚数 $n$

図　3

問 3　図3が予想していた結果と異なると判断できるのはなぜか。その根拠として最も適当なものを，次の①〜④のうちから一つ選べ。　　12

① アルミカップの枚数 $n$ を増やすと，$v_\mathrm{f}$ が大きくなる。

② 測定値のすべての点のできるだけ近くを通る直線が，原点から大きくはずれる。

③ $v_\mathrm{f}$ がアルミカップの枚数 $n$ に反比例している。

④ 測定値がとびとびにしか得られていない。

先生：実は，物体の形状や速さによっては，空気による抵抗力の大きさ $R$ は，速さに比例するとは限らないのです。

生徒：そうなんですか。授業で習った $v_{\mathrm{f}}$ の式は，いつも使えるわけではないのですね。

先生：はい。ここでは，$R$ が $v^2$ に比例するとみなせる場合も考えてみましょう。

　　　正の比例定数 $k'$ を用いて $R$ を

$$R = k'v^2$$

と書くと，先ほどと同様に，$R = mg$ となる $v$ が終端速度の大きさ $v_{\mathrm{f}}$ なので，

$$v_{\mathrm{f}} = \sqrt{\frac{mg}{k'}}$$

と書くことができます。比例定数 $k$ と同様に，$k'$ は $n$ によって変化しないものとみなしましょう。$m$ は $n$ に比例するので，$v_{\mathrm{f}}$ と $n$ の関係を調べると，$R = kv$ と $R = k'v^2$ のどちらが測定値によく合うかわかります。

生徒：わかりました。縦軸と横軸をうまく選んでグラフを描けば，原点を通る直線になってわかりやすくなりますね。

先生：それでは，そのグラフを描いてみましょう。

**問 4**　速さの 2 乗に比例する抵抗力のみがはたらく場合に，グラフが原点を通る直線になるような縦軸・横軸の選び方の組合せとして最も適当なものを，次の ①～⑨ のうちから二つ選べ。ただし，解答の順序は問わない。

　　　13 ・ 14

| | ① | ② | ③ | ④ | ⑤ | ⑥ | ⑦ | ⑧ | ⑨ |
|---|---|---|---|---|---|---|---|---|---|
| 縦 軸 | $\sqrt{v_{\mathrm{f}}}$ | $\sqrt{v_{\mathrm{f}}}$ | $\sqrt{v_{\mathrm{f}}}$ | $v_{\mathrm{f}}$ | $v_{\mathrm{f}}$ | $v_{\mathrm{f}}$ | $v_{\mathrm{f}}^2$ | $v_{\mathrm{f}}^2$ | $v_{\mathrm{f}}^2$ |
| 横 軸 | $\sqrt{n}$ | $n$ | $n^2$ | $\sqrt{n}$ | $n$ | $n^2$ | $\sqrt{n}$ | $n$ | $n^2$ |

先生：抵抗力の大きさ $R$ と速さ $v$ の関係を明らかにするために，ここまでは終端速度の大きさと質量の関係を調べましたが，落下途中の速さが変化していく過程で，$R$ と $v$ の関係を調べることもできます。鉛直下向きに $y$ 軸をとり，アルミカップを原点から初速度 0 で落下させます。アルミカップの位置 $y$ を $\Delta t = 0.05\,\mathrm{s}$ ごとに記録したところ，図 4 のような $y$–$t$ グラフが得られました。この $y$–$t$ グラフをもとにして，$R$ と $v$ の関係を調べる手順を考えてみましょう。

問 5　この手順を説明する文章中の空欄　エ　・　オ　には，それぞれの直後の｛　｝内の記述および数式のいずれか一つが入る。入れる記述および数式を示す記号の組合せとして最も適当なものを，後の①～⑨のうちから一つ選べ。　15

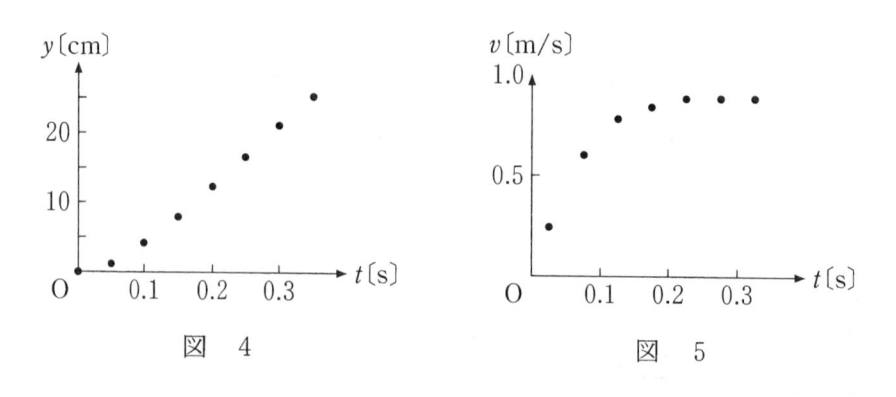

図　4　　　　　　　　　図　5

まず，図 4 の $y$–$t$ グラフより，$\Delta t = 0.05\,\mathrm{s}$ ごとの平均の速さ $v$ を求め，図 5 の $v$–$t$ グラフをつくる。次に，加速度の大きさ $a$ を調べるために，

エ

(a)　$v$–$t$ グラフのすべての点のできるだけ近くを通る一本の直線を引き，その傾きを求めることによって $a$ を求める。

(b)　$v$–$t$ グラフから終端速度を求めることによって $a$ を求める。

(c)　$v$–$t$ グラフから $\Delta t$ ごとの速度の変化を求めることによって $a$–$t$ グラフをつくる。

こうして求めた$a$から，アルミカップにはたらく抵抗力の大きさ$R$は，

$$R = \boxed{\quad \textbf{オ} \quad} \begin{cases} \text{(a)} & m(g+a) \\ \text{(b)} & ma \\ \text{(c)} & m(g-a) \end{cases} \text{と求められる。}$$

以上の結果をもとに，$R$と$v$の関係を示すグラフを描くことができる。

|  | エ | オ |
|:---:|:---:|:---:|
| ① | (a) | (a) |
| ② | (a) | (b) |
| ③ | (a) | (c) |
| ④ | (b) | (a) |
| ⑤ | (b) | (b) |
| ⑥ | (b) | (c) |
| ⑦ | (c) | (a) |
| ⑧ | (c) | (b) |
| ⑨ | (c) | (c) |

**第3問** 次の文章を読み，後の問い(**問1～5**)に答えよ。(配点　25)

　全方向に等しく音を出す小球状の音源が，図1のように，点Oを中心として半径 $r$，速さ $v$ で時計回りに等速円運動をしている。音源は一定の振動数 $f_0$ の音を出しており，音源の円軌道を含む平面上で静止している観測者が，届いた音波の振動数 $f$ を測定する。

　音源と観測者の位置をそれぞれ点P，Qとする。点Qから円に引いた2本の接線の接点のうち，音源が観測者に近づきながら通過する方を点A，遠ざかりながら通過する方を点Bとする。また，直線OQが円と交わる2点のうち観測者に近い方を点C，遠い方を点Dとする。$v$ は音速 $V$ より小さく，風は吹いていない。

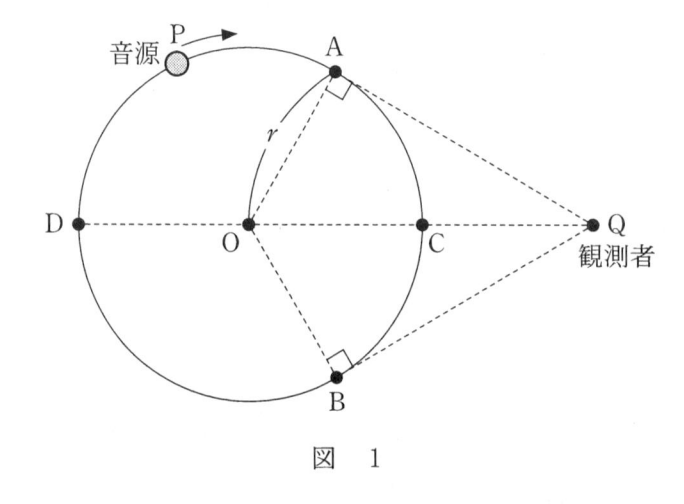

図　1

**問 1** 音源にはたらいている向心力の大きさと，音源が円軌道を点Cから点Dまで半周する間に向心力がする仕事を表す式の組合せとして正しいものを，次の①〜⑤のうちから一つ選べ。ただし，音源の質量を $m$ とする。 16

| | ① | ② | ③ | ④ | ⑤ |
|---|---|---|---|---|---|
| 向心力の大きさ | $mrv^2$ | $mrv^2$ | 0 | $\dfrac{mv^2}{r}$ | $\dfrac{mv^2}{r}$ |
| 仕　事 | $\pi\, mr^2v^2$ | 0 | 0 | $\pi\, mv^2$ | 0 |

**問 2** 次の文章中の空欄 ┃ 17 ┃ に入れる語句として最も適当なものを，直後の ⎰ ⎱ で囲んだ選択肢のうちから一つ選べ。

音源の等速円運動にともなって $f$ は周期的に変化する。これは，音源の速度の直線 PQ 方向の成分によるドップラー効果が起こるからである（図 2）。このことから，$f$ が $f_0$ と等しくなるのは，音源が

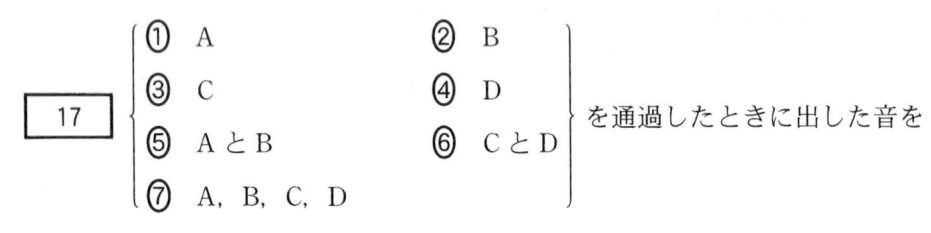

┃ 17 ┃
① A　　　② B
③ C　　　④ D
⑤ A と B　⑥ C と D
⑦ A，B，C，D

を通過したときに出した音を測定した場合であることがわかる。

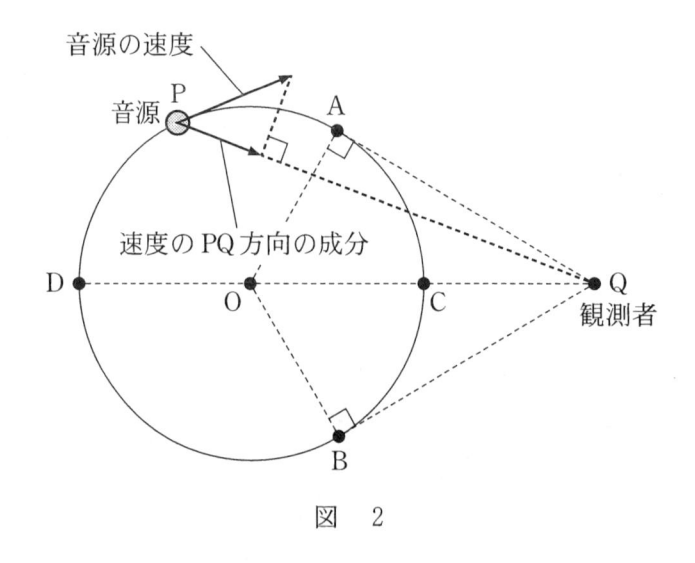

図　2

**問 3** 音源が点 A，点 B を通過したときに出した音を観測者が測定したところ，振動数はそれぞれ $f_A$，$f_B$ であった。$f_A$ と音源の速さ $v$ を表す式の組合せとして正しいものを，次の①〜⑥のうちから一つ選べ。 18

| | ① | ② | ③ | ④ | ⑤ | ⑥ |
|---|---|---|---|---|---|---|
| $f_A$ | $f_0$ | $f_0$ | $\dfrac{V+v}{V}f_0$ | $\dfrac{V+v}{V}f_0$ | $\dfrac{V}{V-v}f_0$ | $\dfrac{V}{V-v}f_0$ |
| $v$ | $\dfrac{f_B}{f_A}V$ | $\dfrac{f_A-f_B}{f_A+f_B}V$ | $\dfrac{f_B}{f_A}V$ | $\dfrac{f_A-f_B}{f_A+f_B}V$ | $\dfrac{f_B}{f_A}V$ | $\dfrac{f_A-f_B}{f_A+f_B}V$ |

次に，音源と観測者を入れかえた場合を考える。図 3 に示すように，音源を点 Q の位置に固定し，観測者が点 O を中心に時計回りに等速円運動をする。

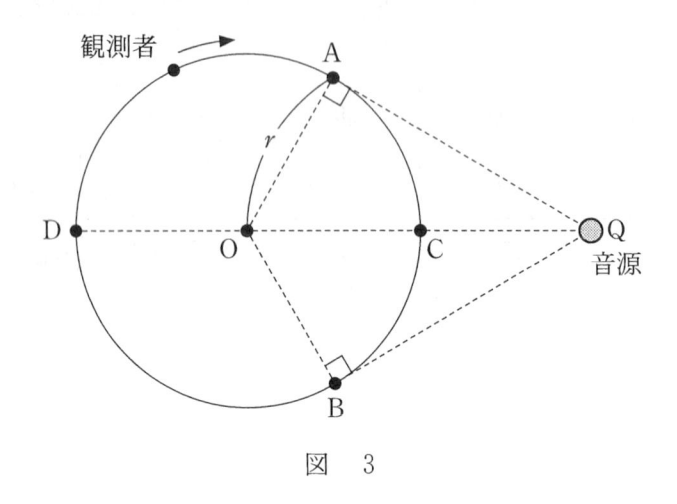

図　3

**問 4**　このとき，等速円運動をする観測者が測定する音の振動数についての記述として最も適当なものを，次の①〜⑤のうちから一つ選べ。　| 19 |

① 点 A において最も大きく，点 B において最も小さい。

② 点 B において最も大きく，点 A において最も小さい。

③ 点 C において最も大きく，点 D において最も小さい。

④ 点 D において最も大きく，点 C において最も小さい。

⑤ 観測の位置によらず，常に等しい。

音源が等速円運動している場合(図1)と観測者が等速円運動している場合(図3)の音の速さや波長について考える。

問5　次の文章(a)~(d)のうち，正しいものの組合せを，後の①~⑥のうちから一つ選べ。　20

(a)　図1の場合，観測者から見ると，点Aを通過したときに出した音の速さの方が，点Bを通過したときに出した音の速さより大きい。

(b)　図1の場合，原点Oを通過する音波の波長は，音源の位置によらずすべて等しい。

(c)　図3の場合，音源から見た音の速さは，音が進む向きによらずすべて等しい。

(d)　図3の場合，点Cを通過する音波の波長は，点Dを通過する音波の波長より長い。

①　(a)と(b)　　　　②　(a)と(c)　　　　③　(a)と(d)
④　(b)と(c)　　　　⑤　(b)と(d)　　　　⑥　(c)と(d)

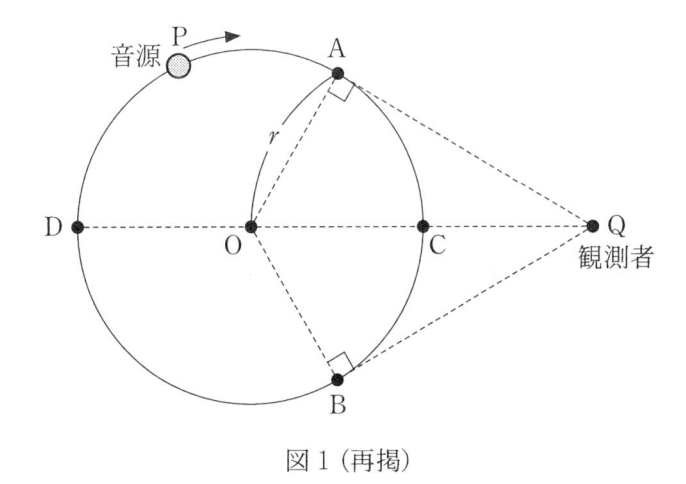

図1（再掲）

**第4問** 次の文章を読み，後の問い(問1〜5)に答えよ。(配点　25)

　物理の授業でコンデンサーの電気容量を測定する実験を行った。まず，コンデンサーの基本的性質を復習するため，図1のような真空中に置かれた平行平板コンデンサーを考える。極板の面積を $S$，極板間隔を $d$ とする。

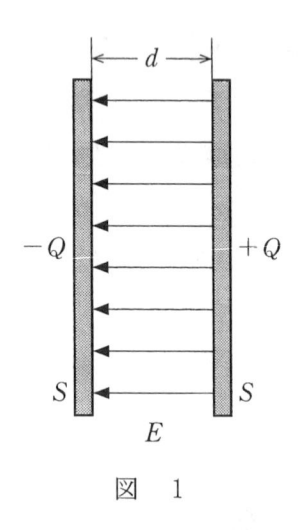

図　1

**問 1**　次の文章中の空欄　ア　・　イ　に入れる式の組合せとして正しいものを，後の①〜⑧のうちから一つ選べ。　21

　図1のコンデンサーに電気量(電荷) $Q$ が蓄えられているときの極板間の電圧を $V$ とする。極板間の電場(電界)が一様であるとすると，極板間の電場の大きさ $E$ と $V$，$d$ の間には $E =$ 　ア　 の関係が成り立つ。また，真空中でのクーロンの法則の比例定数を $k_0$ とすると，二つの極板間には $4\pi k_0 Q$ 本の電気力線があると考えられ，電気力線の本数と電場の大きさの関係を用いると $E$ が求められる。これと　ア　が等しいことから $Q$ は $V$ に比例して $Q = CV$ と表せることがわかる。このとき比例定数(電気容量)は $C =$ 　イ　となる。

|   | ① | ② | ③ | ④ | ⑤ | ⑥ | ⑦ | ⑧ |
|---|---|---|---|---|---|---|---|---|
| ア | $Vd$ | $Vd$ | $Vd$ | $Vd$ | $\dfrac{V}{d}$ | $\dfrac{V}{d}$ | $\dfrac{V}{d}$ | $\dfrac{V}{d}$ |
| イ | $4\pi k_0 dS$ | $\dfrac{dS}{4\pi k_0}$ | $\dfrac{4\pi k_0 S}{d}$ | $\dfrac{S}{4\pi k_0 d}$ | $4\pi k_0 dS$ | $\dfrac{dS}{4\pi k_0}$ | $\dfrac{4\pi k_0 S}{d}$ | $\dfrac{S}{4\pi k_0 d}$ |

図2のように，直流電源，コンデンサー，抵抗，電圧計，電流計，スイッチを導線でつないだ。スイッチを閉じて十分に時間が経過してからスイッチを開いた。図3のグラフは，スイッチを開いてから時間 $t$ だけ経過したときの，電流計が示す電流 $I$ を表す。ただし，スイッチを開く直前に電圧計は 5.0 V を示していた。

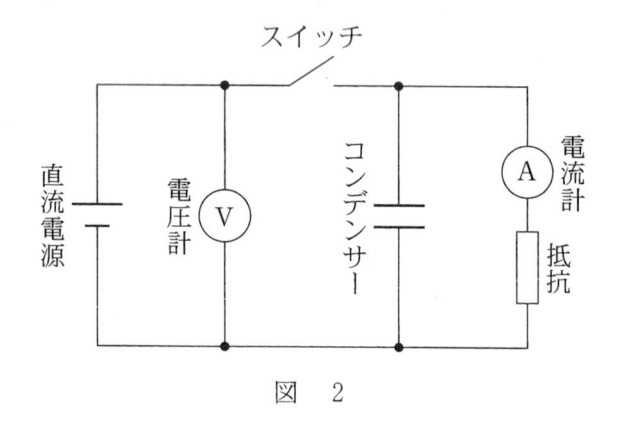

図　2

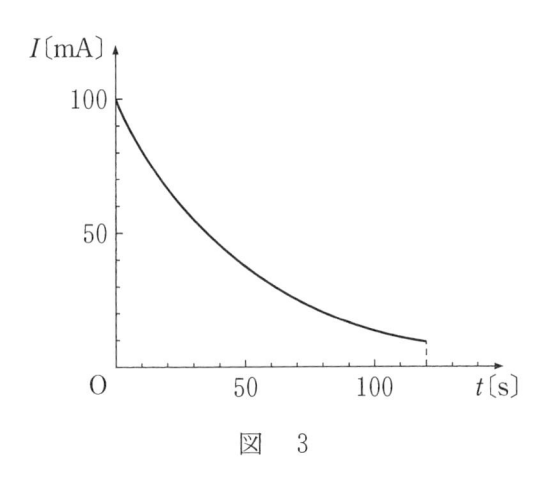

図　3

問 2　図3のグラフから，この実験で用いた抵抗の値を求めると何 Ω になるか。その値として最も適当なものを，次の①～⑧のうちから一つ選べ。ただし，電流計の内部抵抗は無視できるものとする。　　22　　Ω

① 0.02　　　② 2　　　③ 20　　　④ 200

⑤ 0.05　　　⑥ 5　　　⑦ 50　　　⑧ 500

**問 3** 次の文章中の空欄 23 ・ 24 に入れる値として最も適当なものを，それぞれの直後の｛ ｝で囲んだ選択肢のうちから一つずつ選べ。

　図3のグラフを方眼紙に写して図4を作った。このとき，横軸の1cmを10s，縦軸の1cmを10mAとするように目盛りをとった。

　図4の斜線部分の面積は，$t = 0$ s から $t = 120$ s までにコンデンサーから放電された電気量に対応している。このとき，1cm$^2$の面積は

23 ｛
① 0.001 C ② 0.01 C ③ 0.1 C
④ 1 C ⑤ 10 C ⑥ 100 C
｝の電気量に対応する。

　この斜線部分の面積を，ます目を数えることで求めると 45 cm$^2$ であった。$t = 120$ s 以降に放電された電気量を無視すると，コンデンサーの電気容量は

24 ｛
① $4.5 \times 10^{-3}$ F ② $9.0 \times 10^{-3}$ F ③ $1.8 \times 10^{-2}$ F
④ $4.5 \times 10^{-2}$ F ⑤ $9.0 \times 10^{-2}$ F ⑥ $1.8 \times 10^{-1}$ F
⑦ $4.5 \times 10^{-1}$ F ⑧ $9.0 \times 10^{-1}$ F ⑨ $1.8$ F
｝と

求められた。

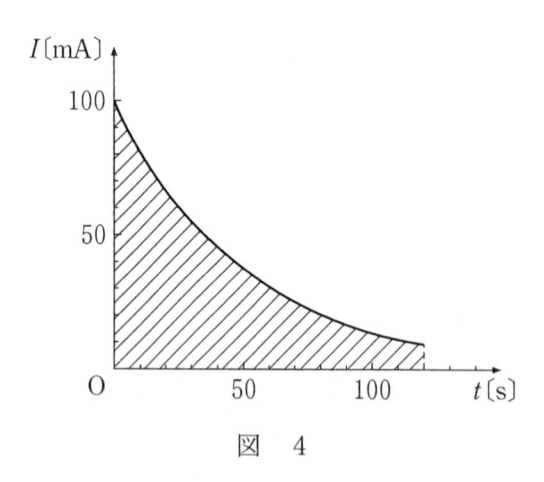

図　4

問3の方法では，$t = 120\,\mathrm{s}$ のときにコンデンサーに残っている電気量を無視していた。この点について，授業で討論が行われた。

問 4　次の会話文の内容が正しくなるように，空欄　25　に入れる数値として最も適当なものを，後の①〜⑧のうちから一つ選べ。

Aさん：コンデンサーに蓄えられていた電荷が全部放電されるまで実験をすると，どれくらい時間がかかるんだろう。

Bさん：コンデンサーを $5.0\,\mathrm{V}$ で充電したときの実験で，電流の値が $t = 0\,\mathrm{s}$ での電流 $I_0 = 100\,\mathrm{mA}$ の $\dfrac{1}{2}$ 倍，$\dfrac{1}{4}$ 倍，$\dfrac{1}{8}$ 倍になるまでの時間を調べてみると，図5のように $35\,\mathrm{s}$ 間隔になっています。なかなか0にならないですね。

Cさん：電流の大きさが十分小さくなる目安として最初の $\dfrac{1}{1000}$ の $0.1\,\mathrm{mA}$ 程度になるまで実験をするとしたら，　25　 s くらいの時間，測定することになりますね。それくらいの時間なら，実験できますね。

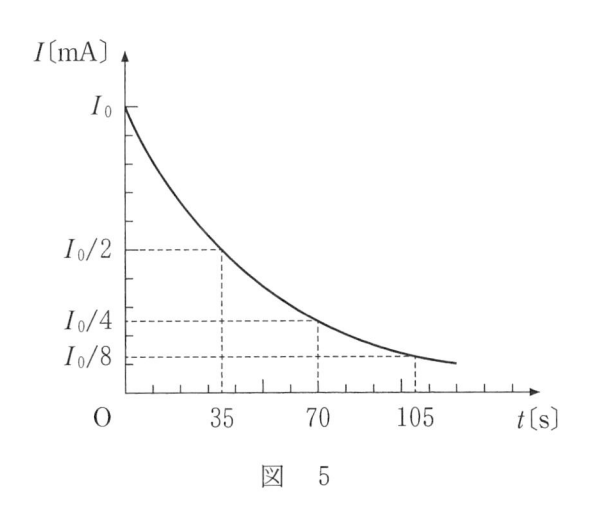

図　5

①　140　　　②　210　　　③　280　　　④　350

⑤　420　　　⑥　490　　　⑦　560　　　⑧　630

問 5　次の会話文の内容が正しくなるように，空欄　ウ　・　エ　に入れる式と語句の組合せとして最も適当なものを，後の①〜⑧のうちから一つ選べ。　26

先　生：時間をかけずに電気容量を正確に求める他の方法は考えられますか。

Aさん：この回路では，コンデンサーに蓄えられた電荷が抵抗を流れるときの電流はコンデンサーの電圧に比例します。一方で，コンデンサーに残っている電気量もコンデンサーの電圧に比例します。この両者を組み合わせることで，この実験での電流と電気量の関係がわかりそうです。

Bさん：なるほど。電流の値が $t = 0$ での値 $I_0$ の半分になる時刻 $t_1$ に注目してみよう。グラフの面積を用いて $t = 0$ から $t = t_1$ までに放電された電気量 $Q_1$ を求めれば，$t = 0$ にコンデンサーに蓄えられていた電気量が $Q_0 =$　ウ　とわかるから，より正確に電気容量を求められるよ。最初の方法で私たちが求めた電気容量は正しい値より　エ　のですね。

Cさん：この方法で電気容量を求めてみたよ。最初の方法で求めた値と比べると 10 % も違うんだね。せっかくだから，十分に時間をかける実験を 1 回やってみて結果を比較してみよう。

| | ウ | エ |
|---|---|---|
| ① | $\dfrac{Q_1}{4}$ | 小さかった |
| ② | $\dfrac{Q_1}{4}$ | 大きかった |
| ③ | $\dfrac{Q_1}{2}$ | 小さかった |
| ④ | $\dfrac{Q_1}{2}$ | 大きかった |
| ⑤ | $2\,Q_1$ | 小さかった |
| ⑥ | $2\,Q_1$ | 大きかった |
| ⑦ | $4\,Q_1$ | 小さかった |
| ⑧ | $4\,Q_1$ | 大きかった |

# 2022 本試

$\binom{100点}{60分}$

## 〔物理〕

注　意　事　項

1　理科②解答用紙（2022 本試）をキリトリ線より切り離し，試験開始の準備をしなさい。

2　時間を計り，上記の解答時間内で解答しなさい。

　ただし，納得のいくまで時間をかけて解答するという利用法でもかまいません。

3　解答用紙には解答欄以外に受験番号欄，氏名欄，試験場コード欄，解答科目欄があります。解答科目欄は解答する科目を一つ選び，科目名の右の◯にマークしなさい。その他の欄は自分自身で本番を想定し，正しく記入し，マークしなさい。

4　解答は，解答用紙の解答欄にマークしなさい。例えば，　10　と表示のある問いに対して③と解答する場合は，次の(例)のように解答番号10の解答欄の③にマークしなさい。

(例)

| 解答番号 | 解　　答　　欄<br>1 2 3 4 5 6 7 8 9 0 a b |
|---|---|
| 10 | ① ② ③ ④ ⑤ ⑥ ⑦ ⑧ ⑨ ⓪ ⓐ ⓑ |

5　問題冊子の余白等は適宜利用してよいが，どのページも切り離してはいけません。

# 物　　　　　理

**第 1 問**　次の問い（問 1 ～ 5）に答えよ。（配点　25）

問 1　次の文章中の空欄 $\boxed{1}$ に入れる式として正しいものを，後の①～④のうちから一つ選べ。

　　図 1 のように，2 個の小球を水面上の点 $S_1$，$S_2$ に置いて，鉛直方向に同一周期，同一振幅，**逆位相**で単振動させると，$S_1$，$S_2$ を中心に水面上に円形波が発生した。図 1 に描かれた実線は山の波面を，破線は谷の波面を表す。水面上の点 P と $S_1$，$S_2$ の距離をそれぞれ $l_1$，$l_2$，水面波の波長を $\lambda$ とし，$m = 0$，1，2，… とすると，P で水面波が互いに強めあう条件は，$|l_1 - l_2| = \boxed{1}$ と表される。ただし，$S_1$ と $S_2$ の間の距離は波長の数倍以上大きいとする。

① $m\lambda$　　　　② $\left(m + \dfrac{1}{2}\right)\lambda$　　　　③ $2\,m\lambda$　　　　④ $(2\,m + 1)\lambda$

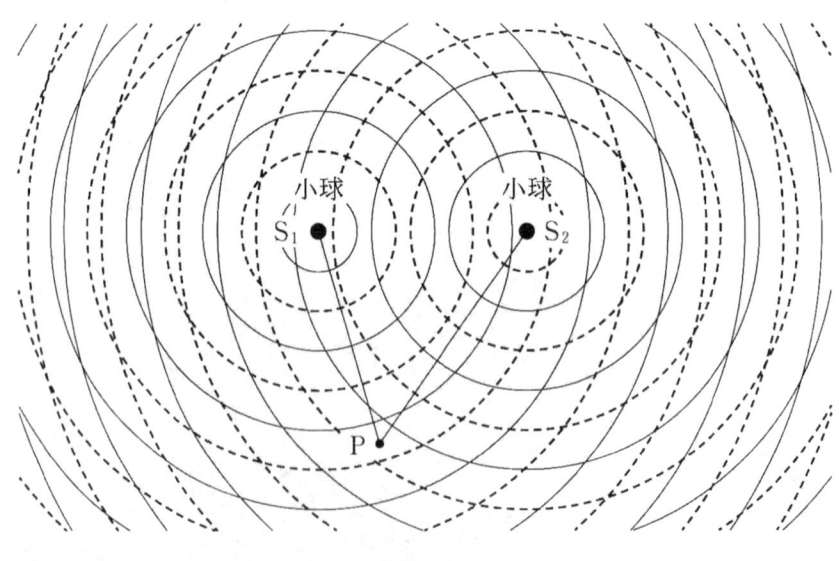

図　1

（下 書 き 用 紙）

物理の試験問題は次に続く。

**問 2** 次の文章中の空欄 | 2 | に入れる選択肢として最も適当なものを，次ページの①〜④のうちから一つ，空欄 | 3 | に入れる語句として，最も適当なものを，直後の ｛ ｝ で囲んだ選択肢のうちから一つ選べ。

図 2(a)のように，垂直に矢印を組み合わせた形の光源とスクリーンを，凸レンズの光軸上に配置したところ，スクリーン上に光源の実像ができた。スクリーンは光軸と垂直であり，F，F′ はレンズの焦点である。スクリーンと光軸の交点を座標の原点にして，スクリーンの水平方向に $x$ 軸をとり，レンズ側から見て右向きを正とし，鉛直方向に $y$ 軸をとり上向きを正とする。光源の太い矢印は $y$ 軸方向正の向き，細い矢印は $x$ 軸方向正の向きを向いている。このとき，観測者がレンズ側から見ると，スクリーン上の像は | 2 | である。

次に図 2(b)のように，光を通さない板でレンズの中心より上半分を通る光を完全に遮った。スクリーン上の像を観測すると，

| 3 |
① 像の $y > 0$ の部分が見えなくなった。
② 像の $y < 0$ の部分が見えなくなった。
③ 像の全体が暗くなった。
④ 像にはなにも変化がなかった。

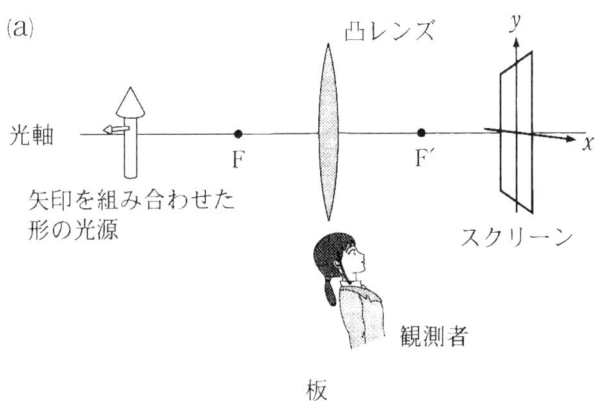

(a)

凸レンズ

光軸

F　　　　　F′

矢印を組み合わせた
形の光源

スクリーン

観測者

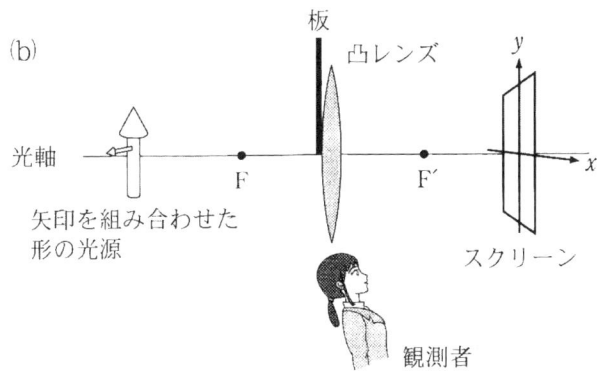

板

(b)

凸レンズ

光軸

F　　　　　F′

矢印を組み合わせた
形の光源

スクリーン

観測者

図　2

2 の選択肢

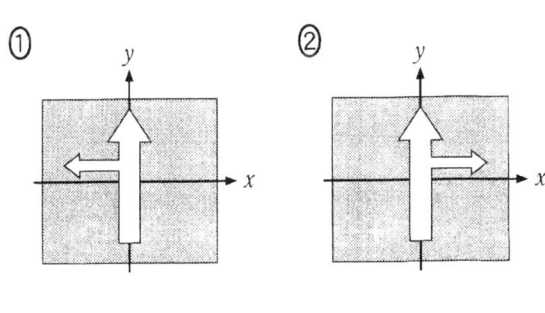

① ②

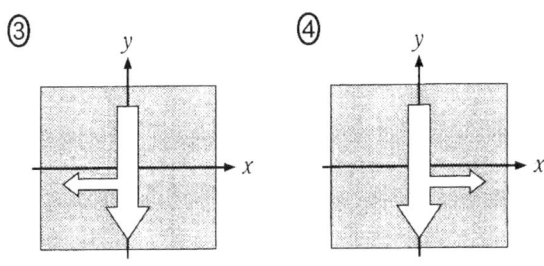

③ ④

**問 3** 質量が $M$ で密度と厚さが均一な薄い円板がある。この円板を、外周の点 P に糸を付けてつるした。次に、円板の中心の点 O から直線 OP と垂直な方向に距離 $d$ だけ離れた点 Q に、質量 $m$ の物体を軽い糸で取り付けたところ、図 3 のようになって静止した。直線 OQ 上で点 P の鉛直下方にある点を C としたとき、線分 OC の長さ $x$ を表す式として正しいものを、後の①〜④のうちから一つ選べ。$x = \boxed{4}$

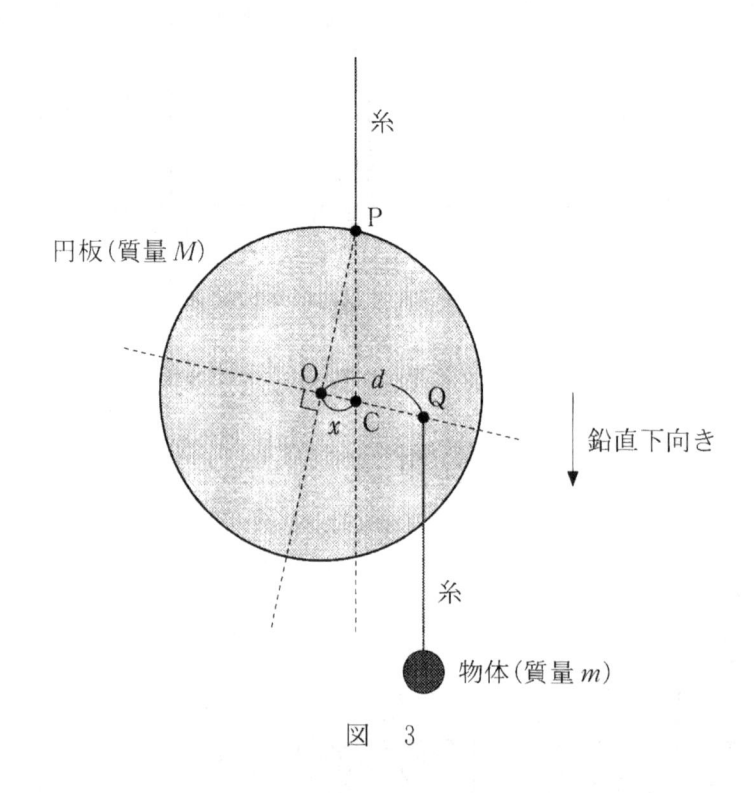

図　3

①　$\dfrac{m}{M - m}d$　　②　$\dfrac{m}{M + m}d$　　③　$\dfrac{M}{M - m}d$　　④　$\dfrac{M}{M + m}d$

**問 4** 理想気体が容器内に閉じ込められている。図 4 は，この気体の圧力 $p$ と体積 $V$ の変化を表している。はじめに状態 A にあった気体を定積変化させ状態 B にした。次に状態 B から断熱変化させ状態 C にした。さらに状態 C から定圧変化させ状態 A に戻した。状態 A，B，C の内部エネルギー $U_A$，$U_B$，$U_C$ の関係を表す式として正しいものを，後の①〜⑧のうちから一つ選べ。 ⬛ 5

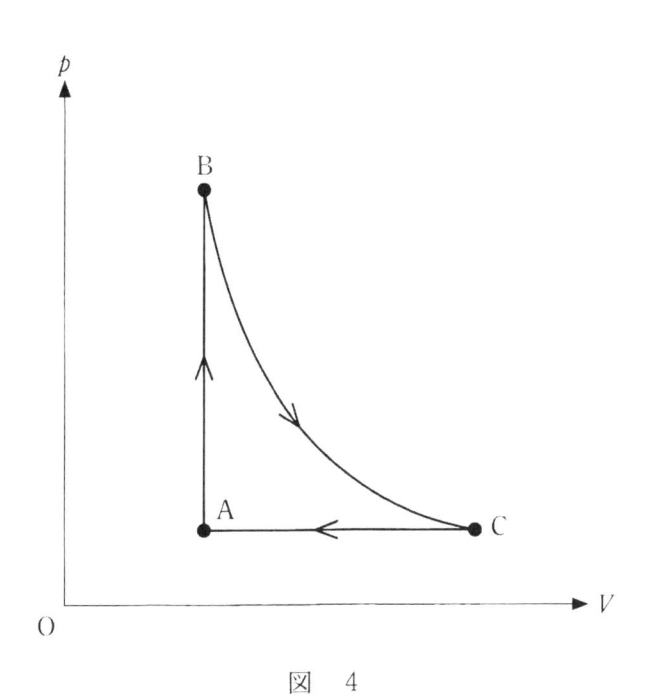

図 4

① $U_A < U_B < U_C$  　　② $U_A < U_C < U_B$

③ $U_B < U_A < U_C$  　　④ $U_B < U_C < U_A$

⑤ $U_C < U_A < U_B$  　　⑥ $U_C < U_B < U_A$

⑦ $U_B = U_C < U_A$  　　⑧ $U_A < U_B = U_C$

問 5 次の文章中の空欄 ア ～ ウ に入れる記号と式の組合せとして最も適当なものを，次ページの①～⑧のうちから一つ選べ。 6

　図5のように，空気中に十分に長い2本の平行導線(導線1，導線2)を $xy$ 平面に対して垂直に置き，同じ向き(図5の上向き)に電流を流す。それぞれの電流の大きさは $I_1$ と $I_2$，導線の間隔は $r$ である。このとき，導線1の電流が導線2の位置につくる磁場の向きは ア である。また，この磁場から導線2を流れる電流が受ける力の向きは イ であり，導線2の長さ $l$ の部分が受ける力の大きさは ウ である。ただし，空気の透磁率は真空の透磁率 $\mu_0$ と同じとする。

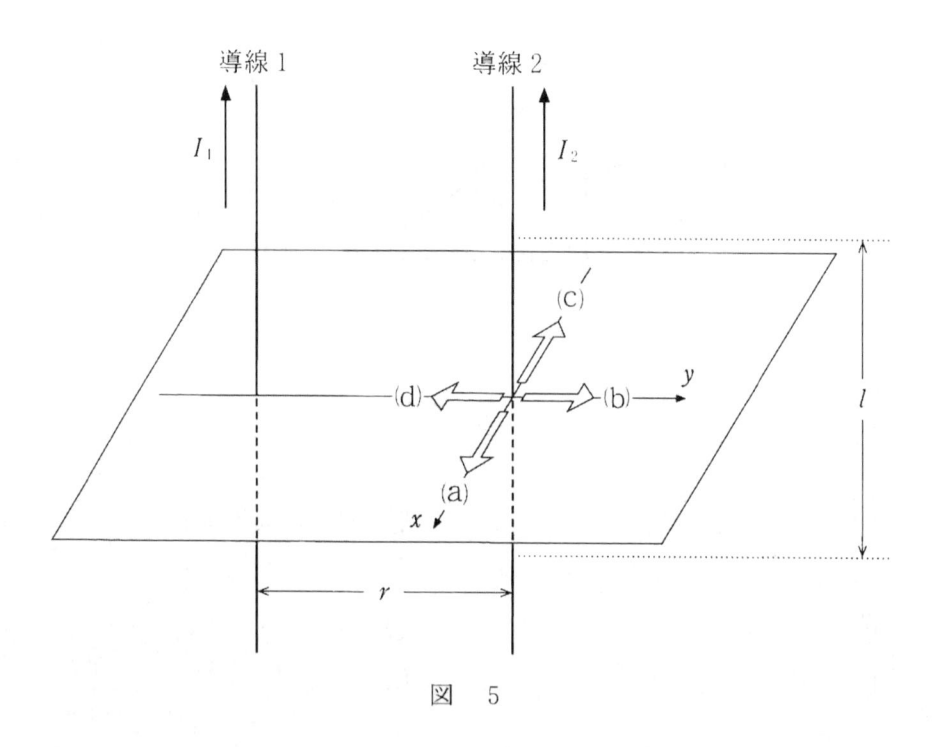

図　5

|  | ア | イ | ウ |
|---|---|---|---|
| ① | (a) | (b) | $\mu_0 \dfrac{I_1 I_2}{2\pi r} l$ |
| ② | (a) | (b) | $\mu_0 \dfrac{I_1 I_2}{2\pi r^2} l$ |
| ③ | (a) | (d) | $\mu_0 \dfrac{I_1 I_2}{2\pi r} l$ |
| ④ | (a) | (d) | $\mu_0 \dfrac{I_1 I_2}{2\pi r^2} l$ |
| ⑤ | (c) | (b) | $\mu_0 \dfrac{I_1 I_2}{2\pi r} l$ |
| ⑥ | (c) | (b) | $\mu_0 \dfrac{I_1 I_2}{2\pi r^2} l$ |
| ⑦ | (c) | (d) | $\mu_0 \dfrac{I_1 I_2}{2\pi r} l$ |
| ⑧ | (c) | (d) | $\mu_0 \dfrac{I_1 I_2}{2\pi r^2} l$ |

**第2問** 物体の運動に関する探究の過程について，後の問い（**問1～6**）に答えよ。
（配点　30）

　　A さんは，買い物でショッピングカートを押したり引いたりしたときの経験から，「物体の速さは物体にはたらく力と物体の質量のみによって決まり，(a)ある時刻の物体の速さ $v$ は，その時刻に物体が受けている力の大きさ $F$ に比例し，物体の質量 $m$ に反比例する」という仮説を立てた。A さんの仮説を聞いた B さんは，この仮説は誤った思い込みだと思ったが，科学的に反論するためには実験を行って確かめることが必要であると考えた。

**問 1**　下線部(a)の内容を $v$，$F$，$m$ の関係として表したグラフとして最も適当なものを，次の①～④のうちから一つ選べ。　　| 7 |

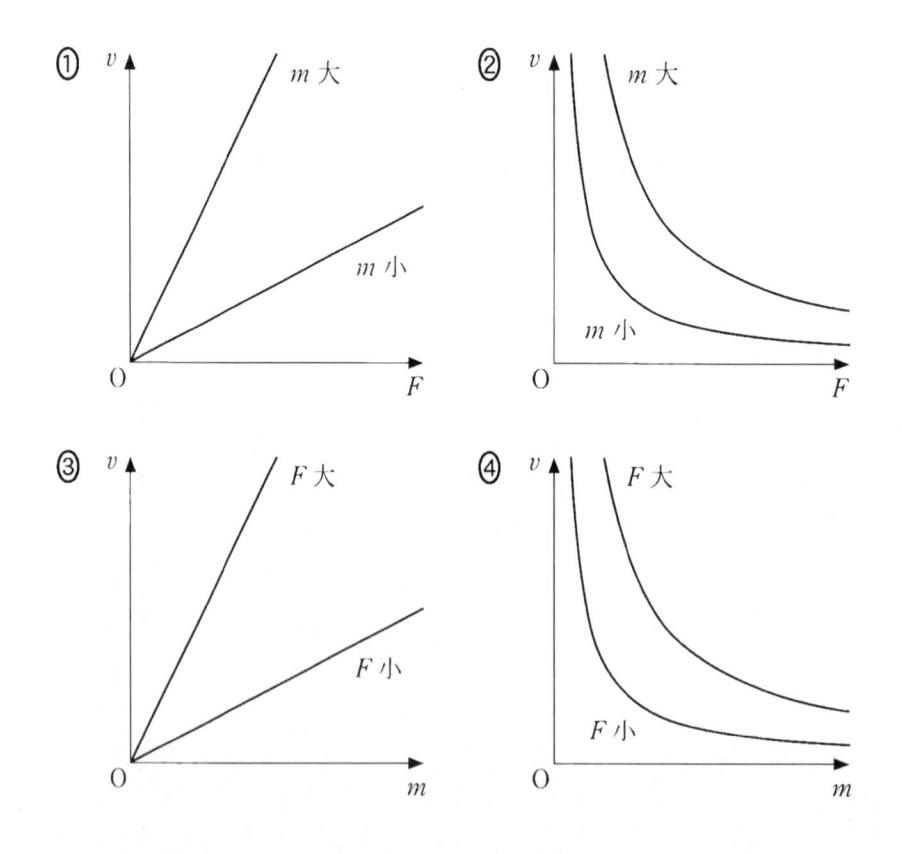

Bさんは，水平な実験机上をなめらかに動く力学台車と，ばねばかり，おもり，記録タイマー，記録テープからなる図1のような装置を準備した。そして，物体に一定の力を加えた際の，力の大きさや質量と物体の速さの関係を調べるために，次の2通りの実験を考えた。

**【実験1】**　いろいろな大きさの力で力学台車を引く測定を繰り返し行い，力の大きさと速さの関係を調べる実験。

**【実験2】**　いろいろな質量のおもりを用いる測定を繰り返し行い，物体の質量と速さの関係を調べる実験。

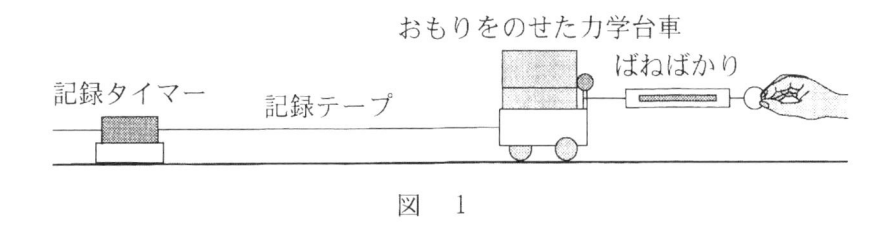

図　　1

**問 2**　【実験1】を行うときに必要な条件について説明した次の文章中の空欄 8 ・ 9 に入れる語句として最も適当なものを，それぞれの直後の ｛　｝で囲んだ選択肢のうちから一つずつ選べ。

　それぞれの測定においては力学台車を一定の大きさの力で引くため，力学台車を引いている間は，

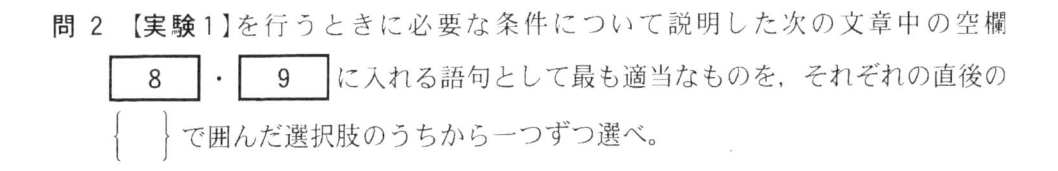

8 ｛
① ばねばかりの目盛りが常に一定になる
② ばねばかりの目盛りが次第に増加していく
③ 力学台車の速さが一定になる
｝ようにする。

　また，各測定では，

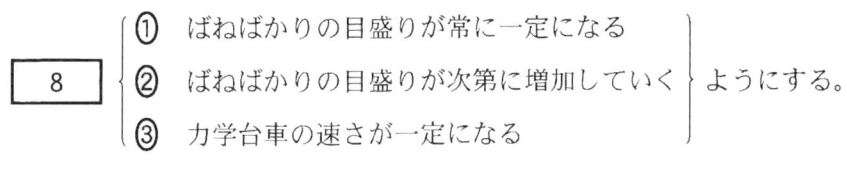

9 ｛
① 力学台車を引く時間
② 力学台車とおもりの質量の和
③ 力学台車を引く距離
｝を同じ値にする。

【実験2】として，力学台車とおもりの質量の合計が

$$ア：3.18\,kg \qquad イ：1.54\,kg \qquad ウ：1.01\,kg$$

の3通りの場合を考え，各測定とも台車を同じ大きさの一定の力で引くことにした。

この実験で得られた記録テープから，台車の速さ $v$ と時刻 $t$ の関係を表す図2のグラフを描いた。ただし，台車を引く力が一定となった時刻をグラフの $t = 0$ としている。

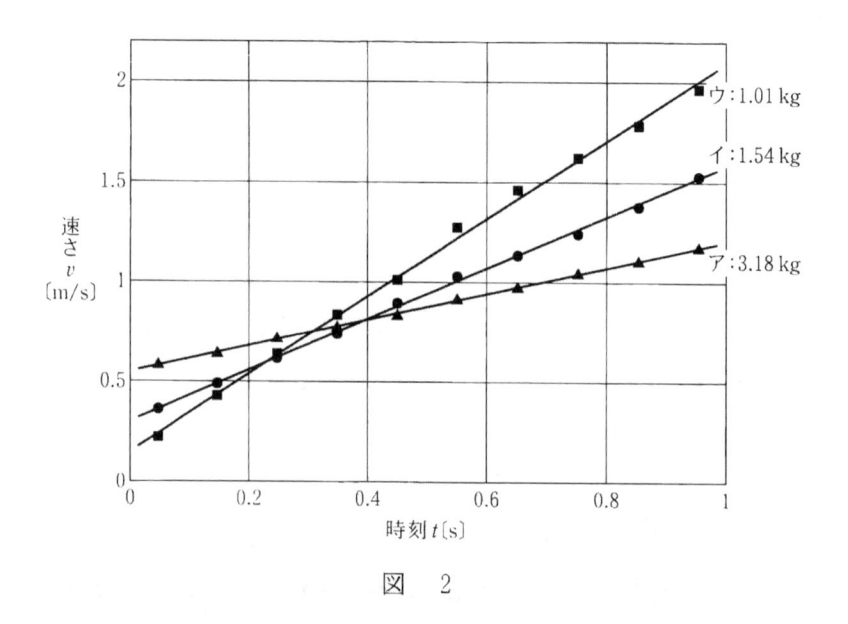

図　2

問 3　図2の実験結果からAさんの仮説が誤りであると判断する根拠として，最も適当なものを，次の①～④のうちから一つ選べ。　| 10 |

① 質量が大きいほど速さが大きくなっている。

② 質量が2倍になると，速さは $\dfrac{1}{4}$ 倍になっている。

③ 質量による運動への影響は見いだせない。

④ ある質量の物体に一定の力を加えても，速さは一定にならない。

Aさんの仮説には，実験で確かめた誤り以外にも，見落としている点がある。物体の速さを考えるときには，その時刻に物体が受けている力だけでなく，それまでに物体がどのように力を受けてきたかについても考えなければならない。

　速さの代わりに質量と速度で決まる運動量を用いると，物体が受けてきた力による力積を使って，物体の運動状態の変化を議論することができる。

**問 4**　次の文章中の空欄　　11　　に入れるグラフとして最も適当なものを，後の①～④のうちから一つ選べ。

　　図 2 を運動量と時刻のグラフに描き直したときの概形は，

　　　物体の運動量の変化＝その間に物体が受けた力積

という関係を使うことで，計算しなくても　　11　　のようになると予想できる。

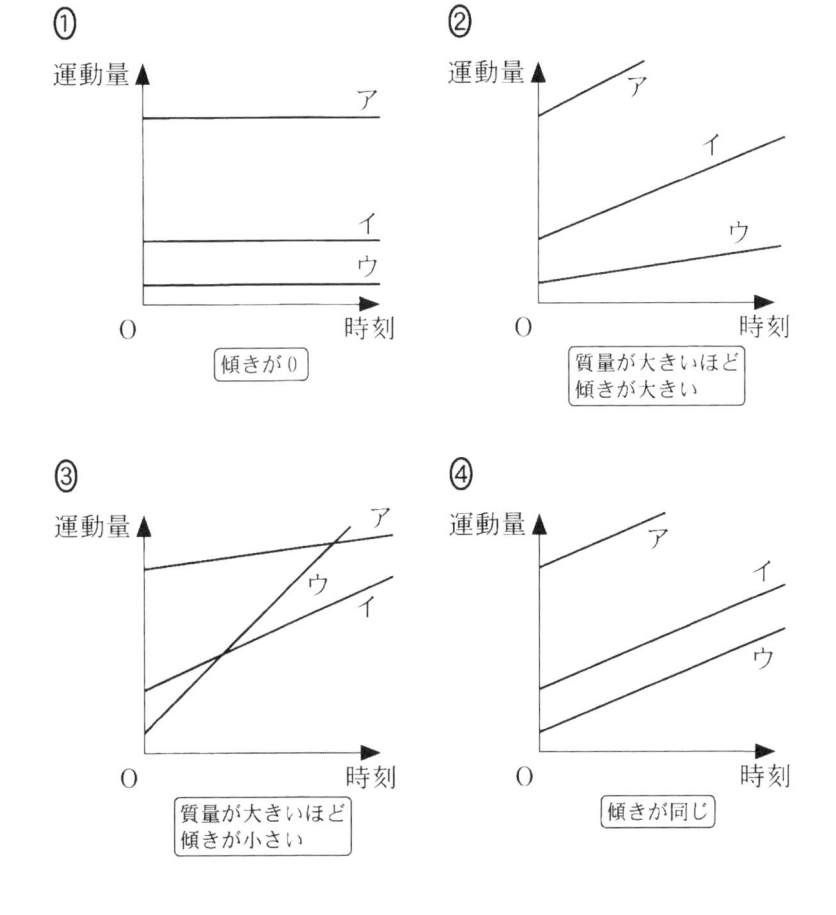

さらに，Bさんは，一定の速さで運動をしている物体の質量を途中で変えるとどうなるだろうかという疑問を持ち，次の2通りの実験を行った。

問 5 小球を発射できる装置がついた質量 $M_1$ の台車と，質量 $m_1$ の小球を用意した。この装置は，台車の水平な上面に対して垂直上向きに，この小球を速さ $v_1$ で発射できる。図3のように，水平右向きに速度 $V$ で等速直線運動する台車から小球を打ち上げた。このとき，小球の打ち上げの前後で，台車と小球の運動量の水平成分の和は保存する。小球を打ち上げる直前の速度 $V$ と，小球を打ち上げた直後の台車の速度 $V_1$ の関係式として正しいものを，後の①〜⑥のうちから一つ選べ。 12

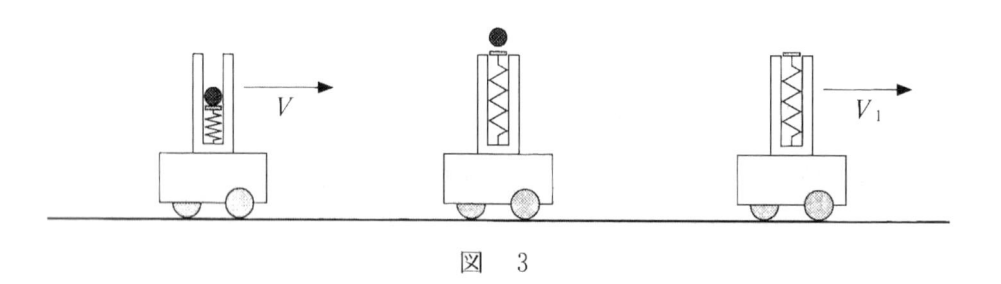

図 3

① $V = V_1$

② $(M_1 + m_1)V = M_1 V_1$

③ $M_1 V = (M_1 + m_1)V_1$

④ $M_1 V = m_1 V_1$

⑤ $\dfrac{1}{2}(M_1 + m_1)V^2 = \dfrac{1}{2}M_1 V_1^2$

⑥ $\dfrac{1}{2}(M_1 + m_1)V^2 = \dfrac{1}{2}M_1 V_1^2 + \dfrac{1}{2}m_1 v_1^2$

問 6 次に，図 4 のように，水平右向きに速度 $V$ で等速直線運動する質量 $M_2$ の台車に質量 $m_2$ のおもりを落としたところ，台車とおもりが一体となって速度 $V$ と同じ向きに，速度 $V_2$ で等速直線運動した。ただし，おもりは鉛直下向きに落下して速さ $v_2$ で台車に衝突したとする。$V$ と $V_2$ が満たす関係式を説明する文として最も適当なものを，後の①〜⑤のうちから一つ選べ。 13

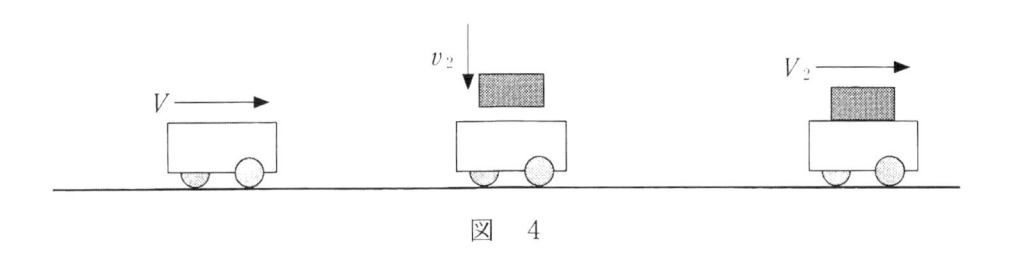

図 4

① おもりは鉛直下向きに運動して衝突したので，水平方向の速度は変化せず，$V = V_2$ である。

② 全運動量が保存するので，$M_2 V + m_2 v_2 = (M_2 + m_2) V_2$ が成り立つ。

③ 運動量の水平成分が保存するので，$M_2 V = (M_2 + m_2) V_2$ が成り立つ。

④ 全運動エネルギーが保存するので，
$\dfrac{1}{2} M_2 V^2 + \dfrac{1}{2} m_2 v_2{}^2 = \dfrac{1}{2} (M_2 + m_2) V_2{}^2$ が成り立つ。

⑤ 運動エネルギーの水平成分が保存するので，
$\dfrac{1}{2} M_2 V^2 = \dfrac{1}{2} (M_2 + m_2) V_2{}^2$ が成り立つ。

**第3問** 次の文章を読み，後の問い(**問1 ~ 5**)に答えよ。(配点　25)

　図1のように，二つのコイルをオシロスコープにつなぎ，平面板をコイルの中を通るように水平に設置した。台車に初速を与えてこの板の上で走らせる。台車に固定した細長い棒の先に，台車の進行方向にN極が向くように軽い棒磁石が取り付けられている。二つのコイルの中心間の距離は0.20 mである。ただし，コイル間の相互インダクタンスの影響は無視でき，また，台車は平面板の上をなめらかに動く。

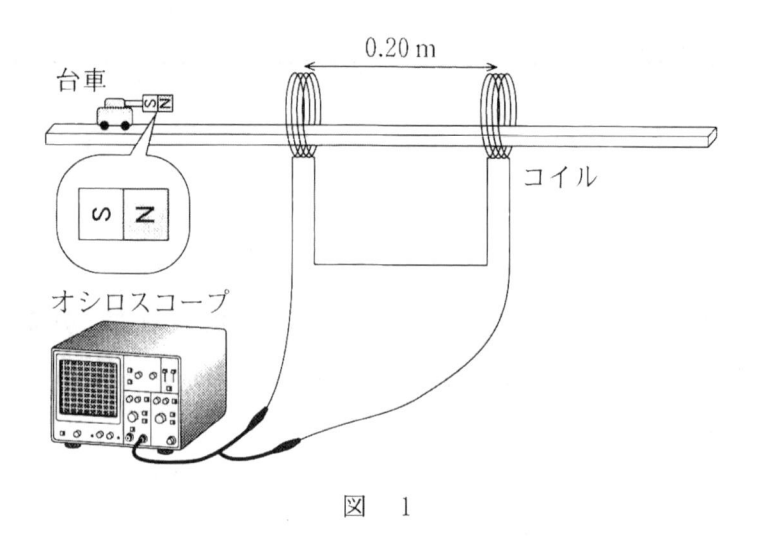

図　1

　台車が運動することにより，コイルには誘導起電力が発生する。オシロスコープにより電圧を測定すると，台車が動き始めてからの電圧は，図2のようになった。

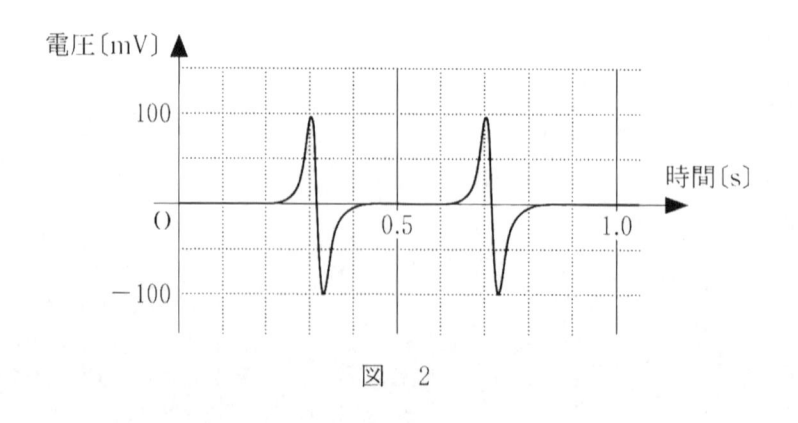

図　2

問 1　このコイルとオシロスコープの組合せを，スピードメーターとして使うことができる。この台車の運動を等速直線運動と仮定したとき，図2から読み取れる台車の速さを，有効数字1桁で求めるとどうなるか。次の式中の空欄 14 ・ 15 に入れる数字として最も適当なものを，後の①〜⓪のうちから一つずつ選べ。ただし，同じものを繰り返し選んでもよい。

$$\boxed{14} \times 10^{-\boxed{15}}\,\text{m/s}$$

① 1　　　② 2　　　③ 3　　　④ 4　　　⑤ 5
⑥ 6　　　⑦ 7　　　⑧ 8　　　⑨ 9　　　⓪ 0

問 2　この実験に関して述べた次の文章中の空欄 16 〜 18 に入れる語句として最も適当なものを，それぞれの直後の｛　｝で囲んだ選択肢のうちから一つずつ選べ。

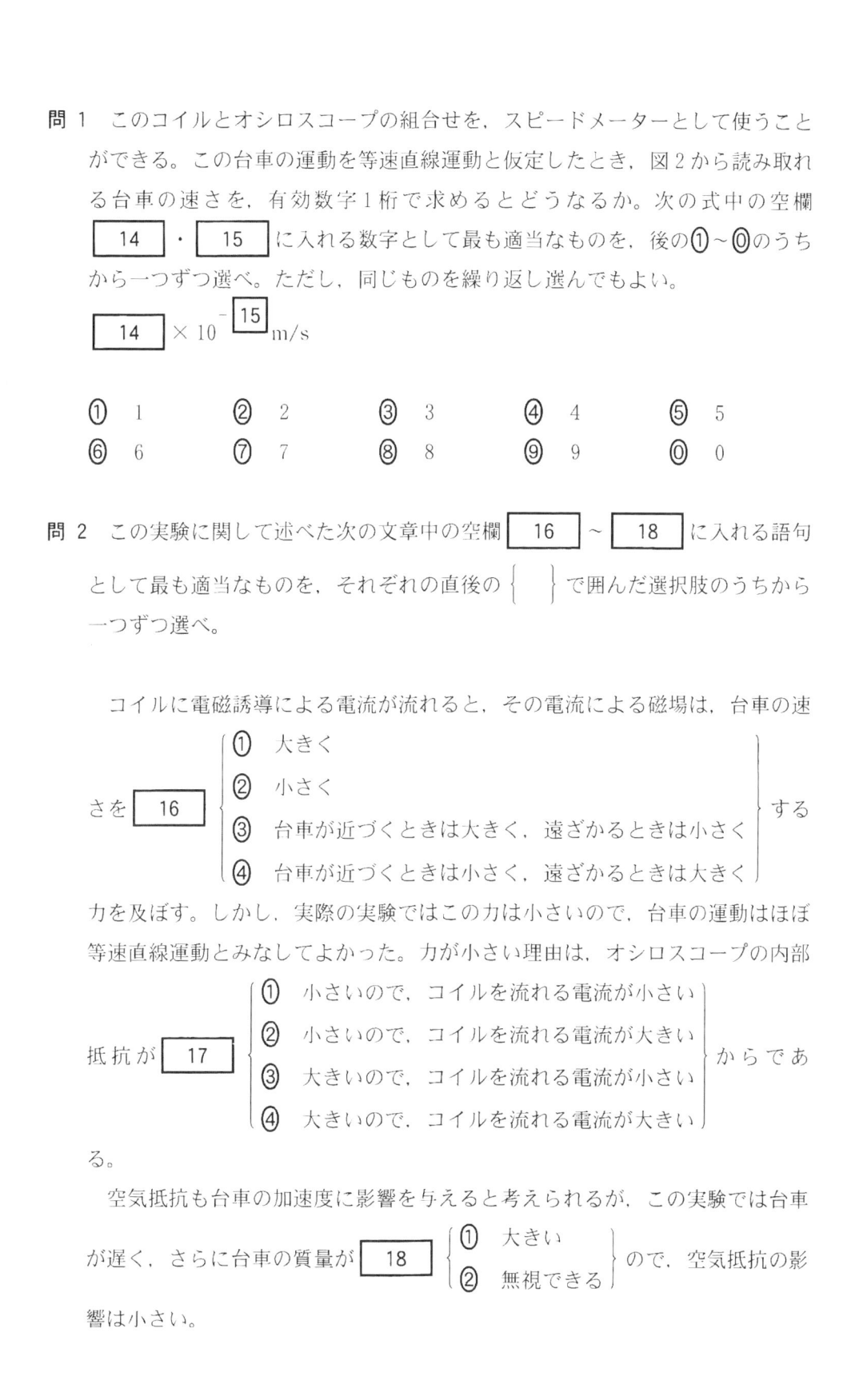

　コイルに電磁誘導による電流が流れると，その電流による磁場は，台車の速さを 16 ｛
① 大きく
② 小さく
③ 台車が近づくときは大きく，遠ざかるときは小さく
④ 台車が近づくときは小さく，遠ざかるときは大きく
｝する力を及ぼす。しかし，実際の実験ではこの力は小さいので，台車の運動はほぼ等速直線運動とみなしてよかった。力が小さい理由は，オシロスコープの内部抵抗が 17 ｛
① 小さいので，コイルを流れる電流が小さい
② 小さいので，コイルを流れる電流が大きい
③ 大きいので，コイルを流れる電流が小さい
④ 大きいので，コイルを流れる電流が大きい
｝からである。

　空気抵抗も台車の加速度に影響を与えると考えられるが，この実験では台車が遅く，さらに台車の質量が 18 ｛
① 大きい
② 無視できる
｝ので，空気抵抗の影響は小さい。

**問 3** Ａさんが，条件を少し変えて実験してみたところ，結果は図 3 のように変わった。

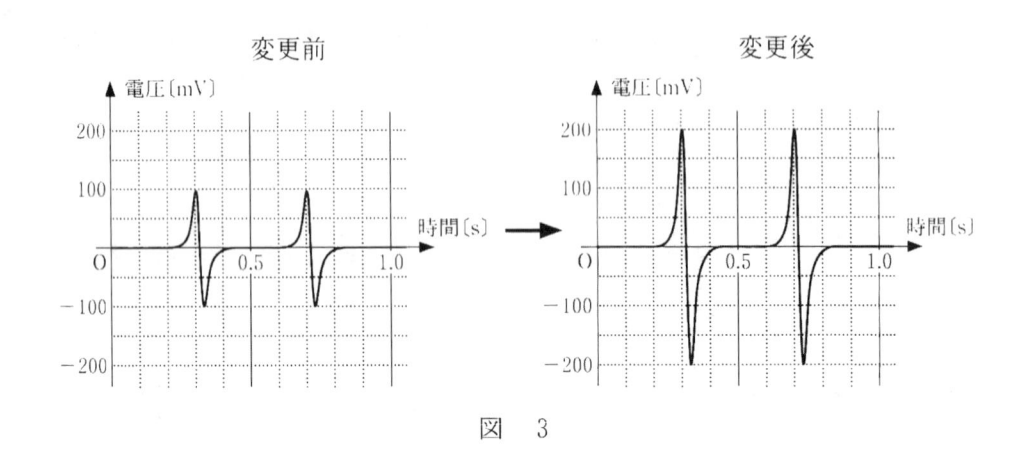

図　3

　Ａさんが加えた変更として最も適当なものを，次の①～⑤のうちから一つ選べ。ただし，選択肢に記述されている以外の変更は行わなかったものとする。また，磁石を追加した場合は，もとの磁石と同じものを使用したものとする。

19

① 台車の速さを $\sqrt{2}$ 倍にした。

② 台車の速さを 2 倍にした。

③ 台車につける磁石を S N S N のように 2 個つなげたものに交換した。

④ 台車につける磁石を N S / S N のように 2 個たばねたものに交換した。

⑤ 台車につける磁石を S N / S N のように 2 個たばねたものに交換した。

（下 書 き 用 紙）

物理の試験問題は次に続く。

Ａさんは次に図４のようにコイルを三つに増やして実験をした。ただし，コイルの巻き数はすべて等しく，コイルは等間隔に設置されている。また，台車に取り付けた磁石は１個である。

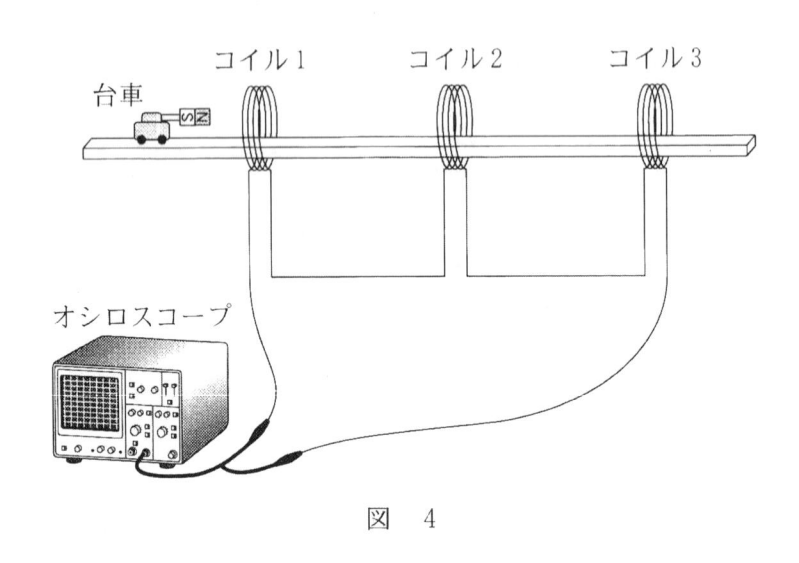

図　４

　実験結果は，図５のようになった。

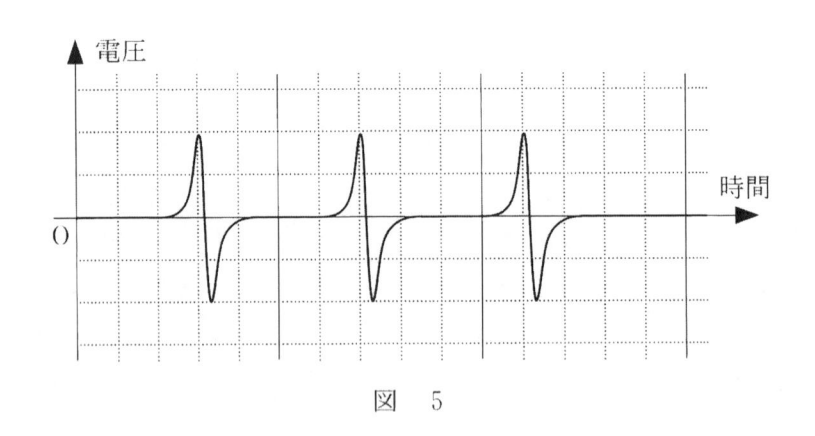

図　５

**問 4** BさんがAさんと同じような装置を作り，三つのコイルを用いて実験をしたところ，図6のように，Aさんの図5と違う結果になった。

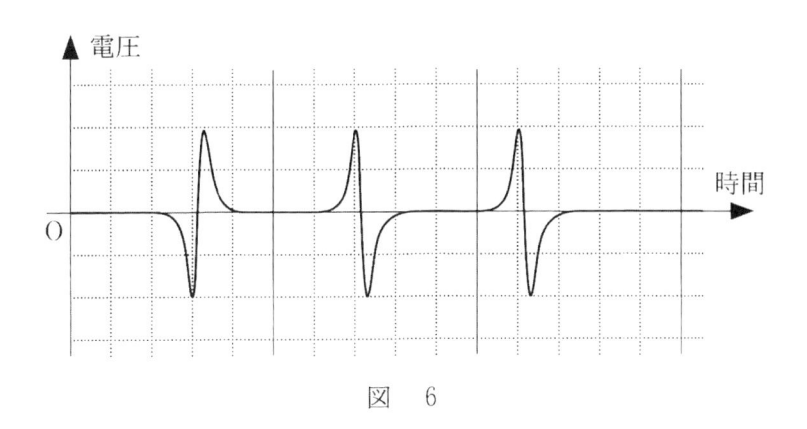

図　6

Bさんの実験装置はAさんの実験装置とどのように違っていたか。最も適当なものを，次の①〜⑤のうちから一つ選べ。ただし，選択肢に記述されている以外の違いはなかったものとする。　20

① コイル1の巻数が半分であった。

② コイル2，コイル3の巻数が半分であった。

③ コイル1の巻き方が逆であった。

④ コイル2，コイル3の巻き方が逆であった。

⑤ オシロスコープのプラスマイナスのつなぎ方が逆であった。

問 5 Aさんが図7のように実験装置を傾けて板の上に台車を静かに置くと，台車は板を外れることなくすべり降りた。

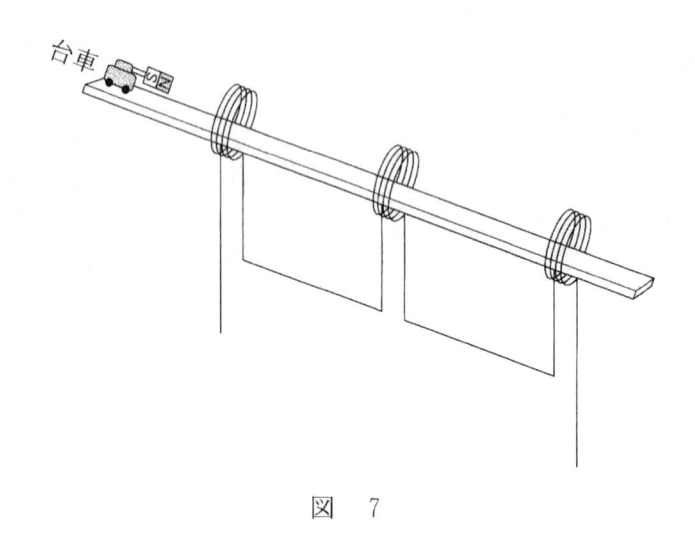

図　7

このとき，オシロスコープで測定される電圧の時間変化を表すグラフの概形として最も適当なものを，次ページの①～⑤のうちから一つ選べ。　21

①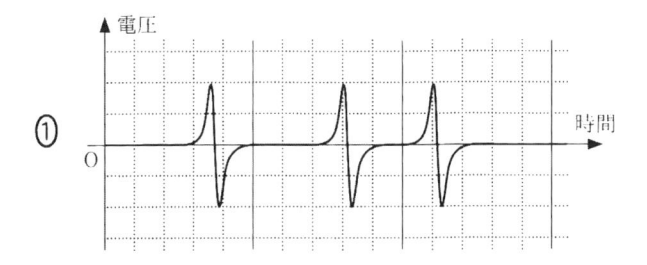

②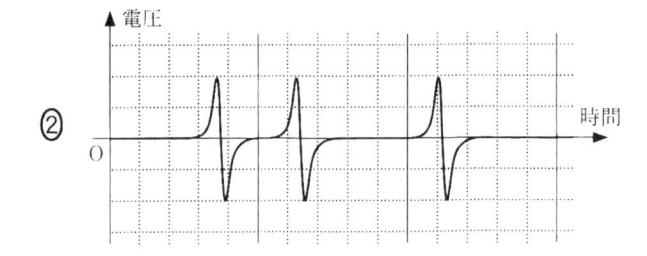

③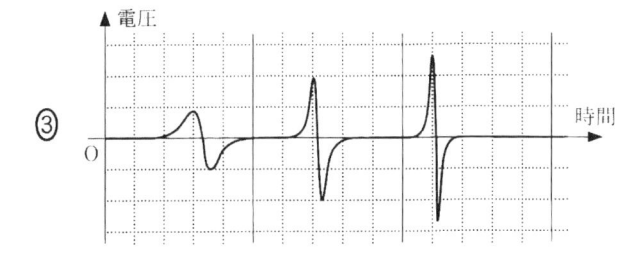

④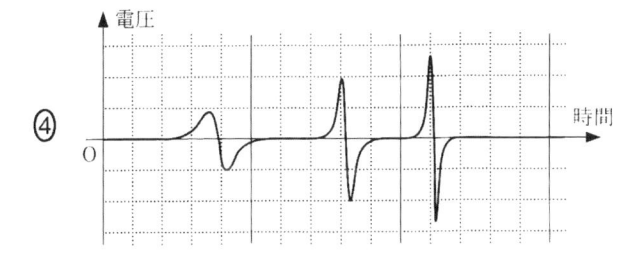

⑤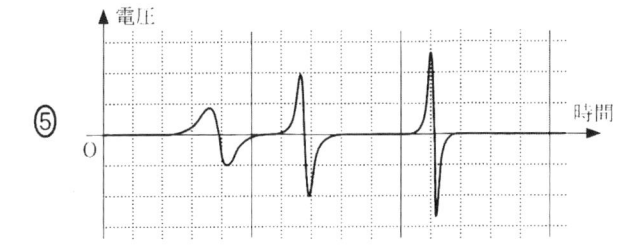

**第4問** 次の文章を読み，後の問い(**問1 ～ 4**)に答えよ。(配点　20)

　水素原子を，図1のように，静止した正の電気量 $e$ を持つ陽子と，そのまわりを負の電気量 $-e$ を持つ電子が速さ $v$，軌道半径 $r$ で等速円運動するモデルで考える。陽子および電子の大きさは無視できるものとする。陽子の質量を $M$，電子の質量を $m$，クーロンの法則の真空中での比例定数を $k_0$，プランク定数を $h$，万有引力定数を $G$，真空中の光速を $c$ とし，必要ならば，表1の物理定数を用いよ。

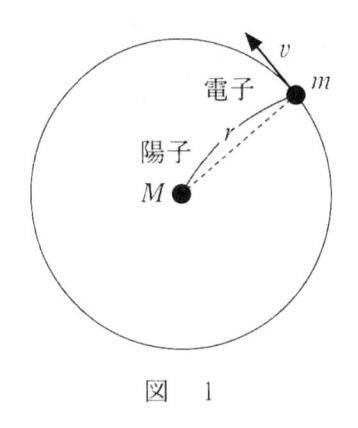

図　1

表1　物理定数

| 名　称 | 記　号 | 数値・単位 |
|---|---|---|
| 万有引力定数 | $G$ | $6.7 \times 10^{-11}\ \mathrm{N \cdot m^2/kg^2}$ |
| プランク定数 | $h$ | $6.6 \times 10^{-34}\ \mathrm{J \cdot s}$ |
| クーロンの法則の真空中での比例定数 | $k_0$ | $9.0 \times 10^{9}\ \mathrm{N \cdot m^2/C^2}$ |
| 真空中の光速 | $c$ | $3.0 \times 10^{8}\ \mathrm{m/s}$ |
| 電気素量 | $e$ | $1.6 \times 10^{-19}\ \mathrm{C}$ |
| 陽子の質量 | $M$ | $1.7 \times 10^{-27}\ \mathrm{kg}$ |
| 電子の質量 | $m$ | $9.1 \times 10^{-31}\ \mathrm{kg}$ |

**問 1** 次の文章中の空欄 ア ・ イ に入れる式の組合せとして最も適当なものを，後の①〜⑥のうちから一つ選べ。 22

　図2(a)のように，半径 $r$ の円軌道上を一定の速さ $v$ で運動する電子の角速度 $\omega$ は ア で与えられる。時刻 $t$ での速度 $\overrightarrow{v_1}$ と微小な時間 $\Delta t$ だけ経過した後の時刻 $t + \Delta t$ での速度 $\overrightarrow{v_2}$ との差の大きさは イ である。

　ただし，図2(b)は $\overrightarrow{v_2}$ の始点を $\overrightarrow{v_1}$ の始点まで平行移動した図であり，$\omega\Delta t$ は $\overrightarrow{v_1}$ と $\overrightarrow{v_2}$ とがなす角である。また，微小角 $\omega\Delta t$ を中心角とする弧(図2(b)の破線)と弦(図2(b)の実線)の長さは等しいとしてよい。

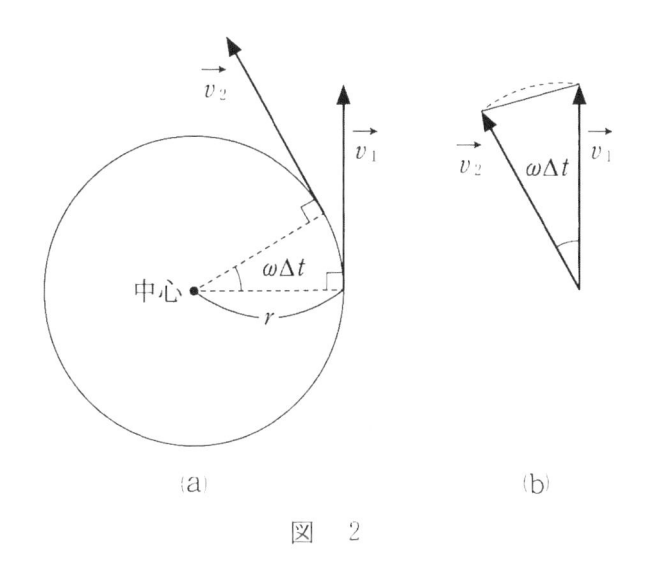

(a)           (b)

図　2

|  | ① | ② | ③ | ④ | ⑤ | ⑥ |
|---|---|---|---|---|---|---|
| ア | $rv$ | $rv$ | $rv$ | $\dfrac{v}{r}$ | $\dfrac{v}{r}$ | $\dfrac{v}{r}$ |
| イ | $0$ | $rv^2\Delta t$ | $\dfrac{v^2}{r}\Delta t$ | $0$ | $rv^2\Delta t$ | $\dfrac{v^2}{r}\Delta t$ |

問 2　次の文章中の空欄 23 に入れる数値として最も適当なものを，後の①〜
⑥のうちから一つ選べ。

　　水素原子中の電子と陽子の間にはたらくニュートンの万有引力と静電気力の
大きさを比較すると，万有引力は静電気力のおよそ $10^{-\boxed{23}}$ 倍であることが
わかる。万有引力はこのように小さいので，電子の運動を考える際には，万有
引力は無視してよい。

①　10　　　②　20　　　③　30　　　④　40　　　⑤　50　　　⑥　60

問 3　次の文章中の空欄 24 に入れる式として正しいものを，後の①〜⑧のう
ちから一つ選べ。

　　円運動の向心力は陽子と電子の間にはたらく静電気力のみであるとする。量
子数を $n(n = 1，2，3，\cdots)$ とすると，ボーアの量子条件 $mvr = n\dfrac{h}{2\pi}$ は，
電子の円軌道の一周の長さが電子のド・ブロイ波の波長の $n$ 倍に等しいとす
る定在波(定常波)の条件と一致する。以上の関係から，$v$ を含まない式で水素
原子の電子の軌道半径 $r$ を表すと，$r = \dfrac{h^2}{4\pi^2 k_0 m e^2} n^2$ となる。

　　この結果から，量子条件を満たす電子のエネルギー(運動エネルギーと無限
遠を基準とした静電気力による位置エネルギーの和)$E_n$ を計算すると，
$E_n = -2\pi^2 k_0^2 \times \boxed{24}$ と求められる。この $E_n$ を量子数 $n$ に対応する電子
のエネルギー準位という。

①　$\dfrac{me}{nh}$　　　②　$\dfrac{m^2 e}{n^2 h}$　　　③　$\dfrac{me^2}{nh^2}$　　　④　$\dfrac{me^4}{n^2 h^2}$

⑤　$\dfrac{nh}{me}$　　　⑥　$\dfrac{n^2 h}{m^2 e}$　　　⑦　$\dfrac{nh^2}{me^2}$　　　⑧　$\dfrac{n^2 h^2}{me^4}$

問 4 次の文中の空欄 $\boxed{\phantom{25}25\phantom{25}}$ に入れる式として正しいものを，後の①〜④のうち から一つ選べ。

水素原子中の電子が，量子数 $n$ のエネルギー準位 $E$ から量子数 $n'$ のより低いエネルギー準位 $E'$ へ移るとき，放出される光子の振動数 $\nu$ は，$\nu = \boxed{\phantom{25}25\phantom{25}}$ である。

① $\dfrac{E' - E}{h}$ 　　② $\dfrac{E - E'}{h}$ 　　③ $\dfrac{h}{E' - E}$ 　　④ $\dfrac{h}{E - E'}$

毎月の効率的な実戦演習で本番までに共通テストを攻略できる！

# 【専科】共通テスト攻略演習

―――――― 7教科17科目セット　教材を毎月1回お届け ――――――

セットで1カ月あたり　**3,910**円（税込）※「12カ月一括払い」の講座料金

**セット内容**

英語（リーディング）/ 英語（リスニング）/ 数学I、数学A / 数学II、数学B、数学C / 国語 / 化学基礎 / 生物基礎 /
地学基礎 / 物理 / 化学 / 生物 / 歴史総合、世界史探究 / 歴史総合、日本史探究 / 地理総合、地理探究 /
公共、倫理 / 公共、政治・経済 / 情報I

※答案の提出や添削指導はありません。
※学習には「Z会学習アプリ」を使用するため、対応OSのスマートフォンやタブレット、パソコンなどの端末が必要です。

※「共通テスト攻略演習」は1月までの講座です。

## POINT 1　共通テストに即した問題に取り組み、万全の対策ができる！

2024年度の共通テストでは、英語・リーディングで読解量（語数）が増えるなど、これまで以上に速読即解力や情報処理力が必要とされました。新指導要領で学んだ高校生が受験する2025年度の試験は、この傾向がより強まることが予想されます。

本講座では、毎月お届けする教材で、共通テスト型の問題に取り組んでいきます。傾向の変化に対応できるようになるとともに、「自分で考え、答えを出す力」を伸ばし、万全の対策ができます。

### 新設「情報I」にも対応！

国公立大志望者の多くは、共通テストで「情報I」が必須となります。本講座では、「情報I」の対応教材も用意しているため、万全な対策が可能です。

### 8月…基本問題　12月・1月…本番形式の問題

※3〜7月、9〜11月は、大学入試センターから公開された「試作問題」や、「情報I」の内容とつながりの深い「情報関係基礎」の過去問の解説を、「Z会学習アプリ」で提供します。
※「情報」の取り扱いについては各大学の要項をご確認ください。

## POINT 2　月60分の実戦演習で、効率的な時短演習を！

全科目を毎月バランスよく継続的に取り組めるよう工夫された内容と分量で、本科の講座と併用しやすく、着実に得点力を伸ばせます。

### 1. 教材に取り組む

本講座の問題演習は、1科目あたり月60分（英語のリスニングと理科基礎、情報Iは月30分）。無理なく自分のペースで学習を進められます。

### 2. 自己採点する／復習する

問題を解いたらすぐに自己採点して結果を確認。わかりやすい解説で効率よく復習できます。

英語、数学、国語は、毎月の出題に即した「ポイント映像」を視聴できます。1授業10分程度なので、スキマ時間を活用できます。共通テストならではの攻略ポイントや、各月に押さえておきたい内容を厳選した映像授業で、さらに理解を深められます。

## POINT 3　戦略的なカリキュラムで、得点力アップ！

本講座は、本番での得意科目9割突破へ向けて、毎月着実にレベルアップできるカリキュラム。基礎固めから最終仕上げまで段階的な対策で、万全の態勢で本番に臨めます。

| 3〜8月 | 知識のヌケをなくして基礎を固めながら演習を行います。 |
| 9〜11月 | 実戦的な演習を繰り返して、得点力を磨きます。 |
| 12〜1月 | 本番形式の予想問題で、9割突破への最終仕上げを行います。 |

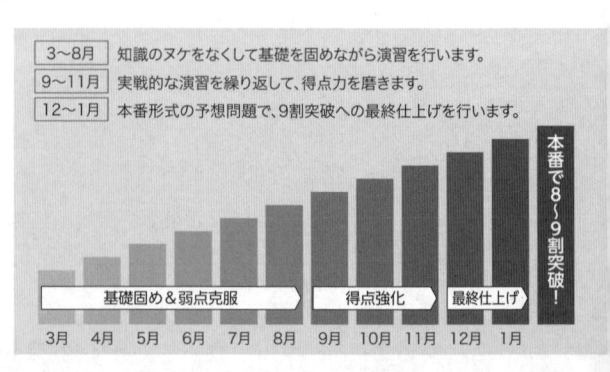

基礎固め＆弱点克服　　得点強化　　最終仕上げ

3月　4月　5月　6月　7月　8月　9月　10月　11月　12月　1月

本番で8〜9割突破！

# 必要な科目を全部対策できる **7教科17科目セット**

＊12月・1月は、共通テスト本番に即した学習時間（解答時間）となります。
※2023年度の「共通テスト攻略演習」と一部同じ内容があります。

## 英語（リーディング）
学習時間（問題演習） 60分×月1回*

| | |
|---|---|
| 3月 | 情報の検索 |
| 4月 | 情報の整理 |
| 5月 | 情報の検索・整理 |
| 6月 | 概要・要点の把握① |
| 7月 | 概要・要点の把握② |
| 8月 | テーマ・分野別演習のまとめ |
| 9月 | 速読速解力を磨く① |
| 10月 | 速読速解力を磨く② |
| 11月 | 速読速解力を磨く③ |
| 12月 | 直前演習1 |
| 1月 | 直前演習2 |

## 英語（リスニング）
学習時間（問題演習） 30分×月1回*

| | |
|---|---|
| 3月 | 情報の聞き取り① |
| 4月 | 情報の聞き取り② |
| 5月 | 情報の比較・判断など |
| 6月 | 概要・要点の把握① |
| 7月 | 概要・要点の把握② |
| 8月 | テーマ・分野別演習のまとめ |
| 9月 | 多めの語数で集中力を磨く |
| 10月 | 速めの速度で聞き取る |
| 11月 | 1回聞きで聞き取る |
| 12月 | 直前演習1 |
| 1月 | 直前演習2 |

## 数学Ⅰ、数学A
学習時間（問題演習） 60分×月1回*

| | |
|---|---|
| 3月 | 2次関数 |
| 4月 | 数と式 |
| 5月 | データの分析 |
| 6月 | 図形と計量、図形の性質 |
| 7月 | 場合の数と確率 |
| 8月 | テーマ・分野別演習のまとめ |
| 9月 | 日常の事象〜もとの事象の意味を考える〜 |
| 10月 | 数学の事象〜一般化と発展〜 |
| 11月 | 数学の事象〜批判的考察〜 |
| 12月 | 直前演習1 |
| 1月 | 直前演習2 |

## 数学Ⅱ、数学B、数学C
学習時間（問題演習） 60分×月1回*

| | |
|---|---|
| 3月 | 三角関数、指数・対数関数 |
| 4月 | 微分・積分、図形と方程式 |
| 5月 | 数列 |
| 6月 | ベクトル |
| 7月 | 平面上の曲線・複素数平面、統計的な推測 |
| 8月 | テーマ・分野別演習のまとめ |
| 9月 | 日常の事象〜もとの事象の意味を考える〜 |
| 10月 | 数学の事象〜一般化と発展〜 |
| 11月 | 数学の事象〜批判的考察〜 |
| 12月 | 直前演習1 |
| 1月 | 直前演習2 |

## 国語
学習時間（問題演習） 60分×月1回*

| | |
|---|---|
| 3月 | 評論 |
| 4月 | 文学的文章 |
| 5月 | 古文 |
| 6月 | 漢文 |
| 7月 | テーマ・分野別演習のまとめ 1 |
| 8月 | テーマ・分野別演習のまとめ 2 |
| 9月 | 図表から情報を読み取る |
| 10月 | 複数の文章を対比する |
| 11月 | 読み取った内容をまとめる |
| 12月 | 直前演習1 |
| 1月 | 直前演習2 |

## 化学基礎
学習時間（問題演習） 30分×月1回*

| | |
|---|---|
| 3月 | 物質の構成（物質の構成、原子の構造） |
| 4月 | 物質の構成（化学結合、結晶） |
| 5月 | 物質量 |
| 6月 | 酸と塩基 |
| 7月 | 酸化還元反応 |
| 8月 | テーマ・分野別演習のまとめ |
| 9月 | 解法強化〜計算〜 |
| 10月 | 知識強化 1〜文章の正誤判断〜 |
| 11月 | 知識強化 2〜組合せの正誤判断〜 |
| 12月 | 直前演習1 |
| 1月 | 直前演習2 |

## 生物基礎
学習時間（問題演習） 30分×月1回*

| | |
|---|---|
| 3月 | 生物の特徴 1 |
| 4月 | 生物の特徴 2 |
| 5月 | ヒトの体の調節 1 |
| 6月 | ヒトの体の調節 2 |
| 7月 | 生物の多様性と生態系 |
| 8月 | テーマ・分野別演習のまとめ |
| 9月 | 知識強化 |
| 10月 | 実験強化 |
| 11月 | 考察力強化 |
| 12月 | 直前演習1 |
| 1月 | 直前演習2 |

## 地学基礎
学習時間（問題演習） 30分×月1回*

| | |
|---|---|
| 3月 | 地球のすがた |
| 4月 | 活動する地球 |
| 5月 | 大気と海洋 |
| 6月 | 移り変わる地球 |
| 7月 | 宇宙の構成、地球の環境 |
| 8月 | テーマ・分野別演習のまとめ |
| 9月 | 資料問題に強くなる1〜図・グラフの理解〜 |
| 10月 | 資料問題に強くなる2〜図・グラフの活用〜 |
| 11月 | 知識活用・考察問題に強くなる〜探究活動〜 |
| 12月 | 直前演習1 |
| 1月 | 直前演習2 |

## 物理
学習時間（問題演習） 60分×月1回*

| | |
|---|---|
| 3月 | 力学(放物運動、剛体、運動量と力積、円運動) |
| 4月 | 力学(単振動、慣性力)、熱力学 |
| 5月 | 波動(波の伝わり方、レンズ) |
| 6月 | 波動(干渉)、電磁気(静電場、コンデンサー) |
| 7月 | 電磁気(回路、電流と磁場、電磁誘導)、原子 |
| 8月 | テーマ・分野別演習のまとめ |
| 9月 | 解法強化 〜図・グラフ、小問対策〜 |
| 10月 | 考察力強化1〜実験・考察問題対策〜 |
| 11月 | 考察力強化2〜実験・考察問題対策〜 |
| 12月 | 直前演習1 |
| 1月 | 直前演習2 |

## 化学
学習時間（問題演習） 60分×月1回*

| | |
|---|---|
| 3月 | 結晶、気体、熱 |
| 4月 | 溶液、電気分解 |
| 5月 | 化学平衡 |
| 6月 | 無機物質 |
| 7月 | 有機化合物 |
| 8月 | テーマ・分野別演習のまとめ |
| 9月 | 解法強化〜計算〜 |
| 10月 | 知識強化〜正誤判断〜 |
| 11月 | 読解・考察力強化 |
| 12月 | 直前演習1 |
| 1月 | 直前演習2 |

## 生物
学習時間（問題演習） 60分×月1回*

| | |
|---|---|
| 3月 | 生物の進化 |
| 4月 | 生命現象と物質 |
| 5月 | 遺伝情報の発現と発生 |
| 6月 | 生物の環境応答 |
| 7月 | 生態と環境 |
| 8月 | テーマ・分野別演習のまとめ |
| 9月 | 考察力強化1〜考察とその基礎知識〜 |
| 10月 | 考察力強化2〜データの読解・計算〜 |
| 11月 | 分野融合問題対応力強化 |
| 12月 | 直前演習1 |
| 1月 | 直前演習2 |

## 歴史総合、世界史探究
学習時間（問題演習） 60分×月1回*

| | |
|---|---|
| 3月 | 古代の世界 |
| 4月 | 中世〜近世初期の世界 |
| 5月 | 近世の世界 |
| 6月 | 近・現代の世界1 |
| 7月 | 近・現代の世界2 |
| 8月 | テーマ・分野別演習のまとめ |
| 9月 | 能力別強化1〜諸地域の結びつきの理解〜 |
| 10月 | 能力別強化2〜情報処理・分析の演習〜 |
| 11月 | 能力別強化3〜史料読解の演習〜 |
| 12月 | 直前演習1 |
| 1月 | 直前演習2 |

## 歴史総合、日本史探究
学習時間（問題演習） 60分×月1回*

| | |
|---|---|
| 3月 | 古代 |
| 4月 | 中世 |
| 5月 | 近世 |
| 6月 | 近代(江戸後期〜明治期) |
| 7月 | 近・現代(大正期〜現代) |
| 8月 | テーマ・分野別演習のまとめ |
| 9月 | 能力別強化1〜事象の比較・関連〜 |
| 10月 | 能力別強化2〜事象の推移／資料読解〜 |
| 11月 | 能力別強化3〜多面的・多角的考察〜 |
| 12月 | 直前演習1 |
| 1月 | 直前演習2 |

## 地理総合、地理探究
学習時間（問題演習） 60分×月1回*

| | |
|---|---|
| 3月 | 地図／地域調査／地形 |
| 4月 | 気候／農林水産業 |
| 5月 | 鉱工業／現代社会の諸課題 |
| 6月 | グローバル化する世界／都市・村落 |
| 7月 | 民族・領土問題／地誌 |
| 8月 | テーマ・分野別演習のまとめ |
| 9月 | 能力別強化1〜資料の読解〜 |
| 10月 | 能力別強化2〜地誌〜 |
| 11月 | 能力別強化3〜地形図の読図〜 |
| 12月 | 直前演習1 |
| 1月 | 直前演習2 |

## 公共、倫理
学習時間（問題演習） 60分×月1回*

| | |
|---|---|
| 3月 | 青年期の課題／源流思想1 |
| 4月 | 源流思想2 |
| 5月 | 日本の思想 |
| 6月 | 近・現代の思想1 |
| 7月 | 近・現代の思想2／現代社会の諸課題 |
| 8月 | テーマ・分野別演習のまとめ |
| 9月 | 分野別強化1〜源流思想・日本思想〜 |
| 10月 | 分野別強化2〜西洋思想・現代思想〜 |
| 11月 | 分野別強化3〜青年期・現代社会の諸課題〜 |
| 12月 | 直前演習1 |
| 1月 | 直前演習2 |

## 公共、政治・経済
学習時間（問題演習） 60分×月1回*

| | |
|---|---|
| 3月 | 政治1 |
| 4月 | 政治2 |
| 5月 | 経済 |
| 6月 | 国際政治・国際経済 |
| 7月 | 現代社会の諸課題 |
| 8月 | テーマ・分野別演習のまとめ |
| 9月 | 分野別強化1〜政治〜 |
| 10月 | 分野別強化2〜経済〜 |
| 11月 | 分野別強化3〜国際政治・国際経済〜 |
| 12月 | 直前演習1 |
| 1月 | 直前演習2 |

## 情報Ⅰ
学習時間（問題演習） 30分×月1回*

| | |
|---|---|
| 3月 | |
| 4月 | ※情報Ⅰの共通テスト対策に役立つコンテンツを「Z会学習アプリ」で提供。 |
| 5月 | |
| 6月 | |
| 7月 | |
| 8月 | 演習問題 |
| 9月 | ※情報Ⅰの共通テスト対策に役立つコンテンツを「Z会学習アプリ」で提供。 |
| 10月 | |
| 11月 | |
| 12月 | 直前演習1 |
| 1月 | 直前演習2 |

# 共通テスト対策 おすすめ書籍

## ❶ 基本事項からおさえ、知識・理解を万全に　問題集・参考書タイプ

### ハイスコア！共通テスト攻略

Z会編集部 編／A5判／リスニング音声はWeb対応
定価：数学II・B・C、化学基礎、生物基礎、地学基礎 1,320円（税込）
それ以外 1,210円（税込）

| 全9冊 | 英語リーディング | 数学I・A | 国語 現代文 | 化学基礎 |
|---|---|---|---|---|
| | 英語リスニング | 数学II・B・C | 国語 古文・漢文 | 生物基礎 |
| | | | | 地学基礎 |

**ここがイイ！**
新課程入試に対応！

**こう使おう！**
● 例題・類題と、丁寧な解説を通じて戦略を知る
● ハイスコアを取るための思考力・判断力を磨く

## ❷ 過去問5回分＋試作問題で実力を知る　過去問タイプ

※表紙デザインは変更する場合があります。

### 共通テスト 過去問 英数国

Z会編集部 編／A5判／定価 1,870円（税込）
リスニング音声はWeb対応

**収録科目**

英語リーディング｜英語リスニング
数学I・A｜数学II・B｜国語

**収録内容**

| 2024年本試 | 2023年本試 | 2022年本試 |
|---|---|---|
| 試作問題 | 2023年追試 | 2022年追試 |

→ 2025年度からの試験の問題作成の方向性を示すものとして大学入試センターから公表されたものです

**ここがイイ！**
3教科5科目の過去問がこの1冊に！

**こう使おう！**
● 共通テストの出題傾向・難易度をしっかり把握する
● 目標と実力の差を分析し、早期から対策する

## ❸ 実戦演習を積んでテスト形式に慣れる　模試タイプ

※表紙デザインは変更する場合があります。

### 共通テスト 実戦模試

Z会編集部編／B5判
リスニング音声はWeb対応
解答用のマークシート付

※1 定価 各1,540円（税込）
※2 定価 各1,210円（税込）
※3 定価 各 880円（税込）
※4 定価 各 660円（税込）

| 全13冊 | 英語リーディング※1 | 数学I・A※1 | 化学基礎※2 | 物理※1 | 歴史総合、日本史探究※3 |
|---|---|---|---|---|---|
| | 英語リスニング※1 | 数学II・B・C※1 | 生物基礎※2 | 化学※1 | 歴史総合、世界史探究※3 |
| | | 国語※1 | | 生物※1 | 地理総合、地理探究※4 |

**ここがイイ！**
オリジナル模試は、答案にスマホをかざすだけで「自動採点」ができる！
得点に応じて、大問ごとにアドバイスメッセージも！

**こう使おう！**
● 予想模試で難易度・形式に慣れる
● 解答解説もよく読み、共通テスト対策に必要な重要事項をおさえる

## ❹ 本番直前に全教科模試でリハーサル　模試タイプ

※表紙デザインは変更する場合があります。

### 共通テスト 予想問題パック

Z会編集部編／B5箱入／定価 1,650円（税込）
リスニング音声はWeb対応

**収録科目（7教科17科目を1パックにまとめた1回分の模試形式）**

英語リーディング｜英語リスニング｜数学I・A｜数学II・B・C｜国語｜物理｜化学｜化学基礎
生物｜生物基礎｜地学基礎｜歴史総合、世界史探究｜歴史総合、日本史探究｜地理総合、地理探究
公共、倫理｜公共、政治・経済｜情報I

**ここがイイ！**
☑ 答案にスマホをかざすだけで「自動採点」ができ、時短で便利！
☑ 全国平均点やランキングもわかる

**こう使おう！**
● 予想模試で難易度・形式に慣れる
● 解答解説もよく読み、共通テスト対策に必要な重要事項をおさえる

---

書籍の詳細閲覧・ご購入が可能です　Z会の本　検索　　https://www.zkai.co.jp/books

# 2次・私大対策 おすすめ書籍

Z会の本

## 英語

入試に必須の1900語を生きた文脈ごと覚える
音声は二次元コードから無料で聞ける!

### 速読英単語 必修編 改訂第7版増補版
風早寛 著／B6変型判／定価 各1,540円(税込)

速単必修7版増補版の英文で学ぶ

### 英語長文問題 70
Z会出版編集部 編／B6変型判／定価 880円(税込)

この1冊で入試必須の攻撃点314を押さえる!

### 英文法・語法のトレーニング
### 1 戦略編 改訂版
風早寛 著／A5判／定価 1,320円(税込)

自分に合ったレベルから無理なく力を高める!

### 合格へ導く 英語長文 Rise 読解演習
### 2. 基礎〜標準編(共通テストレベル)
塩川千尋 著／A5判／定価 1,100円(税込)

### 3. 標準〜難関編
(共通テスト〜難関国公立・難関私立レベル)
大西純一 著／A5判／定価 1,100円(税込)

### 4. 最難関編(東大・早慶上智レベル)
杉田直樹 著／A5判／定価 1,210円(税込)

難関国公立・私立大突破のための1,200語
未知語の推測力を鍛える!

### 速読英単語 上級編 改訂第5版
風早寛 著／B6変型判／定価 1,650円(税込)

3ラウンド方式で
覚えた英文を「使える」状態に!

### 大学入試 英作文バイブル 和文英訳編
### 解いて覚える必修英文100
米山達郎・久保田智大 著／定価 1,430円(税込)
音声ダウンロード付

英文法をカギに読解の質を高める!
SNS・小説・入試問題など多様な英文を掲載

### 英文解釈のテオリア
英文法で迫る英文解釈入門
倉林秀男 著／A5判／定価 1,650円(税込)
音声ダウンロード付

### 英語長文のテオリア
英文法で迫る英文読解演習
倉林秀男・石原健志 著／A5判／定価 1,650円(税込)
音声ダウンロード付

### 基礎英文のテオリア
英文法で迫る英文読解の基礎知識
石原健志・倉林秀男 著／A5判／定価 1,100円(税込)
音声ダウンロード付

## 数学

教科書学習から入試対策への橋渡しとなる
厳選型問題集 [新課程対応]

Z会数学基礎問題集
### チェック&リピート 改訂第3版
### 数学Ⅰ・A／数学Ⅱ・B+C／数学Ⅲ+C
亀田隆・髙村正樹 著／A5判／
数学Ⅰ・A：定価 1,210円(税込)／数学Ⅱ・B+C：定価 1,430円(税込)
数学Ⅲ+C：定価 1,650円(税込)

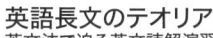

入試対策の集大成!

### 理系数学 入試の核心 標準編 新課程増補版
Z会出版編集部 編／A5判／定価 1,100円(税込)

### 文系数学 入試の核心 新課程増補版
Z会出版編集部 編／A5判／定価 1,320円(税込)

## 国語

全受験生に対応。現代文学習の必携書!

### 正読現代文 入試突破編
Z会編集部 編／A5判／定価 1,320円(税込)

現代文読解に不可欠なキーワードを網羅!

### 現代文 キーワード読解 改訂版
Z会出版編集部 編／B6変型判／定価 990円(税込)

基礎から始める入試対策!

### 古文上達 基礎編
仲光雄 著／A5判／定価 1,100円(税込)

1冊で古文の実戦力を養う!

### 古文上達
小泉貴 著／A5判／定価 1,068円(税込)

基礎から入試演習まで!

### 漢文道場
土屋裕 著／A5判／定価 961円(税込)

## 地歴・公民

日本史問題集の決定版で実力養成と入試対策を!

### 実力をつける日本史 100題 改訂第3版
Z会出版編集部 編／A5判／定価 1,430円(税込)

難関大突破を可能にする実力を養成します!

### 実力をつける世界史 100題 改訂第3版
Z会出版編集部 編／A5判／定価 1,430円(税込)

充実の論述問題。地理受験生必携の書!

### 実力をつける地理 100題 改訂第3版
Z会出版編集部 編／A5判／定価 1,430円(税込)

政治・経済の2次・私大対策の決定版問題集!

### 実力をつける政治・経済 80題 改訂第2版
栗原久 著／A5判／定価 1,540円(税込)

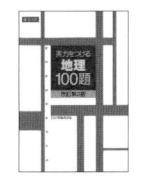

## 理科

難関大合格に必要な実戦力が身につく!

### 物理 入試の核心 改訂版
Z会出版編集部 編／A5判／定価 1,540円(税込)

難関大合格に必要な、真の力が手に入る1冊!

### 化学 入試の核心 改訂版
Z会出版編集部 編／A5判／定価 1,540円(税込)

---

書籍の詳細閲覧・ご購入が可能です　Z会の本　検索　　　https://www.zkai.co.jp/books/

書籍のアンケートにご協力ください

抽選で**図書カード**を
プレゼント！

Z会の「個人情報の取り扱いについて」はZ会
Webサイト(https://www.zkai.co.jp/home/policy/)
に掲載しておりますのでご覧ください。

## 2025 年用　共通テスト実戦模試
### ⑧物理

---

初版第 1 刷発行…2024 年 7 月 1 日

編者…………Ｚ会編集部
発行人………藤井孝昭
発行…………Ｚ会
　　　　　　　〒411-0033　静岡県三島市文教町1-9-11
　　　　　　　【販売部門：書籍の乱丁・落丁・返品・交換・注文】
　　　　　　　TEL 055-976-9095
　　　　　　　【書籍の内容に関するお問い合わせ】
　　　　　　　https://www.zkai.co.jp/books/contact/
　　　　　　　【ホームページ】
　　　　　　　https://www.zkai.co.jp/books/

装丁…………犬飼奈央
印刷・製本…株式会社 リーブルテック

---

ISBN978-4-86531-620-9 C7342

560

マーク例
良い例　●
悪い例　⊙ ⊗ ○

受験番号欄

| 千位 | 百位 | 十位 | 一位 | 英字 |
|---|---|---|---|---|
| — | — | — | — | Ⓐ A |
| ① | ⓪ | ⓪ | ⓪ | Ⓑ B |
| ② | ① | ① | ① | Ⓒ C |
| ③ | ② | ② | ② | Ⓗ H |
| ④ | ③ | ③ | ③ | Ⓚ K |
| ⑤ | ④ | ④ | ④ | Ⓜ M |
| ⑥ | ⑤ | ⑤ | ⑤ | Ⓡ R |
| ⑦ | ⑥ | ⑥ | ⑥ | Ⓤ U |
| ⑧ | ⑦ | ⑦ | ⑦ | Ⓧ X |
| ⑨ | ⑧ | ⑧ | ⑧ | Ⓨ Y |
|  | ⑨ | ⑨ | ⑨ | Ⓩ Z |

フリガナ

氏名

コード

試験場コード

| 十万位 | 万位 | 千位 | 百位 | 十位 | 一位 |
|---|---|---|---|---|---|

・1科目だけマークしなさい。
・解答科目欄が無マーク又は
　複数マークの場合は、0点
　となります。

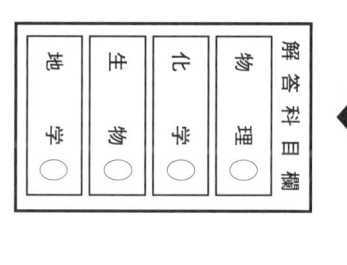

解答科目欄

| 物 理 ○ |
| 化 学 ○ |
| 生 物 ○ |
| 地 学 ○ |

解答番号 1〜25　解答欄 1 2 3 4 5 6 7 8 9 0 a b

解答番号 26〜50　解答欄 1 2 3 4 5 6 7 8 9 0 a b

理 科 ② 模 試 第 2 回 解 答 用 紙

561

受験番号欄

| 千位 | 百位 | 十位 | 一位 | 英字 |
|---|---|---|---|---|
| ― | ⓪ | ⓪ | ⓪ | Ⓐ A |
| ① | ① | ① | ① | Ⓑ B |
| ② | ② | ② | ② | Ⓒ C |
| ③ | ③ | ③ | ③ | Ⓗ H |
| ④ | ④ | ④ | ④ | Ⓚ K |
| ⑤ | ⑤ | ⑤ | ⑤ | Ⓜ M |
| ⑥ | ⑥ | ⑥ | ⑥ | Ⓡ R |
| ⑦ | ⑦ | ⑦ | ⑦ | Ⓤ U |
| ⑧ | ⑧ | ⑧ | ⑧ | Ⓧ X |
| ⑨ | ⑨ | ⑨ | ⑨ | Ⓨ Y |
| ― | ― | ― | ― | Ⓩ Z |

フリガナ

氏 名

試験場コード

| 十万位 | 万位 | 千位 | 百位 | 十位 | 一位 |
|---|---|---|---|---|---|

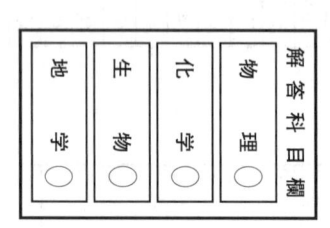

・1科目だけマークしなさい。
・解答科目欄が無マーク又は複数マークの場合は，0点となります。

解答科目欄

| 物 理 ○ |
| 化 学 ○ |
| 生 物 ○ |
| 地 学 ○ |

解答欄 1〜25

| 解答番号 | 1 2 3 4 5 6 7 8 9 0 a b |
|---|---|
| 1 | ① ② ③ ④ ⑤ ⑥ ⑦ ⑧ ⑨ ⓪ ⓐ ⓑ |
| 2 | ① ② ③ ④ ⑤ ⑥ ⑦ ⑧ ⑨ ⓪ ⓐ ⓑ |
| 3 | ① ② ③ ④ ⑤ ⑥ ⑦ ⑧ ⑨ ⓪ ⓐ ⓑ |
| 4 | ① ② ③ ④ ⑤ ⑥ ⑦ ⑧ ⑨ ⓪ ⓐ ⓑ |
| 5 | ① ② ③ ④ ⑤ ⑥ ⑦ ⑧ ⑨ ⓪ ⓐ ⓑ |
| 6 | ① ② ③ ④ ⑤ ⑥ ⑦ ⑧ ⑨ ⓪ ⓐ ⓑ |
| 7 | ① ② ③ ④ ⑤ ⑥ ⑦ ⑧ ⑨ ⓪ ⓐ ⓑ |
| 8 | ① ② ③ ④ ⑤ ⑥ ⑦ ⑧ ⑨ ⓪ ⓐ ⓑ |
| 9 | ① ② ③ ④ ⑤ ⑥ ⑦ ⑧ ⑨ ⓪ ⓐ ⓑ |
| 10 | ① ② ③ ④ ⑤ ⑥ ⑦ ⑧ ⑨ ⓪ ⓐ ⓑ |
| 11 | ① ② ③ ④ ⑤ ⑥ ⑦ ⑧ ⑨ ⓪ ⓐ ⓑ |
| 12 | ① ② ③ ④ ⑤ ⑥ ⑦ ⑧ ⑨ ⓪ ⓐ ⓑ |
| 13 | ① ② ③ ④ ⑤ ⑥ ⑦ ⑧ ⑨ ⓪ ⓐ ⓑ |
| 14 | ① ② ③ ④ ⑤ ⑥ ⑦ ⑧ ⑨ ⓪ ⓐ ⓑ |
| 15 | ① ② ③ ④ ⑤ ⑥ ⑦ ⑧ ⑨ ⓪ ⓐ ⓑ |
| 16 | ① ② ③ ④ ⑤ ⑥ ⑦ ⑧ ⑨ ⓪ ⓐ ⓑ |
| 17 | ① ② ③ ④ ⑤ ⑥ ⑦ ⑧ ⑨ ⓪ ⓐ ⓑ |
| 18 | ① ② ③ ④ ⑤ ⑥ ⑦ ⑧ ⑨ ⓪ ⓐ ⓑ |
| 19 | ① ② ③ ④ ⑤ ⑥ ⑦ ⑧ ⑨ ⓪ ⓐ ⓑ |
| 20 | ① ② ③ ④ ⑤ ⑥ ⑦ ⑧ ⑨ ⓪ ⓐ ⓑ |
| 21 | ① ② ③ ④ ⑤ ⑥ ⑦ ⑧ ⑨ ⓪ ⓐ ⓑ |
| 22 | ① ② ③ ④ ⑤ ⑥ ⑦ ⑧ ⑨ ⓪ ⓐ ⓑ |
| 23 | ① ② ③ ④ ⑤ ⑥ ⑦ ⑧ ⑨ ⓪ ⓐ ⓑ |
| 24 | ① ② ③ ④ ⑤ ⑥ ⑦ ⑧ ⑨ ⓪ ⓐ ⓑ |
| 25 | ① ② ③ ④ ⑤ ⑥ ⑦ ⑧ ⑨ ⓪ ⓐ ⓑ |

解答欄 26〜50

| 解答番号 | 1 2 3 4 5 6 7 8 9 0 a b |
|---|---|
| 26 | ① ② ③ ④ ⑤ ⑥ ⑦ ⑧ ⑨ ⓪ ⓐ ⓑ |
| 27 | ① ② ③ ④ ⑤ ⑥ ⑦ ⑧ ⑨ ⓪ ⓐ ⓑ |
| 28 | ① ② ③ ④ ⑤ ⑥ ⑦ ⑧ ⑨ ⓪ ⓐ ⓑ |
| 29 | ① ② ③ ④ ⑤ ⑥ ⑦ ⑧ ⑨ ⓪ ⓐ ⓑ |
| 30 | ① ② ③ ④ ⑤ ⑥ ⑦ ⑧ ⑨ ⓪ ⓐ ⓑ |
| 31 | ① ② ③ ④ ⑤ ⑥ ⑦ ⑧ ⑨ ⓪ ⓐ ⓑ |
| 32 | ① ② ③ ④ ⑤ ⑥ ⑦ ⑧ ⑨ ⓪ ⓐ ⓑ |
| 33 | ① ② ③ ④ ⑤ ⑥ ⑦ ⑧ ⑨ ⓪ ⓐ ⓑ |
| 34 | ① ② ③ ④ ⑤ ⑥ ⑦ ⑧ ⑨ ⓪ ⓐ ⓑ |
| 35 | ① ② ③ ④ ⑤ ⑥ ⑦ ⑧ ⑨ ⓪ ⓐ ⓑ |
| 36 | ① ② ③ ④ ⑤ ⑥ ⑦ ⑧ ⑨ ⓪ ⓐ ⓑ |
| 37 | ① ② ③ ④ ⑤ ⑥ ⑦ ⑧ ⑨ ⓪ ⓐ ⓑ |
| 38 | ① ② ③ ④ ⑤ ⑥ ⑦ ⑧ ⑨ ⓪ ⓐ ⓑ |
| 39 | ① ② ③ ④ ⑤ ⑥ ⑦ ⑧ ⑨ ⓪ ⓐ ⓑ |
| 40 | ① ② ③ ④ ⑤ ⑥ ⑦ ⑧ ⑨ ⓪ ⓐ ⓑ |
| 41 | ① ② ③ ④ ⑤ ⑥ ⑦ ⑧ ⑨ ⓪ ⓐ ⓑ |
| 42 | ① ② ③ ④ ⑤ ⑥ ⑦ ⑧ ⑨ ⓪ ⓐ ⓑ |
| 43 | ① ② ③ ④ ⑤ ⑥ ⑦ ⑧ ⑨ ⓪ ⓐ ⓑ |
| 44 | ① ② ③ ④ ⑤ ⑥ ⑦ ⑧ ⑨ ⓪ ⓐ ⓑ |
| 45 | ① ② ③ ④ ⑤ ⑥ ⑦ ⑧ ⑨ ⓪ ⓐ ⓑ |
| 46 | ① ② ③ ④ ⑤ ⑥ ⑦ ⑧ ⑨ ⓪ ⓐ ⓑ |
| 47 | ① ② ③ ④ ⑤ ⑥ ⑦ ⑧ ⑨ ⓪ ⓐ ⓑ |
| 48 | ① ② ③ ④ ⑤ ⑥ ⑦ ⑧ ⑨ ⓪ ⓐ ⓑ |
| 49 | ① ② ③ ④ ⑤ ⑥ ⑦ ⑧ ⑨ ⓪ ⓐ ⓑ |
| 50 | ① ② ③ ④ ⑤ ⑥ ⑦ ⑧ ⑨ ⓪ ⓐ ⓑ |

キリトリ線

# 理科 ② 模試 第3回 解答用紙

562

マーク例

| 良い例 | 悪い例 |
|---|---|
| ● | ⦿ ⊗ ◔ 0 |

・1科目だけマークしなさい。
・解答科目欄が無マーク又は複数マークの場合は，0点となります。

| 解答科目欄 | |
|---|---|
| 物　理 | ○ |
| 化　学 | ○ |
| 生　物 | ○ |
| 地　学 | ○ |

| 受験番号欄 | | | | | |
|---|---|---|---|---|---|
| 千位 | 百位 | 十位 | 一位 | 英字 | |
| | | | | | |
| − | 0 | 0 | 0 | A | A |
| 1 | 1 | 1 | 1 | B | B |
| 2 | 2 | 2 | 2 | C | C |
| 3 | 3 | 3 | 3 | H | H |
| 4 | 4 | 4 | 4 | K | K |
| 5 | 5 | 5 | 5 | M | M |
| 6 | 6 | 6 | 6 | R | R |
| 7 | 7 | 7 | 7 | U | U |
| 8 | 8 | 8 | 8 | X | X |
| 9 | 9 | 9 | 9 | Y | Y |
| − | − | − | − | Z | Z |

| フリガナ | |
|---|---|
| 氏　名 | |

| 試験場コード | 十万位 | 万位 | 千位 | 百位 | 十位 | 一位 |
|---|---|---|---|---|---|---|
| | | | | | | |

| 解答番号 | 解 | 答 | | | | | | | | | 欄 | |
|---|---|---|---|---|---|---|---|---|---|---|---|---|
| | 1 | 2 | 3 | 4 | 5 | 6 | 7 | 8 | 9 | 0 | a | b |
| 1 | 1 | 2 | 3 | 4 | 5 | 6 | 7 | 8 | 9 | 0 | a | b |
| 2 | 1 | 2 | 3 | 4 | 5 | 6 | 7 | 8 | 9 | 0 | a | b |
| 3 | 1 | 2 | 3 | 4 | 5 | 6 | 7 | 8 | 9 | 0 | a | b |
| 4 | 1 | 2 | 3 | 4 | 5 | 6 | 7 | 8 | 9 | 0 | a | b |
| 5 | 1 | 2 | 3 | 4 | 5 | 6 | 7 | 8 | 9 | 0 | a | b |
| 6 | 1 | 2 | 3 | 4 | 5 | 6 | 7 | 8 | 9 | 0 | a | b |
| 7 | 1 | 2 | 3 | 4 | 5 | 6 | 7 | 8 | 9 | 0 | a | b |
| 8 | 1 | 2 | 3 | 4 | 5 | 6 | 7 | 8 | 9 | 0 | a | b |
| 9 | 1 | 2 | 3 | 4 | 5 | 6 | 7 | 8 | 9 | 0 | a | b |
| 10 | 1 | 2 | 3 | 4 | 5 | 6 | 7 | 8 | 9 | 0 | a | b |
| 11 | 1 | 2 | 3 | 4 | 5 | 6 | 7 | 8 | 9 | 0 | a | b |
| 12 | 1 | 2 | 3 | 4 | 5 | 6 | 7 | 8 | 9 | 0 | a | b |
| 13 | 1 | 2 | 3 | 4 | 5 | 6 | 7 | 8 | 9 | 0 | a | b |
| 14 | 1 | 2 | 3 | 4 | 5 | 6 | 7 | 8 | 9 | 0 | a | b |
| 15 | 1 | 2 | 3 | 4 | 5 | 6 | 7 | 8 | 9 | 0 | a | b |
| 16 | 1 | 2 | 3 | 4 | 5 | 6 | 7 | 8 | 9 | 0 | a | b |
| 17 | 1 | 2 | 3 | 4 | 5 | 6 | 7 | 8 | 9 | 0 | a | b |
| 18 | 1 | 2 | 3 | 4 | 5 | 6 | 7 | 8 | 9 | 0 | a | b |
| 19 | 1 | 2 | 3 | 4 | 5 | 6 | 7 | 8 | 9 | 0 | a | b |
| 20 | 1 | 2 | 3 | 4 | 5 | 6 | 7 | 8 | 9 | 0 | a | b |
| 21 | 1 | 2 | 3 | 4 | 5 | 6 | 7 | 8 | 9 | 0 | a | b |
| 22 | 1 | 2 | 3 | 4 | 5 | 6 | 7 | 8 | 9 | 0 | a | b |
| 23 | 1 | 2 | 3 | 4 | 5 | 6 | 7 | 8 | 9 | 0 | a | b |
| 24 | 1 | 2 | 3 | 4 | 5 | 6 | 7 | 8 | 9 | 0 | a | b |
| 25 | 1 | 2 | 3 | 4 | 5 | 6 | 7 | 8 | 9 | 0 | a | b |

| 解答番号 | 解 | 答 | | | | | | | | | 欄 | |
|---|---|---|---|---|---|---|---|---|---|---|---|---|
| | 1 | 2 | 3 | 4 | 5 | 6 | 7 | 8 | 9 | 0 | a | b |
| 26 | 1 | 2 | 3 | 4 | 5 | 6 | 7 | 8 | 9 | 0 | a | b |
| 27 | 1 | 2 | 3 | 4 | 5 | 6 | 7 | 8 | 9 | 0 | a | b |
| 28 | 1 | 2 | 3 | 4 | 5 | 6 | 7 | 8 | 9 | 0 | a | b |
| 29 | 1 | 2 | 3 | 4 | 5 | 6 | 7 | 8 | 9 | 0 | a | b |
| 30 | 1 | 2 | 3 | 4 | 5 | 6 | 7 | 8 | 9 | 0 | a | b |
| 31 | 1 | 2 | 3 | 4 | 5 | 6 | 7 | 8 | 9 | 0 | a | b |
| 32 | 1 | 2 | 3 | 4 | 5 | 6 | 7 | 8 | 9 | 0 | a | b |
| 33 | 1 | 2 | 3 | 4 | 5 | 6 | 7 | 8 | 9 | 0 | a | b |
| 34 | 1 | 2 | 3 | 4 | 5 | 6 | 7 | 8 | 9 | 0 | a | b |
| 35 | 1 | 2 | 3 | 4 | 5 | 6 | 7 | 8 | 9 | 0 | a | b |
| 36 | 1 | 2 | 3 | 4 | 5 | 6 | 7 | 8 | 9 | 0 | a | b |
| 37 | 1 | 2 | 3 | 4 | 5 | 6 | 7 | 8 | 9 | 0 | a | b |
| 38 | 1 | 2 | 3 | 4 | 5 | 6 | 7 | 8 | 9 | 0 | a | b |
| 39 | 1 | 2 | 3 | 4 | 5 | 6 | 7 | 8 | 9 | 0 | a | b |
| 40 | 1 | 2 | 3 | 4 | 5 | 6 | 7 | 8 | 9 | 0 | a | b |
| 41 | 1 | 2 | 3 | 4 | 5 | 6 | 7 | 8 | 9 | 0 | a | b |
| 42 | 1 | 2 | 3 | 4 | 5 | 6 | 7 | 8 | 9 | 0 | a | b |
| 43 | 1 | 2 | 3 | 4 | 5 | 6 | 7 | 8 | 9 | 0 | a | b |
| 44 | 1 | 2 | 3 | 4 | 5 | 6 | 7 | 8 | 9 | 0 | a | b |
| 45 | 1 | 2 | 3 | 4 | 5 | 6 | 7 | 8 | 9 | 0 | a | b |
| 46 | 1 | 2 | 3 | 4 | 5 | 6 | 7 | 8 | 9 | 0 | a | b |
| 47 | 1 | 2 | 3 | 4 | 5 | 6 | 7 | 8 | 9 | 0 | a | b |
| 48 | 1 | 2 | 3 | 4 | 5 | 6 | 7 | 8 | 9 | 0 | a | b |
| 49 | 1 | 2 | 3 | 4 | 5 | 6 | 7 | 8 | 9 | 0 | a | b |
| 50 | 1 | 2 | 3 | 4 | 5 | 6 | 7 | 8 | 9 | 0 | a | b |

理 科 ② 模 試 第 4 回 解 答 用 紙

563

マーク例

良い例 ●　悪い例 ⦿ ⊗ ◐ ◖

受験番号欄

| 千位 | 百位 | 十位 | 一位 | 英字 |
|---|---|---|---|---|
| ― | ⓪ | ⓪ | ⓪ | Ⓐ Ⓗ Ⓞ Ⓥ |
| ① | ① | ① | ① | Ⓑ Ⓘ Ⓟ Ⓦ |
| ② | ② | ② | ② | Ⓒ Ⓙ Ⓠ Ⓧ |
| ③ | ③ | ③ | ③ | Ⓓ Ⓚ Ⓡ Ⓨ |
| ④ | ④ | ④ | ④ | Ⓔ Ⓛ Ⓢ Ⓩ |
| ⑤ | ⑤ | ⑤ | ⑤ | Ⓕ Ⓜ Ⓣ |
| ⑥ | ⑥ | ⑥ | ⑥ | Ⓖ Ⓝ Ⓤ |
| ⑦ | ⑦ | ⑦ | ⑦ | |
| ⑧ | ⑧ | ⑧ | ⑧ | |
| ⑨ | ⑨ | ⑨ | ⑨ | |

フリガナ

氏名

試験場コード

| 十万位 | 万位 | 千位 | 百位 | 十位 | 一位 |
|---|---|---|---|---|---|

・1科目だけマークしなさい。
・解答科目欄が無マーク又は
　複数マークの場合は，0点
　となります。

解答科目欄

| 物理 ◯ | 化学 ◯ | 生物 ◯ | 地学 ◯ |
|---|---|---|---|

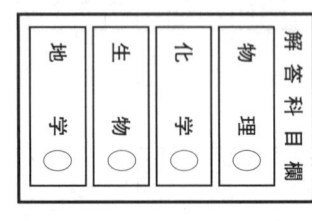

| 解答番号 | 解答欄 1 2 3 4 5 6 7 8 9 0 a b |
|---|---|
| 1 | ① ② ③ ④ ⑤ ⑥ ⑦ ⑧ ⑨ ⓪ ⓐ ⓑ |
| 2 | ① ② ③ ④ ⑤ ⑥ ⑦ ⑧ ⑨ ⓪ ⓐ ⓑ |
| 3 | ① ② ③ ④ ⑤ ⑥ ⑦ ⑧ ⑨ ⓪ ⓐ ⓑ |
| 4 | ① ② ③ ④ ⑤ ⑥ ⑦ ⑧ ⑨ ⓪ ⓐ ⓑ |
| 5 | ① ② ③ ④ ⑤ ⑥ ⑦ ⑧ ⑨ ⓪ ⓐ ⓑ |
| 6 | ① ② ③ ④ ⑤ ⑥ ⑦ ⑧ ⑨ ⓪ ⓐ ⓑ |
| 7 | ① ② ③ ④ ⑤ ⑥ ⑦ ⑧ ⑨ ⓪ ⓐ ⓑ |
| 8 | ① ② ③ ④ ⑤ ⑥ ⑦ ⑧ ⑨ ⓪ ⓐ ⓑ |
| 9 | ① ② ③ ④ ⑤ ⑥ ⑦ ⑧ ⑨ ⓪ ⓐ ⓑ |
| 10 | ① ② ③ ④ ⑤ ⑥ ⑦ ⑧ ⑨ ⓪ ⓐ ⓑ |
| 11 | ① ② ③ ④ ⑤ ⑥ ⑦ ⑧ ⑨ ⓪ ⓐ ⓑ |
| 12 | ① ② ③ ④ ⑤ ⑥ ⑦ ⑧ ⑨ ⓪ ⓐ ⓑ |
| 13 | ① ② ③ ④ ⑤ ⑥ ⑦ ⑧ ⑨ ⓪ ⓐ ⓑ |
| 14 | ① ② ③ ④ ⑤ ⑥ ⑦ ⑧ ⑨ ⓪ ⓐ ⓑ |
| 15 | ① ② ③ ④ ⑤ ⑥ ⑦ ⑧ ⑨ ⓪ ⓐ ⓑ |
| 16 | ① ② ③ ④ ⑤ ⑥ ⑦ ⑧ ⑨ ⓪ ⓐ ⓑ |
| 17 | ① ② ③ ④ ⑤ ⑥ ⑦ ⑧ ⑨ ⓪ ⓐ ⓑ |
| 18 | ① ② ③ ④ ⑤ ⑥ ⑦ ⑧ ⑨ ⓪ ⓐ ⓑ |
| 19 | ① ② ③ ④ ⑤ ⑥ ⑦ ⑧ ⑨ ⓪ ⓐ ⓑ |
| 20 | ① ② ③ ④ ⑤ ⑥ ⑦ ⑧ ⑨ ⓪ ⓐ ⓑ |
| 21 | ① ② ③ ④ ⑤ ⑥ ⑦ ⑧ ⑨ ⓪ ⓐ ⓑ |
| 22 | ① ② ③ ④ ⑤ ⑥ ⑦ ⑧ ⑨ ⓪ ⓐ ⓑ |
| 23 | ① ② ③ ④ ⑤ ⑥ ⑦ ⑧ ⑨ ⓪ ⓐ ⓑ |
| 24 | ① ② ③ ④ ⑤ ⑥ ⑦ ⑧ ⑨ ⓪ ⓐ ⓑ |
| 25 | ① ② ③ ④ ⑤ ⑥ ⑦ ⑧ ⑨ ⓪ ⓐ ⓑ |

| 解答番号 | 解答欄 1 2 3 4 5 6 7 8 9 0 a b |
|---|---|
| 26 | ① ② ③ ④ ⑤ ⑥ ⑦ ⑧ ⑨ ⓪ ⓐ ⓑ |
| 27 | ① ② ③ ④ ⑤ ⑥ ⑦ ⑧ ⑨ ⓪ ⓐ ⓑ |
| 28 | ① ② ③ ④ ⑤ ⑥ ⑦ ⑧ ⑨ ⓪ ⓐ ⓑ |
| 29 | ① ② ③ ④ ⑤ ⑥ ⑦ ⑧ ⑨ ⓪ ⓐ ⓑ |
| 30 | ① ② ③ ④ ⑤ ⑥ ⑦ ⑧ ⑨ ⓪ ⓐ ⓑ |
| 31 | ① ② ③ ④ ⑤ ⑥ ⑦ ⑧ ⑨ ⓪ ⓐ ⓑ |
| 32 | ① ② ③ ④ ⑤ ⑥ ⑦ ⑧ ⑨ ⓪ ⓐ ⓑ |
| 33 | ① ② ③ ④ ⑤ ⑥ ⑦ ⑧ ⑨ ⓪ ⓐ ⓑ |
| 34 | ① ② ③ ④ ⑤ ⑥ ⑦ ⑧ ⑨ ⓪ ⓐ ⓑ |
| 35 | ① ② ③ ④ ⑤ ⑥ ⑦ ⑧ ⑨ ⓪ ⓐ ⓑ |
| 36 | ① ② ③ ④ ⑤ ⑥ ⑦ ⑧ ⑨ ⓪ ⓐ ⓑ |
| 37 | ① ② ③ ④ ⑤ ⑥ ⑦ ⑧ ⑨ ⓪ ⓐ ⓑ |
| 38 | ① ② ③ ④ ⑤ ⑥ ⑦ ⑧ ⑨ ⓪ ⓐ ⓑ |
| 39 | ① ② ③ ④ ⑤ ⑥ ⑦ ⑧ ⑨ ⓪ ⓐ ⓑ |
| 40 | ① ② ③ ④ ⑤ ⑥ ⑦ ⑧ ⑨ ⓪ ⓐ ⓑ |
| 41 | ① ② ③ ④ ⑤ ⑥ ⑦ ⑧ ⑨ ⓪ ⓐ ⓑ |
| 42 | ① ② ③ ④ ⑤ ⑥ ⑦ ⑧ ⑨ ⓪ ⓐ ⓑ |
| 43 | ① ② ③ ④ ⑤ ⑥ ⑦ ⑧ ⑨ ⓪ ⓐ ⓑ |
| 44 | ① ② ③ ④ ⑤ ⑥ ⑦ ⑧ ⑨ ⓪ ⓐ ⓑ |
| 45 | ① ② ③ ④ ⑤ ⑥ ⑦ ⑧ ⑨ ⓪ ⓐ ⓑ |
| 46 | ① ② ③ ④ ⑤ ⑥ ⑦ ⑧ ⑨ ⓪ ⓐ ⓑ |
| 47 | ① ② ③ ④ ⑤ ⑥ ⑦ ⑧ ⑨ ⓪ ⓐ ⓑ |
| 48 | ① ② ③ ④ ⑤ ⑥ ⑦ ⑧ ⑨ ⓪ ⓐ ⓑ |
| 49 | ① ② ③ ④ ⑤ ⑥ ⑦ ⑧ ⑨ ⓪ ⓐ ⓑ |
| 50 | ① ② ③ ④ ⑤ ⑥ ⑦ ⑧ ⑨ ⓪ ⓐ ⓑ |

キリトリ線

# 理 科 ② 模 試 第 5 回 解 答 用 紙

マーク例　　　564

| 良い例 | 悪い例 |
|---|---|
| ● | ⦁ ⊗ ◓ 〇 |

・1科目だけマークしなさい。
・解答科目欄が無マーク又は複数マークの場合は，0点となります。

## 受 験 番 号 欄

| 千位 | 百位 | 十位 | 一位 | 英字 |
|---|---|---|---|---|
| — | ⓪ | ⓪ | ⓪ | Ⓐ |
| ① | ① | ① | ① | Ⓑ |
| ② | ② | ② | ② | Ⓒ |
| ③ | ③ | ③ | ③ | Ⓗ |
| ④ | ④ | ④ | ④ | Ⓚ |
| ⑤ | ⑤ | ⑤ | ⑤ | Ⓜ |
| ⑥ | ⑥ | ⑥ | ⑥ | Ⓡ |
| ⑦ | ⑦ | ⑦ | ⑦ | Ⓤ |
| ⑧ | ⑧ | ⑧ | ⑧ | Ⓧ |
| ⑨ | ⑨ | ⑨ | ⑨ | Ⓨ |
| — | — | — | — | Ⓩ |

A B C H K M R U X Y Z

## 解 答 科 目 欄

物 理 〇
化 学 〇
生 物 〇
地 学 〇

| フリガナ | |
|---|---|
| 氏 名 | |

| 試験場 | 十万位 | 万位 | 千位 | 百位 | 十位 | 一位 |
|---|---|---|---|---|---|---|
| コード | | | | | | |

| 解答番号 | 解 答 欄 1 2 3 4 5 6 7 8 9 0 a b |
|---|---|
| 1 | ① ② ③ ④ ⑤ ⑥ ⑦ ⑧ ⑨ ⓪ ⓐ ⓑ |
| 2 | ① ② ③ ④ ⑤ ⑥ ⑦ ⑧ ⑨ ⓪ ⓐ ⓑ |
| 3 | ① ② ③ ④ ⑤ ⑥ ⑦ ⑧ ⑨ ⓪ ⓐ ⓑ |
| 4 | ① ② ③ ④ ⑤ ⑥ ⑦ ⑧ ⑨ ⓪ ⓐ ⓑ |
| 5 | ① ② ③ ④ ⑤ ⑥ ⑦ ⑧ ⑨ ⓪ ⓐ ⓑ |
| 6 | ① ② ③ ④ ⑤ ⑥ ⑦ ⑧ ⑨ ⓪ ⓐ ⓑ |
| 7 | ① ② ③ ④ ⑤ ⑥ ⑦ ⑧ ⑨ ⓪ ⓐ ⓑ |
| 8 | ① ② ③ ④ ⑤ ⑥ ⑦ ⑧ ⑨ ⓪ ⓐ ⓑ |
| 9 | ① ② ③ ④ ⑤ ⑥ ⑦ ⑧ ⑨ ⓪ ⓐ ⓑ |
| 10 | ① ② ③ ④ ⑤ ⑥ ⑦ ⑧ ⑨ ⓪ ⓐ ⓑ |
| 11 | ① ② ③ ④ ⑤ ⑥ ⑦ ⑧ ⑨ ⓪ ⓐ ⓑ |
| 12 | ① ② ③ ④ ⑤ ⑥ ⑦ ⑧ ⑨ ⓪ ⓐ ⓑ |
| 13 | ① ② ③ ④ ⑤ ⑥ ⑦ ⑧ ⑨ ⓪ ⓐ ⓑ |
| 14 | ① ② ③ ④ ⑤ ⑥ ⑦ ⑧ ⑨ ⓪ ⓐ ⓑ |
| 15 | ① ② ③ ④ ⑤ ⑥ ⑦ ⑧ ⑨ ⓪ ⓐ ⓑ |
| 16 | ① ② ③ ④ ⑤ ⑥ ⑦ ⑧ ⑨ ⓪ ⓐ ⓑ |
| 17 | ① ② ③ ④ ⑤ ⑥ ⑦ ⑧ ⑨ ⓪ ⓐ ⓑ |
| 18 | ① ② ③ ④ ⑤ ⑥ ⑦ ⑧ ⑨ ⓪ ⓐ ⓑ |
| 19 | ① ② ③ ④ ⑤ ⑥ ⑦ ⑧ ⑨ ⓪ ⓐ ⓑ |
| 20 | ① ② ③ ④ ⑤ ⑥ ⑦ ⑧ ⑨ ⓪ ⓐ ⓑ |
| 21 | ① ② ③ ④ ⑤ ⑥ ⑦ ⑧ ⑨ ⓪ ⓐ ⓑ |
| 22 | ① ② ③ ④ ⑤ ⑥ ⑦ ⑧ ⑨ ⓪ ⓐ ⓑ |
| 23 | ① ② ③ ④ ⑤ ⑥ ⑦ ⑧ ⑨ ⓪ ⓐ ⓑ |
| 24 | ① ② ③ ④ ⑤ ⑥ ⑦ ⑧ ⑨ ⓪ ⓐ ⓑ |
| 25 | ① ② ③ ④ ⑤ ⑥ ⑦ ⑧ ⑨ ⓪ ⓐ ⓑ |

| 解答番号 | 解 答 欄 1 2 3 4 5 6 7 8 9 0 a b |
|---|---|
| 26 | ① ② ③ ④ ⑤ ⑥ ⑦ ⑧ ⑨ ⓪ ⓐ ⓑ |
| 27 | ① ② ③ ④ ⑤ ⑥ ⑦ ⑧ ⑨ ⓪ ⓐ ⓑ |
| 28 | ① ② ③ ④ ⑤ ⑥ ⑦ ⑧ ⑨ ⓪ ⓐ ⓑ |
| 29 | ① ② ③ ④ ⑤ ⑥ ⑦ ⑧ ⑨ ⓪ ⓐ ⓑ |
| 30 | ① ② ③ ④ ⑤ ⑥ ⑦ ⑧ ⑨ ⓪ ⓐ ⓑ |
| 31 | ① ② ③ ④ ⑤ ⑥ ⑦ ⑧ ⑨ ⓪ ⓐ ⓑ |
| 32 | ① ② ③ ④ ⑤ ⑥ ⑦ ⑧ ⑨ ⓪ ⓐ ⓑ |
| 33 | ① ② ③ ④ ⑤ ⑥ ⑦ ⑧ ⑨ ⓪ ⓐ ⓑ |
| 34 | ① ② ③ ④ ⑤ ⑥ ⑦ ⑧ ⑨ ⓪ ⓐ ⓑ |
| 35 | ① ② ③ ④ ⑤ ⑥ ⑦ ⑧ ⑨ ⓪ ⓐ ⓑ |
| 36 | ① ② ③ ④ ⑤ ⑥ ⑦ ⑧ ⑨ ⓪ ⓐ ⓑ |
| 37 | ① ② ③ ④ ⑤ ⑥ ⑦ ⑧ ⑨ ⓪ ⓐ ⓑ |
| 38 | ① ② ③ ④ ⑤ ⑥ ⑦ ⑧ ⑨ ⓪ ⓐ ⓑ |
| 39 | ① ② ③ ④ ⑤ ⑥ ⑦ ⑧ ⑨ ⓪ ⓐ ⓑ |
| 40 | ① ② ③ ④ ⑤ ⑥ ⑦ ⑧ ⑨ ⓪ ⓐ ⓑ |
| 41 | ① ② ③ ④ ⑤ ⑥ ⑦ ⑧ ⑨ ⓪ ⓐ ⓑ |
| 42 | ① ② ③ ④ ⑤ ⑥ ⑦ ⑧ ⑨ ⓪ ⓐ ⓑ |
| 43 | ① ② ③ ④ ⑤ ⑥ ⑦ ⑧ ⑨ ⓪ ⓐ ⓑ |
| 44 | ① ② ③ ④ ⑤ ⑥ ⑦ ⑧ ⑨ ⓪ ⓐ ⓑ |
| 45 | ① ② ③ ④ ⑤ ⑥ ⑦ ⑧ ⑨ ⓪ ⓐ ⓑ |
| 46 | ① ② ③ ④ ⑤ ⑥ ⑦ ⑧ ⑨ ⓪ ⓐ ⓑ |
| 47 | ① ② ③ ④ ⑤ ⑥ ⑦ ⑧ ⑨ ⓪ ⓐ ⓑ |
| 48 | ① ② ③ ④ ⑤ ⑥ ⑦ ⑧ ⑨ ⓪ ⓐ ⓑ |
| 49 | ① ② ③ ④ ⑤ ⑥ ⑦ ⑧ ⑨ ⓪ ⓐ ⓑ |
| 50 | ① ② ③ ④ ⑤ ⑥ ⑦ ⑧ ⑨ ⓪ ⓐ ⓑ |

---------- キ リ ト リ 線 ----------

**※過去問は自動採点に対応していません。**

# 理科② 2024本試 解答用紙

マーク例

| 良い例 | 悪い例 |
|---|---|
| ● | ⊙ ⊗ ◔ O |

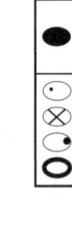

・1科目だけマークしなさい。
・解答科目欄が無マーク又は複数マークの場合は，0点となります。

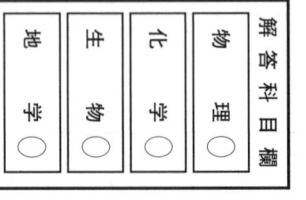

| 解答科目欄 | |
|---|---|
| 物　理 | ◯ |
| 化　学 | ◯ |
| 生　物 | ◯ |
| 地　学 | ◯ |

| 受験番号欄 | | | | | |
|---|---|---|---|---|---|
| 千位 | 百位 | 十位 | 一位 | 英字 | |
| | | | | | |
| — | ⓪ | ⓪ | ⓪ | Ⓐ | A |
| ① | ① | ① | ① | Ⓑ | B |
| ② | ② | ② | ② | Ⓒ | C |
| ③ | ③ | ③ | ③ | Ⓗ | H |
| ④ | ④ | ④ | ④ | Ⓚ | K |
| ⑤ | ⑤ | ⑤ | ⑤ | Ⓜ | M |
| ⑥ | ⑥ | ⑥ | ⑥ | Ⓡ | R |
| ⑦ | ⑦ | ⑦ | ⑦ | Ⓤ | U |
| ⑧ | ⑧ | ⑧ | ⑧ | Ⓧ | X |
| ⑨ | ⑨ | ⑨ | ⑨ | Ⓨ | Y |
| — | — | — | — | Ⓩ | Z |

| フリガナ | |
|---|---|
| 氏　名 | |

| 試験場コード | 十万位 | 万位 | 千位 | 百位 | 十位 | 一位 |
|---|---|---|---|---|---|---|
| | | | | | | |

| 解答番号 | 解答欄 1 | 2 | 3 | 4 | 5 | 6 | 7 | 8 | 9 | 0 | a | b |
|---|---|---|---|---|---|---|---|---|---|---|---|---|
| 1 | ① | ② | ③ | ④ | ⑤ | ⑥ | ⑦ | ⑧ | ⑨ | ⓪ | ⓐ | ⓑ |
| 2 | ① | ② | ③ | ④ | ⑤ | ⑥ | ⑦ | ⑧ | ⑨ | ⓪ | ⓐ | ⓑ |
| 3 | ① | ② | ③ | ④ | ⑤ | ⑥ | ⑦ | ⑧ | ⑨ | ⓪ | ⓐ | ⓑ |
| 4 | ① | ② | ③ | ④ | ⑤ | ⑥ | ⑦ | ⑧ | ⑨ | ⓪ | ⓐ | ⓑ |
| 5 | ① | ② | ③ | ④ | ⑤ | ⑥ | ⑦ | ⑧ | ⑨ | ⓪ | ⓐ | ⓑ |
| 6 | ① | ② | ③ | ④ | ⑤ | ⑥ | ⑦ | ⑧ | ⑨ | ⓪ | ⓐ | ⓑ |
| 7 | ① | ② | ③ | ④ | ⑤ | ⑥ | ⑦ | ⑧ | ⑨ | ⓪ | ⓐ | ⓑ |
| 8 | ① | ② | ③ | ④ | ⑤ | ⑥ | ⑦ | ⑧ | ⑨ | ⓪ | ⓐ | ⓑ |
| 9 | ① | ② | ③ | ④ | ⑤ | ⑥ | ⑦ | ⑧ | ⑨ | ⓪ | ⓐ | ⓑ |
| 10 | ① | ② | ③ | ④ | ⑤ | ⑥ | ⑦ | ⑧ | ⑨ | ⓪ | ⓐ | ⓑ |
| 11 | ① | ② | ③ | ④ | ⑤ | ⑥ | ⑦ | ⑧ | ⑨ | ⓪ | ⓐ | ⓑ |
| 12 | ① | ② | ③ | ④ | ⑤ | ⑥ | ⑦ | ⑧ | ⑨ | ⓪ | ⓐ | ⓑ |
| 13 | ① | ② | ③ | ④ | ⑤ | ⑥ | ⑦ | ⑧ | ⑨ | ⓪ | ⓐ | ⓑ |
| 14 | ① | ② | ③ | ④ | ⑤ | ⑥ | ⑦ | ⑧ | ⑨ | ⓪ | ⓐ | ⓑ |
| 15 | ① | ② | ③ | ④ | ⑤ | ⑥ | ⑦ | ⑧ | ⑨ | ⓪ | ⓐ | ⓑ |
| 16 | ① | ② | ③ | ④ | ⑤ | ⑥ | ⑦ | ⑧ | ⑨ | ⓪ | ⓐ | ⓑ |
| 17 | ① | ② | ③ | ④ | ⑤ | ⑥ | ⑦ | ⑧ | ⑨ | ⓪ | ⓐ | ⓑ |
| 18 | ① | ② | ③ | ④ | ⑤ | ⑥ | ⑦ | ⑧ | ⑨ | ⓪ | ⓐ | ⓑ |
| 19 | ① | ② | ③ | ④ | ⑤ | ⑥ | ⑦ | ⑧ | ⑨ | ⓪ | ⓐ | ⓑ |
| 20 | ① | ② | ③ | ④ | ⑤ | ⑥ | ⑦ | ⑧ | ⑨ | ⓪ | ⓐ | ⓑ |
| 21 | ① | ② | ③ | ④ | ⑤ | ⑥ | ⑦ | ⑧ | ⑨ | ⓪ | ⓐ | ⓑ |
| 22 | ① | ② | ③ | ④ | ⑤ | ⑥ | ⑦ | ⑧ | ⑨ | ⓪ | ⓐ | ⓑ |
| 23 | ① | ② | ③ | ④ | ⑤ | ⑥ | ⑦ | ⑧ | ⑨ | ⓪ | ⓐ | ⓑ |
| 24 | ① | ② | ③ | ④ | ⑤ | ⑥ | ⑦ | ⑧ | ⑨ | ⓪ | ⓐ | ⓑ |
| 25 | ① | ② | ③ | ④ | ⑤ | ⑥ | ⑦ | ⑧ | ⑨ | ⓪ | ⓐ | ⓑ |

| 解答番号 | 解答欄 1 | 2 | 3 | 4 | 5 | 6 | 7 | 8 | 9 | 0 | a | b |
|---|---|---|---|---|---|---|---|---|---|---|---|---|
| 26 | ① | ② | ③ | ④ | ⑤ | ⑥ | ⑦ | ⑧ | ⑨ | ⓪ | ⓐ | ⓑ |
| 27 | ① | ② | ③ | ④ | ⑤ | ⑥ | ⑦ | ⑧ | ⑨ | ⓪ | ⓐ | ⓑ |
| 28 | ① | ② | ③ | ④ | ⑤ | ⑥ | ⑦ | ⑧ | ⑨ | ⓪ | ⓐ | ⓑ |
| 29 | ① | ② | ③ | ④ | ⑤ | ⑥ | ⑦ | ⑧ | ⑨ | ⓪ | ⓐ | ⓑ |
| 30 | ① | ② | ③ | ④ | ⑤ | ⑥ | ⑦ | ⑧ | ⑨ | ⓪ | ⓐ | ⓑ |
| 31 | ① | ② | ③ | ④ | ⑤ | ⑥ | ⑦ | ⑧ | ⑨ | ⓪ | ⓐ | ⓑ |
| 32 | ① | ② | ③ | ④ | ⑤ | ⑥ | ⑦ | ⑧ | ⑨ | ⓪ | ⓐ | ⓑ |
| 33 | ① | ② | ③ | ④ | ⑤ | ⑥ | ⑦ | ⑧ | ⑨ | ⓪ | ⓐ | ⓑ |
| 34 | ① | ② | ③ | ④ | ⑤ | ⑥ | ⑦ | ⑧ | ⑨ | ⓪ | ⓐ | ⓑ |
| 35 | ① | ② | ③ | ④ | ⑤ | ⑥ | ⑦ | ⑧ | ⑨ | ⓪ | ⓐ | ⓑ |
| 36 | ① | ② | ③ | ④ | ⑤ | ⑥ | ⑦ | ⑧ | ⑨ | ⓪ | ⓐ | ⓑ |
| 37 | ① | ② | ③ | ④ | ⑤ | ⑥ | ⑦ | ⑧ | ⑨ | ⓪ | ⓐ | ⓑ |
| 38 | ① | ② | ③ | ④ | ⑤ | ⑥ | ⑦ | ⑧ | ⑨ | ⓪ | ⓐ | ⓑ |
| 39 | ① | ② | ③ | ④ | ⑤ | ⑥ | ⑦ | ⑧ | ⑨ | ⓪ | ⓐ | ⓑ |
| 40 | ① | ② | ③ | ④ | ⑤ | ⑥ | ⑦ | ⑧ | ⑨ | ⓪ | ⓐ | ⓑ |
| 41 | ① | ② | ③ | ④ | ⑤ | ⑥ | ⑦ | ⑧ | ⑨ | ⓪ | ⓐ | ⓑ |
| 42 | ① | ② | ③ | ④ | ⑤ | ⑥ | ⑦ | ⑧ | ⑨ | ⓪ | ⓐ | ⓑ |
| 43 | ① | ② | ③ | ④ | ⑤ | ⑥ | ⑦ | ⑧ | ⑨ | ⓪ | ⓐ | ⓑ |
| 44 | ① | ② | ③ | ④ | ⑤ | ⑥ | ⑦ | ⑧ | ⑨ | ⓪ | ⓐ | ⓑ |
| 45 | ① | ② | ③ | ④ | ⑤ | ⑥ | ⑦ | ⑧ | ⑨ | ⓪ | ⓐ | ⓑ |
| 46 | ① | ② | ③ | ④ | ⑤ | ⑥ | ⑦ | ⑧ | ⑨ | ⓪ | ⓐ | ⓑ |
| 47 | ① | ② | ③ | ④ | ⑤ | ⑥ | ⑦ | ⑧ | ⑨ | ⓪ | ⓐ | ⓑ |
| 48 | ① | ② | ③ | ④ | ⑤ | ⑥ | ⑦ | ⑧ | ⑨ | ⓪ | ⓐ | ⓑ |
| 49 | ① | ② | ③ | ④ | ⑤ | ⑥ | ⑦ | ⑧ | ⑨ | ⓪ | ⓐ | ⓑ |
| 50 | ① | ② | ③ | ④ | ⑤ | ⑥ | ⑦ | ⑧ | ⑨ | ⓪ | ⓐ | ⓑ |

キリトリ線

※過去問は自動採点に対応していません。

# 理科 ② 2023 本試 解答用紙

マーク例

| 良い例 | 悪い例 |
|---|---|
| ● | ⊙ ⊗ ◓ O |

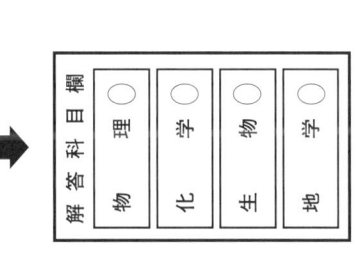

| 受験番号欄 | | | | | |
|---|---|---|---|---|---|
| 千位 | 百位 | 十位 | 一位 | 英字 | |
| | | | | | |
| — | ⓪ | ⓪ | ⓪ | Ⓐ | A |
| ① | ① | ① | ① | Ⓑ | B |
| ② | ② | ② | ② | Ⓒ | C |
| ③ | ③ | ③ | ③ | Ⓗ | H |
| ④ | ④ | ④ | ④ | Ⓚ | K |
| ⑤ | ⑤ | ⑤ | ⑤ | Ⓜ | M |
| ⑥ | ⑥ | ⑥ | ⑥ | Ⓡ | R |
| ⑦ | ⑦ | ⑦ | ⑦ | Ⓤ | U |
| ⑧ | ⑧ | ⑧ | ⑧ | Ⓧ | X |
| ⑨ | ⑨ | ⑨ | ⑨ | Ⓨ | Y |
| — | — | — | — | Ⓩ | Z |

| フリガナ | |
|---|---|
| 氏名 | |

| 試験場コード | 十万位 | 万位 | 千位 | 百位 | 十位 | 一位 |
|---|---|---|---|---|---|---|
| | | | | | | |

・1科目だけマークしなさい。
・解答科目欄が無マーク又は複数マークの場合は，0点となります。

| 解答科目欄 | |
|---|---|
| 物理 | ◯ |
| 化学 | ◯ |
| 生物 | ◯ |
| 地学 | ◯ |

| 解答番号 | 解答欄 1 | 2 | 3 | 4 | 5 | 6 | 7 | 8 | 9 | 0 | a | b |
|---|---|---|---|---|---|---|---|---|---|---|---|---|
| 1 | ① | ② | ③ | ④ | ⑤ | ⑥ | ⑦ | ⑧ | ⑨ | ⓪ | ⓐ | ⓑ |
| 2 | ① | ② | ③ | ④ | ⑤ | ⑥ | ⑦ | ⑧ | ⑨ | ⓪ | ⓐ | ⓑ |
| 3 | ① | ② | ③ | ④ | ⑤ | ⑥ | ⑦ | ⑧ | ⑨ | ⓪ | ⓐ | ⓑ |
| 4 | ① | ② | ③ | ④ | ⑤ | ⑥ | ⑦ | ⑧ | ⑨ | ⓪ | ⓐ | ⓑ |
| 5 | ① | ② | ③ | ④ | ⑤ | ⑥ | ⑦ | ⑧ | ⑨ | ⓪ | ⓐ | ⓑ |
| 6 | ① | ② | ③ | ④ | ⑤ | ⑥ | ⑦ | ⑧ | ⑨ | ⓪ | ⓐ | ⓑ |
| 7 | ① | ② | ③ | ④ | ⑤ | ⑥ | ⑦ | ⑧ | ⑨ | ⓪ | ⓐ | ⓑ |
| 8 | ① | ② | ③ | ④ | ⑤ | ⑥ | ⑦ | ⑧ | ⑨ | ⓪ | ⓐ | ⓑ |
| 9 | ① | ② | ③ | ④ | ⑤ | ⑥ | ⑦ | ⑧ | ⑨ | ⓪ | ⓐ | ⓑ |
| 10 | ① | ② | ③ | ④ | ⑤ | ⑥ | ⑦ | ⑧ | ⑨ | ⓪ | ⓐ | ⓑ |
| 11 | ① | ② | ③ | ④ | ⑤ | ⑥ | ⑦ | ⑧ | ⑨ | ⓪ | ⓐ | ⓑ |
| 12 | ① | ② | ③ | ④ | ⑤ | ⑥ | ⑦ | ⑧ | ⑨ | ⓪ | ⓐ | ⓑ |
| 13 | ① | ② | ③ | ④ | ⑤ | ⑥ | ⑦ | ⑧ | ⑨ | ⓪ | ⓐ | ⓑ |
| 14 | ① | ② | ③ | ④ | ⑤ | ⑥ | ⑦ | ⑧ | ⑨ | ⓪ | ⓐ | ⓑ |
| 15 | ① | ② | ③ | ④ | ⑤ | ⑥ | ⑦ | ⑧ | ⑨ | ⓪ | ⓐ | ⓑ |
| 16 | ① | ② | ③ | ④ | ⑤ | ⑥ | ⑦ | ⑧ | ⑨ | ⓪ | ⓐ | ⓑ |
| 17 | ① | ② | ③ | ④ | ⑤ | ⑥ | ⑦ | ⑧ | ⑨ | ⓪ | ⓐ | ⓑ |
| 18 | ① | ② | ③ | ④ | ⑤ | ⑥ | ⑦ | ⑧ | ⑨ | ⓪ | ⓐ | ⓑ |
| 19 | ① | ② | ③ | ④ | ⑤ | ⑥ | ⑦ | ⑧ | ⑨ | ⓪ | ⓐ | ⓑ |
| 20 | ① | ② | ③ | ④ | ⑤ | ⑥ | ⑦ | ⑧ | ⑨ | ⓪ | ⓐ | ⓑ |
| 21 | ① | ② | ③ | ④ | ⑤ | ⑥ | ⑦ | ⑧ | ⑨ | ⓪ | ⓐ | ⓑ |
| 22 | ① | ② | ③ | ④ | ⑤ | ⑥ | ⑦ | ⑧ | ⑨ | ⓪ | ⓐ | ⓑ |
| 23 | ① | ② | ③ | ④ | ⑤ | ⑥ | ⑦ | ⑧ | ⑨ | ⓪ | ⓐ | ⓑ |
| 24 | ① | ② | ③ | ④ | ⑤ | ⑥ | ⑦ | ⑧ | ⑨ | ⓪ | ⓐ | ⓑ |
| 25 | ① | ② | ③ | ④ | ⑤ | ⑥ | ⑦ | ⑧ | ⑨ | ⓪ | ⓐ | ⓑ |

| 解答番号 | 解答欄 1 | 2 | 3 | 4 | 5 | 6 | 7 | 8 | 9 | 0 | a | b |
|---|---|---|---|---|---|---|---|---|---|---|---|---|
| 26 | ① | ② | ③ | ④ | ⑤ | ⑥ | ⑦ | ⑧ | ⑨ | ⓪ | ⓐ | ⓑ |
| 27 | ① | ② | ③ | ④ | ⑤ | ⑥ | ⑦ | ⑧ | ⑨ | ⓪ | ⓐ | ⓑ |
| 28 | ① | ② | ③ | ④ | ⑤ | ⑥ | ⑦ | ⑧ | ⑨ | ⓪ | ⓐ | ⓑ |
| 29 | ① | ② | ③ | ④ | ⑤ | ⑥ | ⑦ | ⑧ | ⑨ | ⓪ | ⓐ | ⓑ |
| 30 | ① | ② | ③ | ④ | ⑤ | ⑥ | ⑦ | ⑧ | ⑨ | ⓪ | ⓐ | ⓑ |
| 31 | ① | ② | ③ | ④ | ⑤ | ⑥ | ⑦ | ⑧ | ⑨ | ⓪ | ⓐ | ⓑ |
| 32 | ① | ② | ③ | ④ | ⑤ | ⑥ | ⑦ | ⑧ | ⑨ | ⓪ | ⓐ | ⓑ |
| 33 | ① | ② | ③ | ④ | ⑤ | ⑥ | ⑦ | ⑧ | ⑨ | ⓪ | ⓐ | ⓑ |
| 34 | ① | ② | ③ | ④ | ⑤ | ⑥ | ⑦ | ⑧ | ⑨ | ⓪ | ⓐ | ⓑ |
| 35 | ① | ② | ③ | ④ | ⑤ | ⑥ | ⑦ | ⑧ | ⑨ | ⓪ | ⓐ | ⓑ |
| 36 | ① | ② | ③ | ④ | ⑤ | ⑥ | ⑦ | ⑧ | ⑨ | ⓪ | ⓐ | ⓑ |
| 37 | ① | ② | ③ | ④ | ⑤ | ⑥ | ⑦ | ⑧ | ⑨ | ⓪ | ⓐ | ⓑ |
| 38 | ① | ② | ③ | ④ | ⑤ | ⑥ | ⑦ | ⑧ | ⑨ | ⓪ | ⓐ | ⓑ |
| 39 | ① | ② | ③ | ④ | ⑤ | ⑥ | ⑦ | ⑧ | ⑨ | ⓪ | ⓐ | ⓑ |
| 40 | ① | ② | ③ | ④ | ⑤ | ⑥ | ⑦ | ⑧ | ⑨ | ⓪ | ⓐ | ⓑ |
| 41 | ① | ② | ③ | ④ | ⑤ | ⑥ | ⑦ | ⑧ | ⑨ | ⓪ | ⓐ | ⓑ |
| 42 | ① | ② | ③ | ④ | ⑤ | ⑥ | ⑦ | ⑧ | ⑨ | ⓪ | ⓐ | ⓑ |
| 43 | ① | ② | ③ | ④ | ⑤ | ⑥ | ⑦ | ⑧ | ⑨ | ⓪ | ⓐ | ⓑ |
| 44 | ① | ② | ③ | ④ | ⑤ | ⑥ | ⑦ | ⑧ | ⑨ | ⓪ | ⓐ | ⓑ |
| 45 | ① | ② | ③ | ④ | ⑤ | ⑥ | ⑦ | ⑧ | ⑨ | ⓪ | ⓐ | ⓑ |
| 46 | ① | ② | ③ | ④ | ⑤ | ⑥ | ⑦ | ⑧ | ⑨ | ⓪ | ⓐ | ⓑ |
| 47 | ① | ② | ③ | ④ | ⑤ | ⑥ | ⑦ | ⑧ | ⑨ | ⓪ | ⓐ | ⓑ |
| 48 | ① | ② | ③ | ④ | ⑤ | ⑥ | ⑦ | ⑧ | ⑨ | ⓪ | ⓐ | ⓑ |
| 49 | ① | ② | ③ | ④ | ⑤ | ⑥ | ⑦ | ⑧ | ⑨ | ⓪ | ⓐ | ⓑ |
| 50 | ① | ② | ③ | ④ | ⑤ | ⑥ | ⑦ | ⑧ | ⑨ | ⓪ | ⓐ | ⓑ |

# 理 科 ② 2022 本 試 解 答 用 紙

※過去問は自動採点に対応していません。

マーク例

| 良い例 | 悪い例 |
|---|---|
| ● | ◯ ⊗ ◉ |

**受験番号欄**

| 千位 | 百位 | 十位 | 一位 | 英字 |
|---|---|---|---|---|
| － | － | － | － | |
| | ⓪ | ⓪ | ⓪ | Ⓐ A |
| ① | ① | ① | ① | Ⓑ B |
| ② | ② | ② | ② | Ⓒ C |
| ③ | ③ | ③ | ③ | Ⓗ H |
| ④ | ④ | ④ | ④ | Ⓚ K |
| ⑤ | ⑤ | ⑤ | ⑤ | Ⓜ M |
| ⑥ | ⑥ | ⑥ | ⑥ | Ⓡ R |
| ⑦ | ⑦ | ⑦ | ⑦ | Ⓤ U |
| ⑧ | ⑧ | ⑧ | ⑧ | Ⓧ X |
| ⑨ | ⑨ | ⑨ | ⑨ | Ⓨ Y |
| | | | | Ⓩ Z |

フリガナ

氏 名

試験場コード

| 十万位 | 万位 | 千位 | 百位 | 十位 | 一位 |
|---|---|---|---|---|---|

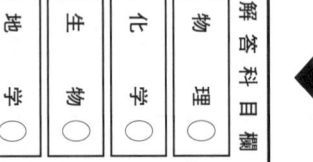

・1科目だけマークしなさい。
・解答科目欄が無マーク又は複数マークの場合は，0点となります。

**解答科目欄**

| 物 理 ◯ |
|---|
| 化 学 ◯ |
| 生 物 ◯ |
| 地 学 ◯ |

**解答欄（解答番号 1〜25）**

各解答番号について、マーク選択肢は 1 2 3 4 5 6 7 8 9 0 a b

| 解答番号 | 1 | 2 | 3 | 4 | 5 | 6 | 7 | 8 | 9 | 0 | a | b |
|---|---|---|---|---|---|---|---|---|---|---|---|---|
| 1 | ① | ② | ③ | ④ | ⑤ | ⑥ | ⑦ | ⑧ | ⑨ | ⓪ | ⓐ | ⓑ |
| 2 | ① | ② | ③ | ④ | ⑤ | ⑥ | ⑦ | ⑧ | ⑨ | ⓪ | ⓐ | ⓑ |
| 3 | ① | ② | ③ | ④ | ⑤ | ⑥ | ⑦ | ⑧ | ⑨ | ⓪ | ⓐ | ⓑ |
| 4 | ① | ② | ③ | ④ | ⑤ | ⑥ | ⑦ | ⑧ | ⑨ | ⓪ | ⓐ | ⓑ |
| 5 | ① | ② | ③ | ④ | ⑤ | ⑥ | ⑦ | ⑧ | ⑨ | ⓪ | ⓐ | ⓑ |
| 6 | ① | ② | ③ | ④ | ⑤ | ⑥ | ⑦ | ⑧ | ⑨ | ⓪ | ⓐ | ⓑ |
| 7 | ① | ② | ③ | ④ | ⑤ | ⑥ | ⑦ | ⑧ | ⑨ | ⓪ | ⓐ | ⓑ |
| 8 | ① | ② | ③ | ④ | ⑤ | ⑥ | ⑦ | ⑧ | ⑨ | ⓪ | ⓐ | ⓑ |
| 9 | ① | ② | ③ | ④ | ⑤ | ⑥ | ⑦ | ⑧ | ⑨ | ⓪ | ⓐ | ⓑ |
| 10 | ① | ② | ③ | ④ | ⑤ | ⑥ | ⑦ | ⑧ | ⑨ | ⓪ | ⓐ | ⓑ |
| 11 | ① | ② | ③ | ④ | ⑤ | ⑥ | ⑦ | ⑧ | ⑨ | ⓪ | ⓐ | ⓑ |
| 12 | ① | ② | ③ | ④ | ⑤ | ⑥ | ⑦ | ⑧ | ⑨ | ⓪ | ⓐ | ⓑ |
| 13 | ① | ② | ③ | ④ | ⑤ | ⑥ | ⑦ | ⑧ | ⑨ | ⓪ | ⓐ | ⓑ |
| 14 | ① | ② | ③ | ④ | ⑤ | ⑥ | ⑦ | ⑧ | ⑨ | ⓪ | ⓐ | ⓑ |
| 15 | ① | ② | ③ | ④ | ⑤ | ⑥ | ⑦ | ⑧ | ⑨ | ⓪ | ⓐ | ⓑ |
| 16 | ① | ② | ③ | ④ | ⑤ | ⑥ | ⑦ | ⑧ | ⑨ | ⓪ | ⓐ | ⓑ |
| 17 | ① | ② | ③ | ④ | ⑤ | ⑥ | ⑦ | ⑧ | ⑨ | ⓪ | ⓐ | ⓑ |
| 18 | ① | ② | ③ | ④ | ⑤ | ⑥ | ⑦ | ⑧ | ⑨ | ⓪ | ⓐ | ⓑ |
| 19 | ① | ② | ③ | ④ | ⑤ | ⑥ | ⑦ | ⑧ | ⑨ | ⓪ | ⓐ | ⓑ |
| 20 | ① | ② | ③ | ④ | ⑤ | ⑥ | ⑦ | ⑧ | ⑨ | ⓪ | ⓐ | ⓑ |
| 21 | ① | ② | ③ | ④ | ⑤ | ⑥ | ⑦ | ⑧ | ⑨ | ⓪ | ⓐ | ⓑ |
| 22 | ① | ② | ③ | ④ | ⑤ | ⑥ | ⑦ | ⑧ | ⑨ | ⓪ | ⓐ | ⓑ |
| 23 | ① | ② | ③ | ④ | ⑤ | ⑥ | ⑦ | ⑧ | ⑨ | ⓪ | ⓐ | ⓑ |
| 24 | ① | ② | ③ | ④ | ⑤ | ⑥ | ⑦ | ⑧ | ⑨ | ⓪ | ⓐ | ⓑ |
| 25 | ① | ② | ③ | ④ | ⑤ | ⑥ | ⑦ | ⑧ | ⑨ | ⓪ | ⓐ | ⓑ |

**解答欄（解答番号 26〜50）**

| 解答番号 | 1 | 2 | 3 | 4 | 5 | 6 | 7 | 8 | 9 | 0 | a | b |
|---|---|---|---|---|---|---|---|---|---|---|---|---|
| 26 | ① | ② | ③ | ④ | ⑤ | ⑥ | ⑦ | ⑧ | ⑨ | ⓪ | ⓐ | ⓑ |
| 27 | ① | ② | ③ | ④ | ⑤ | ⑥ | ⑦ | ⑧ | ⑨ | ⓪ | ⓐ | ⓑ |
| 28 | ① | ② | ③ | ④ | ⑤ | ⑥ | ⑦ | ⑧ | ⑨ | ⓪ | ⓐ | ⓑ |
| 29 | ① | ② | ③ | ④ | ⑤ | ⑥ | ⑦ | ⑧ | ⑨ | ⓪ | ⓐ | ⓑ |
| 30 | ① | ② | ③ | ④ | ⑤ | ⑥ | ⑦ | ⑧ | ⑨ | ⓪ | ⓐ | ⓑ |
| 31 | ① | ② | ③ | ④ | ⑤ | ⑥ | ⑦ | ⑧ | ⑨ | ⓪ | ⓐ | ⓑ |
| 32 | ① | ② | ③ | ④ | ⑤ | ⑥ | ⑦ | ⑧ | ⑨ | ⓪ | ⓐ | ⓑ |
| 33 | ① | ② | ③ | ④ | ⑤ | ⑥ | ⑦ | ⑧ | ⑨ | ⓪ | ⓐ | ⓑ |
| 34 | ① | ② | ③ | ④ | ⑤ | ⑥ | ⑦ | ⑧ | ⑨ | ⓪ | ⓐ | ⓑ |
| 35 | ① | ② | ③ | ④ | ⑤ | ⑥ | ⑦ | ⑧ | ⑨ | ⓪ | ⓐ | ⓑ |
| 36 | ① | ② | ③ | ④ | ⑤ | ⑥ | ⑦ | ⑧ | ⑨ | ⓪ | ⓐ | ⓑ |
| 37 | ① | ② | ③ | ④ | ⑤ | ⑥ | ⑦ | ⑧ | ⑨ | ⓪ | ⓐ | ⓑ |
| 38 | ① | ② | ③ | ④ | ⑤ | ⑥ | ⑦ | ⑧ | ⑨ | ⓪ | ⓐ | ⓑ |
| 39 | ① | ② | ③ | ④ | ⑤ | ⑥ | ⑦ | ⑧ | ⑨ | ⓪ | ⓐ | ⓑ |
| 40 | ① | ② | ③ | ④ | ⑤ | ⑥ | ⑦ | ⑧ | ⑨ | ⓪ | ⓐ | ⓑ |
| 41 | ① | ② | ③ | ④ | ⑤ | ⑥ | ⑦ | ⑧ | ⑨ | ⓪ | ⓐ | ⓑ |
| 42 | ① | ② | ③ | ④ | ⑤ | ⑥ | ⑦ | ⑧ | ⑨ | ⓪ | ⓐ | ⓑ |
| 43 | ① | ② | ③ | ④ | ⑤ | ⑥ | ⑦ | ⑧ | ⑨ | ⓪ | ⓐ | ⓑ |
| 44 | ① | ② | ③ | ④ | ⑤ | ⑥ | ⑦ | ⑧ | ⑨ | ⓪ | ⓐ | ⓑ |
| 45 | ① | ② | ③ | ④ | ⑤ | ⑥ | ⑦ | ⑧ | ⑨ | ⓪ | ⓐ | ⓑ |
| 46 | ① | ② | ③ | ④ | ⑤ | ⑥ | ⑦ | ⑧ | ⑨ | ⓪ | ⓐ | ⓑ |
| 47 | ① | ② | ③ | ④ | ⑤ | ⑥ | ⑦ | ⑧ | ⑨ | ⓪ | ⓐ | ⓑ |
| 48 | ① | ② | ③ | ④ | ⑤ | ⑥ | ⑦ | ⑧ | ⑨ | ⓪ | ⓐ | ⓑ |
| 49 | ① | ② | ③ | ④ | ⑤ | ⑥ | ⑦ | ⑧ | ⑨ | ⓪ | ⓐ | ⓑ |
| 50 | ① | ② | ③ | ④ | ⑤ | ⑥ | ⑦ | ⑧ | ⑨ | ⓪ | ⓐ | ⓑ |

Z-KAI

2025年用

# 共通テスト実戦模試

## ⑧ 物理

# 解答・解説編

Z会編集部 編

**共通テスト書籍のアンケートにご協力ください**

ご回答いただいた方の中から、抽選で毎月50名様に「図書カード500円分」をプレゼント!

※当選者の発表は賞品の発送をもって代えさせていただきます。

# 学習診断サイトのご案内[1]

『実戦模試』シリーズ（過去問を除く）では，以下のことができます。

- マークシートをスマホで撮影して自動採点
- 自分の得点と，本サイト登録者平均点との比較
- 登録者のランキング表示（総合・志望大別）
- Z会編集部からの直前対策用アドバイス

**手順**

① 本書を解いて，以下のサイトにアクセス（スマホ・PC 対応）

| Z会共通テスト学習診断 | 検索 |　　　二次元コード　→

**https://service.zkai.co.jp/books/k-test/**

② 購入者パスワード **22468** を入力し，ログイン

③ 必要事項を入力（志望校・ニックネーム・ログインパスワード）[2]

④ スマホ・タブレットでマークシートを撮影　→**自動採点**[3]**，アドバイス Get！**

※1　学習診断サイトは 2025 年 5 月 30 日まで利用できます。
※2　ID・パスワードは次回ログイン時に必要になりますので，必ず記録して保管してください。
※3　スマホ・タブレットをお持ちでない場合は事前に自己採点をお願いします。

# 目次

# 模試 第1回

## 解　答

| | 第1問 小計 | | 第2問 小計 | | 第3問 小計 | | 第4問 小計 | | 合計点 | /100 |
|---|---|---|---|---|---|---|---|---|---|---|

| 問題番号（配点） | 設問 | 解答番号 | 正解 | 配点 | 自己採点 | 問題番号（配点） | 設問 | 解答番号 | 正解 | 配点 | 自己採点 |
|---|---|---|---|---|---|---|---|---|---|---|---|
| 第1問 (25) | 1 | 1 | ① | 5 | | 第3問 (25) | 1 | 17 | ① | 5* | |
| | 2 | 2 | ⑤ | 5 | | | | 18 | ① | | |
| | 3 | 3 | ③ | 2 | | | 2 | 19 | ⑦ | 5 | |
| | | 4 | ④ | 3 | | | 3 | 20 | ⑤ | 5 | |
| | 4 | 5 | ② | 2 | | | 4 | 21 | ② | 5 | |
| | | 6 | ③ | 3* | | | 5 | 22 | ③ | 3 | |
| | | 7 | ④ | | | | | 23 | ② | 2 | |
| | 5 | 8 | ① | 5* | | 第4問 (25) | 1 | 24 | ④ | 5 | |
| | | 9 | ② | | | | 2 | 25 | ② | 5 | |
| | | 10 | ① | | | | 3 | 26 | ③ | 5 | |
| 第2問 (25) | 1 | 11 | ③ | 5 | | | 4 | 27 | ④ | 5 | |
| | 2 | 12 | ⑥ | 3 | | | 5 | 28 | ① | 5 | |
| | | 13 | ② | 2 | | | | | | | |
| | 3 | 14 | ③ | 5 | | | | | | | |
| | 4 | 15 | ② | 5 | | | | | | | |
| | 5 | 16 | ③ | 5 | | | | | | | |

（注）　＊は，全部正解の場合のみ点を与える。

# 物　　理

## 第1問

**問1**　**1**　①

　小球の質量を $m$，点 A での小球の速度を $\vec{v}$，重力による位置エネルギーの基準点を点 A にとる。小球と板との衝突は弾性衝突なので，力学的エネルギーは保存されるから

$$mgh = \frac{1}{2} m |\vec{v}|^2 \quad \therefore \quad |\vec{v}| = \sqrt{2gh}$$

　次に，点 O から点 A に達するまでに，小球が重力から受ける力積を $\vec{I_g}$ とすると，重力から力積 $\vec{I_g}$，2 枚の板から力積 $\vec{I}$ を受け，小球の運動量は 0 から $m\vec{v}$ まで変化するので，運動量の原理（運動量と力積の関係）より

$$m\vec{v} - 0 = \vec{I_g} + \vec{I} \quad \therefore \quad m\vec{v} = \vec{I_g} + \vec{I}$$

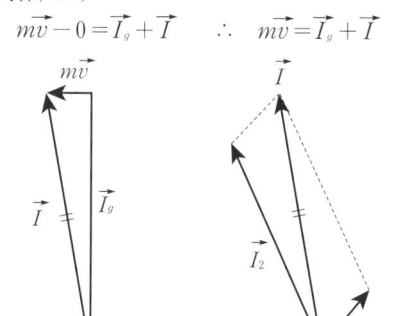

　$m\vec{v}$ は水平左向き，$\vec{I_g}$ は鉛直下向きなので，上図左より，$\vec{I}$ の鉛直成分は**上向き**，水平成分は**左向き**とわかる。

**補足**　点 O から点 A に達するまでの時間を $t$ とすると，力積 $\vec{I_g}$ の大きさは $mgt$ と表される。また，小球は板から板に垂直な向きの撃力を受けるが，上側，下側の板から受けるそれらの力積をそれぞれ $\vec{I_1}$，$\vec{I_2}$ とおくと

$$\vec{I} = \vec{I_1} + \vec{I_2}$$

である。上図右から明らかに，$\vec{I_1}$，$\vec{I_2}$ の鉛直成分はともに上向きである。また，同じ図より $\vec{I_1}$ の水平成分は右向き，$\vec{I_2}$ の水平成分は左向きであるが，$\vec{I_1}$ の水平成分の大きさより $\vec{I_2}$ の水平成分の大きさの方が大きいため，$\vec{I}$ の水平成分は左向きになる。$\vec{I}$ の水平成分の大きさは，$m|\vec{v}|$ に等しい。

**問2**　**2**　⑤

　金属板 C の左右の側面に現れる電荷をそれぞれ $+Q_1$，$+Q_2$ とおく。静電誘導により，D の左側面には $-Q_2$，B の右側面には $-Q_1$ の電荷が生じ，B の電荷は初め 0 であったから B の左側面には $+Q_1$ の電荷が生じる。このとき静電誘導により，A の右側面には $-Q_1$ の電荷が生じる。また，金属板 A の左側と金属板 D の右側には電場は生じないので，A の左側面と D の右側面に生じる電荷は 0 である。このとき，AD 間の電位を表す図は以下のように表される。AB 間および BC 間，CD 間の電場の強さをそれぞれ $E_1$，$E_2$ とすると，電位の傾きが電場の強さであり，AC 間と CD 間の距離の比は 3：1 なので

$$E_1 : E_2 = 1 : 3$$

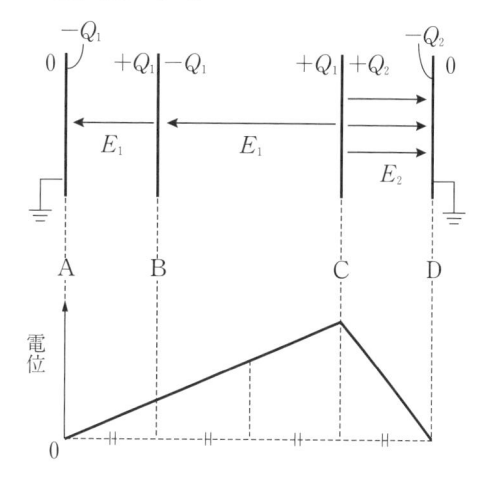

　ここで，ガウスの法則より，正電荷から出る電気力線の本数は電荷に比例する。また，電場に垂直な単位面積を貫く電気力線の本数を電場の強さと定める。このとき，金属板 C の左側面の電荷 $+Q_1$ から出た電気力線はすべて左に向かうので，$Q_1$ と $E_1$ は比例し，同様に $Q_2$ と $E_2$ は比例する。すると

$$Q_1 : Q_2 = 1 : 3$$

$Q_1 + Q_2 = Q$ とあわせて考えると

$$Q_1 = \frac{1}{4} Q, \quad Q_2 = \frac{3}{4} Q$$

以上より，金属板 D の左側面に現れる電荷は

$$-Q_2 = -\frac{3}{4} Q$$

**別解**　A と B，B と C，C と D を極板とするコンデンサーからなる等価回路を描いて考えることもできる。B と C を極板とするコンデンサーの電気容

量を $C$ とすると，電気容量は極板間の距離に反比例するので，A と B，C と D を極板とするコンデンサーの電気容量はいずれも $2C$ である。すると，AB 間，BC 間，CD 間の電位差はそれぞれ

$$\frac{Q_1}{2C}, \quad \frac{Q_1}{C}, \quad \frac{Q_2}{2C}$$

AC 間の電位差と CD 間の電位差が等しいので

$$\frac{Q_1}{2C} + \frac{Q_1}{C} = \frac{Q_2}{2C}$$

$$\therefore \quad 3Q_1 = Q_2 \quad (Q_1 : Q_2 = 1 : 3)$$

この式と $Q_1 + Q_2 = Q$ から，$-Q_2 = -3Q/4$ が得られる。

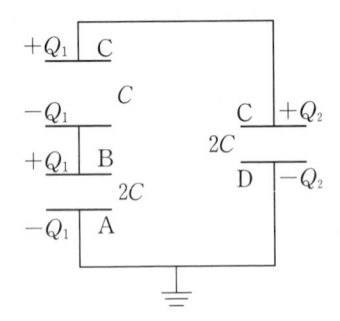

**問3** 　**3**　③　**4**　④

　観測器が原点 O にあるとき，波源 A，B からの経路差は 0 であり，この位置から観測器を移動させると，経路差は増加する。$x = 3\lambda/2$ の $x$ 軸上に点 C をとると

$$BC = 4\lambda$$

$$AC = \sqrt{AB^2 + BC^2} = 5\lambda$$

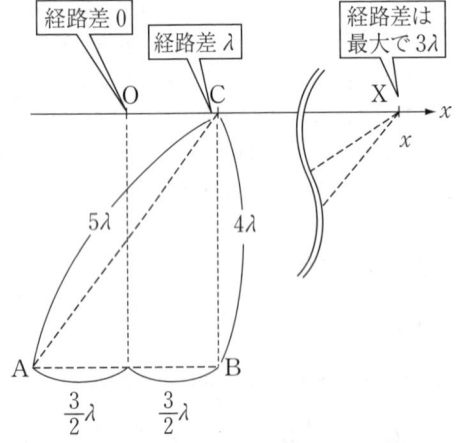

観測器が点 C にあるとき，波源 A，B からの経路差は $(5\lambda - 4\lambda =)\lambda$ となるので，原点 O の次に波が強め合う位置は点 C とわかる。よって，求める $x$ 座標は

$$x = \frac{3}{2}\lambda$$

　また，整数 $m$ を用いて，ある点 X での弱め合う条件は

$$AX - BX = \left(m + \frac{1}{2}\right)\lambda$$

$x$ 軸上で観測する場合，$|AX - BX|$ は最大でも $(AB =)3\lambda$ なので，$AX - BX$ のとり得る値は

$$\pm\frac{5}{2}\lambda, \quad \pm\frac{3}{2}\lambda, \quad \pm\frac{1}{2}\lambda$$

の **6** 個である。

[別解]　波源 A，B から出た波は等方的に広がり，弱め合う点を連ねた線は節線となる。直線 AB 上で観測した場合，経路差は最小で 0，最大で $3\lambda$ であるから，弱め合うのは経路差が $\lambda/2$，$3\lambda/2$，$5\lambda/2$ の 6 点であり，これらの点を通る節線の総数は 6 本とわかる。$x$ 座標を通る節線の数も 6 つだから，$x$ 軸上で弱め合う位置の総数は **6** 個。

[補足]　観測器が座標 $x (>0)$ の点 X にあるとき

$$BX = \sqrt{CX^2 + BC^2}$$

$$= \sqrt{\left(x - \frac{3}{2}\lambda\right)^2 + (4\lambda)^2}$$

$$= x\sqrt{\left(1 - \frac{3\lambda}{2x}\right)^2 + \left(\frac{4\lambda}{x}\right)^2}$$

$$= x\sqrt{1 - \frac{3\lambda}{x} + \left(\frac{3\lambda}{2x}\right)^2 + \left(\frac{4\lambda}{x}\right)^2}$$

点 X が十分遠方にあるとき，$\lambda/x \ll 1$ である。$|\alpha|$ が 1 より十分小さいとき，$\alpha$ の 2 次以上の微小量を無視し，近似式 $(1+\alpha)^n \fallingdotseq 1 + n\alpha$ を用いると

$$BX = x\left\{1 - \frac{3\lambda}{x} + \left(\frac{3\lambda}{2x}\right)^2 + \left(\frac{4\lambda}{x}\right)^2\right\}^{\frac{1}{2}}$$

$$\fallingdotseq x\left(1 - \frac{1}{2}\cdot\frac{3\lambda}{x}\right)$$

同様の計算と近似により

$$AX = \sqrt{\left(x + \frac{3}{2}\lambda\right)^2 + (4\lambda)^2}$$

$$= x\left\{1 + \frac{3\lambda}{x} + \left(\frac{3\lambda}{2x}\right)^2 + \left(\frac{4\lambda}{x}\right)^2\right\}^{\frac{1}{2}}$$

$$\fallingdotseq x\left(1 + \frac{1}{2}\cdot\frac{3\lambda}{x}\right)$$

$$\therefore \quad \mathrm{AX}-\mathrm{BX} = \frac{3}{2}\lambda + \frac{3}{2}\lambda = 3\lambda$$

ここで求めたように，観測器が十分遠方の座標 $x(>0)$ の点 X にあるときの経路差 $(\mathrm{AX}-\mathrm{BX})$ は $3\lambda$ である。すると，逆側，すなわち観測器が十分遠方の座標 $x(<0)$ の点 X にあるときの経路差 $(\mathrm{BX}-\mathrm{AX})$ も $3\lambda$ であり，$|\mathrm{AX}-\mathrm{BX}|$ は最大でも $3\lambda$ であることがわかる。

**問4**　 5 　②　 6 　③　 7 　④

波長が $\lambda$，周期が $T$ なので，縦波の速さは $\lambda/T$ である。また，図4(b)より，座標 $x=0$ の媒質は時刻 $t=0$ のときに変位 $y=0$ で，その後時間が経過すると $y$ は正になることがわかる。座標 $x=0$ の媒質の変位 $y$ がこのように変化するためには，図4(a)の時刻 $t=0$ での波形が，その後 $-x$ 向きに進む必要がある。よって，この波の速度は

$$-\frac{\lambda}{T}$$

$$\left[\begin{array}{l}\text{実線：時刻 }t=0\text{ での波形}\\\text{破線：時刻 }t=0\text{ から少し時間が}\\\qquad\text{経過した後の波形}\end{array}\right]$$

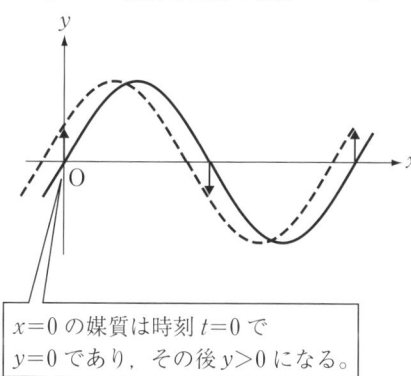

$x=0$ の媒質は時刻 $t=0$ で $y=0$ であり，その後 $y>0$ になる。

続いて，　 6 ，　 7 　について考える。媒質中を縦波が伝わるとき，各媒質はそれぞれのつり合い位置を中心に振動し，振動の端($y$ が極大または極小)での振動の速さは $0$，つり合い位置($y=0$)で振動の速さは最大になる。また，各媒質は波の進行方向と平行な向きに振動し，周期的な縦波では密な部分と疎な部分が交互に連なる。

座標 $x=0$ の媒質に着目する。この媒質は時刻 $t=0$ のとき変位 $y=0$ より，この瞬間に振動の速さが最大になる。かつ，図4(b)より，時刻 $t=0$ の後，この媒質の変位 $y$ は正になるから，振動の速度は正の向きとわかる。以上より，座標 $x=0$ の媒質の速度が極大になっているグラフを選べばよいので，

　 6 　の答は③。

また，図4(a)を見ると，$0<x<\lambda/2$ の位置では変位 $y>0$，$\lambda/2<x<\lambda$ の位置では変位 $y<0$ となっているから，時刻 $t=0$ において，座標 $x=\lambda/2$ の媒質は両側から媒質が近づき，密度が最大になっていると判断できる。よって，座標 $x=\lambda/2$ の媒質の密度が極大になっているグラフを選べばよいので，　 7 　の答は④。

**問5**　 8 　①　 9 　②　 10 　①

まず，方法Ⅱは温度 $T_B$ の等温変化なので，体積 $V_1$ の理想気体の温度も $T_B$ である。このため，方法Ⅰや方法Ⅲでも体積 $V_1$ の理想気体の温度は $T_B$ である。

次に，方法Ⅰの定圧変化においてシャルルの法則より

$$\frac{V_1}{T_B} = \frac{V_2}{T_A}$$

$$\therefore \quad T_A = \frac{V_2}{V_1}T_B > T_B \quad\cdots\cdots\cdots\cdots\cdots①$$

また，熱力学の第一法則より，理想気体が外部から熱量 $Q$ を受け取り，気体の内部エネルギーが $\Delta U$ だけ変化し，外部に仕事 $W$ をしたとき，以下の関係が成り立つ。

$$Q = \Delta U + W \quad\cdots\cdots\cdots\cdots\cdots②$$

断熱変化である方法Ⅲでは $Q=0$ であり，体積が増加しているので $W>0$ であるから，②より

$$\Delta U < 0$$

ここで，理想気体において内部エネルギー $U$ は絶対温度 $T$ に比例するから，$\Delta U<0$ すなわち $U$ が小さくなるとき気体の絶対温度は小さくなる。よって，方法Ⅲでは

$$T_B > T_C \quad\cdots\cdots\cdots\cdots\cdots③$$

①，③より

$$T_A > T_B > T_C$$

ボイル・シャルルの法則より，理想気体の圧力 $p$，体積 $V$，温度 $T$ の関係は

$$\frac{pV}{T} = [\text{一定}]$$

温度 $T$ が一定ならば上式より $pV=[\text{一定}]$ となり，方法Ⅱの等温変化の $p$–$V$ グラフは双曲線となる。この時点で適当なグラフは(a)または(b)に絞られる。さらに，$T$ が大きいほど $p$ と $V$ の積は大きく，双曲線が原点 O から離れることを考えると，温度 $T_B$ の双曲線のグラフの上側に温度 $T_A$ の状態，温度

$T_B$ の双曲線のグラフの下側に温度 $T_C$ の状態があるはずである。このため，求める $p$–$V$ グラフは，(b)とわかる。

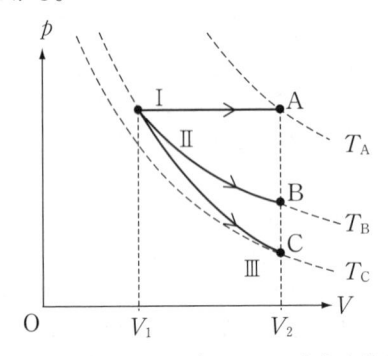

　最後に，方法 II では温度が $T_B$ のまま変化しないので，内部エネルギー $U$ も変化せず，$\Delta U = 0$ である。また，体積が増加しているので $W > 0$ であるから，②より

$$Q = 0 + W = W > 0$$

よって気体が外部から吸収した熱量は**正の値**とわかる。

## 第2問

### 問1　　11　　③

　物体の質量を $m$，水平面となす角度 $\theta$ の斜面上の物体にはたらく垂直抗力の大きさを $N$ とする。重力の斜面に垂直な成分の大きさは $mg\cos\theta$ と表されるので，物体にはたらく力の斜面に垂直な方向のつり合いより

$$N = mg\cos\theta$$

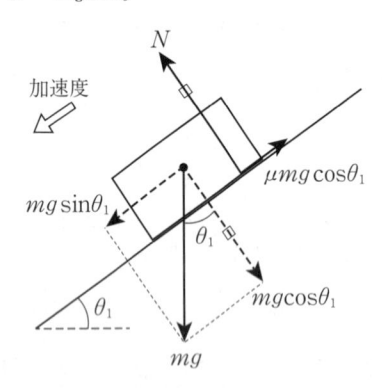

　$\theta = \theta_1$ のとき，重力の斜面に平行な成分の大きさは $mg\sin\theta_1$ と表され，静かに置かれた物体が斜面に沿って滑り始めたことから，$mg\sin\theta_1$ は大きさ $\mu N$ で表される最大摩擦力より大きい。よって

$$mg\sin\theta_1 > \mu N = \mu mg\cos\theta_1$$

$$\therefore \quad \boldsymbol{\mu < \tan\theta_1}$$

補足　問4より前では，物体を剛体でなく質点として扱っている。見やすさを重視し，「**解説**」の図は，力の作用点の位置を自由に移動させて描いている。

### 問2　　12　　⑥　　13　　②

　物体に初速度を与えたとき，速度が変化しなかったことから，運動の法則より加速度は 0 であり，物体にはたらく力はつり合いの関係にある。$\theta = \theta_2$ のとき，重力の斜面に平行な成分の大きさ $mg\sin\theta_2$ は $\mu'N$（動摩擦力の大きさ）に等しく

$$mg\sin\theta_2 = \mu'N = \mu'mg\cos\theta_2$$

$$\therefore \quad \boldsymbol{\mu' = \tan\theta_2}$$

（等速運動）

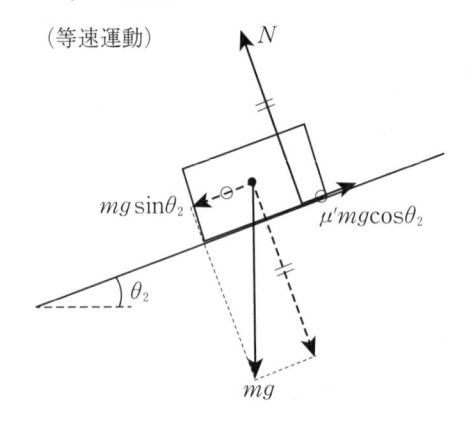

　また，重力と動摩擦力は物体の速さによらず一定なので，初速度の大きさが 2 倍になっても，加速度は 0 のままである。よって，時刻 $t = 0$ から運動し始めた物体の速度は $2v_0$ のまま変化しないことになり，最も適当なグラフは**②**とわかる。

補足　$\theta = \theta_2$ のとき，斜面上に静かに置いた物体が静止したことから，このとき物体にはたらく静止摩擦力の大きさを $f_0$ として，斜面に平行な方向の力のつり合いより

$$mg\sin\theta_2 = f_0$$

$f_0$ は最大摩擦力 $\mu N$ 以下の値であるから

$$f_0 \leqq \mu N = \mu mg\cos\theta_2$$

$$\therefore \quad mg\sin\theta_2 \leqq \mu mg\cos\theta_2 \qquad \therefore \quad \mu \geqq \tan\theta_2$$

以上の結果を整理すると

$$\mu' = \tan\theta_2 \leqq \mu < \tan\theta_1$$

の関係が成り立っていることがわかる。なお，一般には $\mu' < \mu$ である。

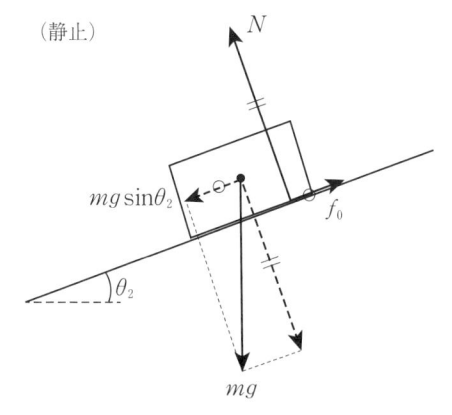

（静止）

$mg\sin\theta_2$    $N$    $f_0$    $\theta_2$    $mg$

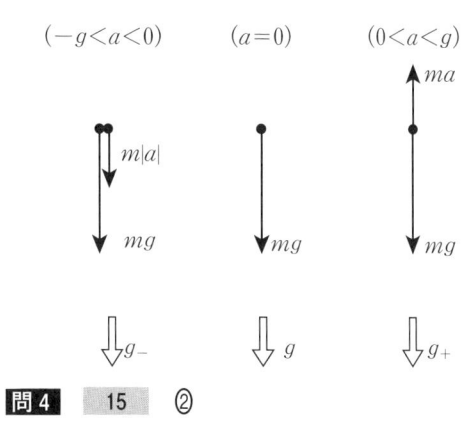

$(-g<a<0)$    $(a=0)$    $(0<a<g)$

$m|a|$    $ma$

$mg$    $mg$    $mg$

$g_-$    $g$    $g_+$

**問3**   14   ③

$a=0$，かつ水平面と斜面とのなす角度が $\theta_3$ のとき，物体は滑り出すぎりぎりの状態にあり，重力の斜面に平行な成分の大きさ $mg\sin\theta_3$ と最大摩擦力 $\mu N = \mu mg\cos\theta_3$ が等しいので

$$mg\sin\theta_3 = \mu mg\cos\theta_3 \quad\cdots\cdots\cdots\cdots①$$
$$\therefore\quad \mu = \tan\theta_3$$

次に，$-g<a<0$ の場合，エレベーターは鉛直上向きの加速度をもつので，観測者には鉛直下向きで大きさ $m|a|$ の慣性力が物体にはたらくように見える。重力と慣性力の合力は

$$mg + m|a| = mg + m(-a) = m(g-a)$$

よって，ここでの見かけの重力加速度の大きさを $g_-$ とすると

$$mg_- = m(g-a) \quad \therefore\quad g_- = g-a$$

$a=0$ の場合と同様に①を立てるなら，①の $g$ を $g_-$ に置き換えればよく

$$mg_-\sin\theta_3 = \mu mg_-\cos\theta_3$$
$$\therefore\quad \mu = \tan\theta_3$$

さらに，$0<a<g$ の場合，エレベーターは鉛直下向きの加速度をもつので，観測者には鉛直上向きで大きさ $ma$ の慣性力が物体にはたらくように見える。重力と慣性力の合力は

$$mg - ma = m(g-a)$$

よって，ここでの見かけの重力加速度の大きさを $g_+$ とすると

$$mg_+ = m(g-a) \quad \therefore\quad g_+ = g-a$$

$a=0$ の場合と同様に①を立てるなら，①の $g$ を $g_+$ に置き換えればよく

$$mg_+\sin\theta_3 = \mu mg_+\cos\theta_3$$
$$\therefore\quad \mu = \tan\theta_3$$

以上より，$a$ の値にかかわらず $\mu = \tan\theta_3$ が成り立つことがわかるので，最も適当なグラフは③である。

**問4**   15   ②

物体にはたらく力の大きさと向きは**問2**の補足の図のとおりであるが，**問4**では物体を剛体として扱うため，回転しない剛体にはたらく3力について力のモーメントのつり合いが成り立っている。②は，3力の作用線が点Cを通るので，点Cのまわりの力のモーメントはすべて0であり，3力のモーメントのつり合いが成り立っている。その他の選択肢ではこのような点は存在せず，3力のモーメントのつり合いが成り立っていない。よって，最も適当な図は②である。

選択肢①③④の場合，点Cのまわりの力のモーメントを考えると，重力と静止摩擦力のモーメントは0であるが，垂直抗力のモーメントは0ではないので，3力のモーメントのつり合いは成り立っていない。③については，点Oのまわりの力のモーメントを考えてみても，垂直抗力と静止摩擦力のモーメントは0であるが，今度は重力のモーメントが0ではないので，やはり3力のモーメントのつり合いは成り立っていない。

**問5**   16   ③

斜面に沿って下向きに滑り出さないよう，糸で引き上げて斜面に沿って上向きの力を物体に加えており，次図の上側のように，この力の点Cのまわりのモーメントは時計回りである。物体が回転しないためには，残りの3力（重力，垂直抗力，静止摩擦力）の点Cのまわりのモーメントが反時計回りになる必要がある。点Cは重力の作用線および静止摩擦力の作用線上の点であり，これら2力の点Cのまわりのモーメントはつねに0であるから，残りの垂直抗力の点Cのまわりのモーメントが反時計回りになるためには，垂直抗力の作用点は点Cより上側でなければならない。

また，物体にはたらく力の斜面に垂直な方向

のつり合いより，垂直抗力の大きさは一定値（$N = mg\cos\theta_1$）である。これに対し，$F$（と静止摩擦力の大きさ）は一定ではなく，とり得る値には幅がある。$F$ が大きいほど，点 C のまわりの糸が引く力のモーメントの大きさが大きくなるから，$F$ が大きくなると，垂直抗力の作用点がより点 C から離れることで，点 C のまわりの垂直抗力のモーメントの大きさが大きくなり，力のモーメントのつり合いを成り立たせている。

　ここで，問題文に与えられた $F$ の条件（$F < mg\sin\theta_1$）について，条件を満たさないぎりぎりの状態，すなわち $F = mg\sin\theta_1$ の状態を考える。このとき，下側の図のように，物体にはたらく力の斜面に平行な方向のつり合いより，摩擦は 0 である。残りの 3 力（重力，垂直抗力，糸が引く力）の力のモーメントのつり合いより，それら 3 力の作用線は一点で交わる必要があり，その交点は重心 G である。このとき，垂直抗力の作用点は点 O まで移動している。

　しかし，実際は $F < mg\sin\theta_1$ なので，垂直抗力の作用点は点 O までは移動しない。よって，求める作用点の位置は，**点 O と点 C を含まない OC 間**に存在する。

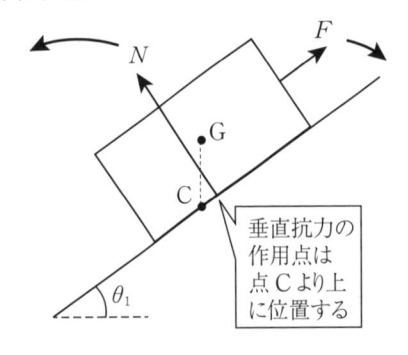

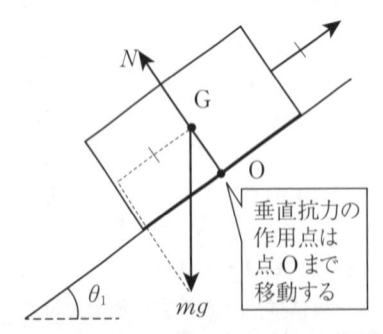

$$F = mg\sin\theta_1$$

垂直抗力の作用点は点 O まで移動する

補足　点 C から斜面に沿って上向きに距離 $x$ だけ離れた位置に垂直抗力および静止摩擦力の作用点が

あるとする。$x < \overline{OC}$ を計算で求めておこう。静止摩擦力の大きさを $f$ として，物体にはたらく力のつり合いの式は斜面に平行，垂直な方向のそれぞれについて

$$mg\sin\theta_1 = F + f \quad\cdots\cdots\cdots\cdots②$$
$$N = mg\cos\theta_1 \quad\cdots\cdots\cdots\cdots③$$

点 C のまわりの重力，静止摩擦力のモーメントが 0 であることに注意して，点 C のまわりの糸が引く力と垂直抗力のモーメントのつり合いの式は

$$F \times \overline{AA'} = N \times x \quad\cdots\cdots\cdots\cdots④$$

③，④，および問題文に与えられた $F$ の条件より

$$F = mg\cos\theta_1 \times \frac{x}{\overline{AA'}} < mg\sin\theta_1$$
$$\therefore\quad x < \overline{AA'}\tan\theta_1 = \overline{OG}\tan\theta_1$$
$$\therefore\quad x < \overline{OC}$$

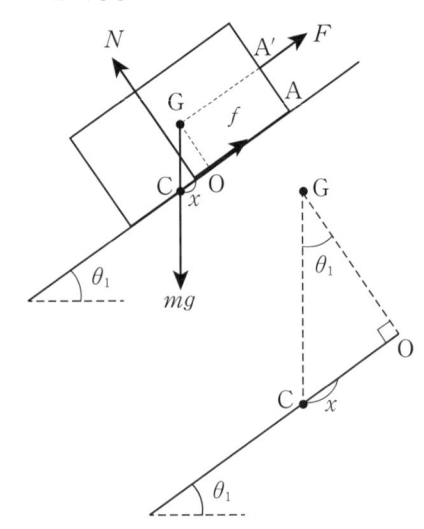

　なお，$f$ は最大摩擦力 $\mu N$ 以下の値なので，②より $F$ の最小値が求められ

$$f = mg\sin\theta_1 - F \leqq \mu N$$
$$\therefore\quad F \geqq mg(\sin\theta_1 - \mu\cos\theta_1)$$
$$\therefore\quad F \geqq mg\cos\theta_1(\tan\theta_1 - \mu)\ (>0)$$

問題文に与えられた $F$ の条件とあわせると

$$mg\cos\theta_1(\tan\theta_1 - \mu) \leqq F < mg\sin\theta_1$$

補足　作用線上で力を移動させても力の回転効果は変わらないので，糸が引く力の作用点を作用線に平行に重心 G まで移動させてみよう。重力と糸が引く力の合力は，2 力のベクトルを 2 辺とする平行四辺形の対角線で表され，$F < mg\sin\theta_1$ であることを考慮すると，2 力の合力の作用線は斜面上の OC 間を通る。このとき，合力の作用線と斜面との交点が，ちょうど垂直抗力および静止摩擦力の作用点に

一致する。なぜなら，このとき重力と糸が引く力の合力，垂直抗力および静止摩擦力の作用線から，この交点までの距離がすべて0となり，この交点のまわりの物体にはたらく力のモーメントのつり合いが成り立つためである。

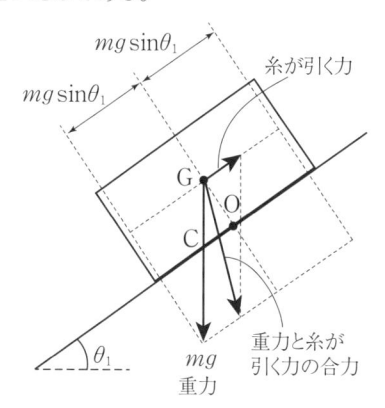

# 第3問

**問1** 　17　①　　18　①

導体棒とおもりを一つの物体Aとみなし，以下，糸に沿って導体棒からおもりに向かう向きに正の向きをとる。

物体Aには正の向きにおもりの重力$mg$がはたらく。また，速さ$v$の導体棒には$v$に比例する誘導起電力が生じ，電流が流れるなら，その電流の強さは$v$に比例し，電流が磁場から受ける力の大きさも$v$に比例する。電流が磁場から受ける力は，正の向きまたは負の向きである。ここで図2より，$v$は時間とともに一定の割合で変化するため，物体Aの加速度は一定値をとり，運動の法則より，物体Aにはたらく力の合力も一定である。物体Aにはたらく力の合力が$v$によらず一定であるためには，電流が磁場から受ける力の大きさはつねに0でなくてはならず，この状況では導体棒に電流は流れていないことになる。選択肢のうち，導体棒につねに電流が流れないのは①のみであるから，　18　の答は①である。

物体Aの正の向きの加速度を$a_0$とすると，運動方程式は

$$(m+m)a_0 = mg$$

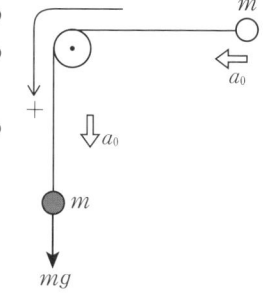

$$\therefore \quad a_0 = \frac{1}{2}g$$

等加速度運動の式より，時刻$t$における速さ$v$は

$$v = 0 + a_0 t = \frac{1}{2}gt$$

**問2** 　19　⑦

導体棒が水平左向きに運動しているとき，閉回路を貫く上向きの磁束が増加するため，レンツの法則より，その磁束の変化を妨げる向き，すなわち下向きの磁場をつくるような誘導電流が回路に流れる。この誘導電流の向きは，導体棒内をQからPに向かう向きである。さらに電流の流れる導体棒は磁場から電磁力を受け，フレミングの左手の法則より，電磁力の向きは右向きである。この電磁力の大きさを$F(>0)$とすると，運動方程式はそれぞれ

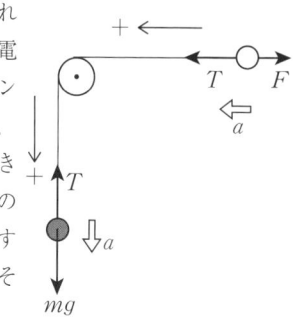

おもり：$ma = mg - T$ $\cdots\cdots\cdots\cdots$①
導体棒：$ma = T - F$ $\cdots\cdots\cdots\cdots$②

静かに放したときおもりは落下し始めるから，①の右辺は正である。よって

$$mg - T > 0 \quad \therefore \quad \boldsymbol{T < mg}$$

また，②で$F > 0$より

$$F = T - ma > 0 \quad \therefore \quad \boldsymbol{T > ma}$$

**問3** 　20　⑤

①＋②をとり$T$を消去すると

$$2ma = mg - F \quad \therefore \quad a = \frac{1}{2}g - \frac{F}{2m}$$

導体棒を放してからの時間を$t$とすると，**問1**での考察と同様に$F$は$v$に比例するから，$t = 0$のときに

$$F = 0 \quad \therefore \quad a = \frac{1}{2}g - \frac{0}{2m} = \frac{1}{2}g > 0$$

$a > 0$より，その後$v$は増加し，それにともなって$F$も増加していく。ただし$F$が$mg$まで大きくなると，加速度は0となり，その後$v$は一定値$v_\mathrm{T}$に保たれる。

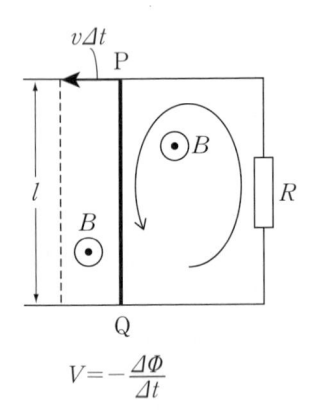

$$V = -\frac{\Delta\Phi}{\Delta t}$$

導体棒の速さが $v$ のとき，ファラデーの電磁誘導の法則より，時間 $\Delta t$ の間の回路を上向きに貫く磁束の変化量は $\Delta\Phi = B \cdot lv\Delta t$ なので，誘導起電力 $V$ は，回路の反時計回りを正として

$$V = -\frac{\Delta\Phi}{\Delta t} = -\frac{B \cdot lv\Delta t}{\Delta t} = -vBl$$

$V < 0$ より，回路には時計回り，すなわち導体棒内で $Q \to P$ の向きに大きさ $vBl$ の誘導起電力が発生している。回路に流れる電流の強さ $I$ は，回路の電圧について成り立つ式（オームの法則の式）を立てて

$$vBl = RI \qquad \therefore \quad I = \frac{vBl}{R}$$

電磁力の大きさ $F$ は

$$F = IBl = \frac{vB^2l^2}{R}$$

$v = v_\mathrm{T}$ になったとき，$F = mg$ であるから

$$F = \frac{v_\mathrm{T}B^2l^2}{R} = mg \qquad \therefore \quad v_\mathrm{T} = \frac{mgR}{B^2l^2}$$

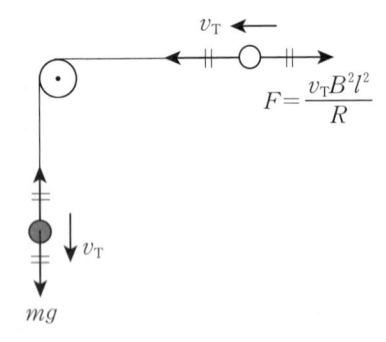

$v$–$t$ グラフは，次図左のようになる。さらに，$I$ と $v$ は比例するので，$I$–$t$ グラフも次図右のようになる。$I$ の一定値 $I_\mathrm{T}$ は

$$I_\mathrm{T} = \frac{v_\mathrm{T}Bl}{R} = \frac{mg}{Bl}$$

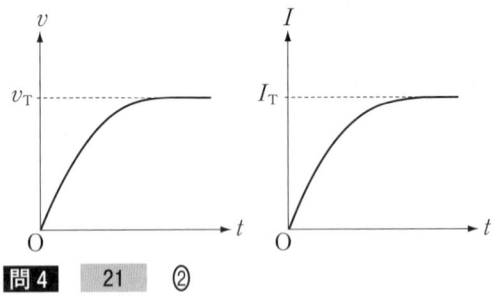

**問4**　`21`　②

おもりに重力が単位時間にする仕事（仕事率）は $mgv_\mathrm{T}$ であり，それがすべて抵抗器 R で単位時間に発生するジュール熱 $Q$ に変わる。よって

$$Q = mgv_\mathrm{T}$$

**別解**　抵抗器 R に流れる電流の強さ $I_\mathrm{T}$ を用いて

$$Q = RI_\mathrm{T}^2 = R\left(\frac{mg}{Bl}\right)^2$$

$$= mg \cdot \frac{mgR}{B^2l^2} = mgv_\mathrm{T}$$

**問5**　`22`　③　`23`　②

まず，図4の端 a, b をつなぐ場合を考える。仮に導体棒の速さが一定値になったとしたら，導体棒に生じる誘導起電力は一定で，コンデンサーに蓄えられる静電エネルギーも一定である。おもりに重力が単位時間にする仕事（仕事率）は正であるが，おもりと導体棒の運動エネルギーは変化せず，コンデンサーに蓄えられる静電エネルギーも一定なので，この状況では回路のエネルギー収支が成り立たない。よって，導体棒の速さは一定値にならないことがわかる。また，おもりには重力がはたらくため，導体棒を静かに放すと，導体棒は左向きに運動するので，速さがつねに0であることもない。以上より，①，②の選択肢は適当ではないので，消去法により，`22` は③が正解となる。

次に，図5の端 a, b をつなぐ場合を考える。速さが一定値になる最終的な状態において，はたらく力は，**問3** と同じくつり合いの関係（$F = mg$）にある。このときの導体棒の速さは $v_\mathrm{T}$ なので，`23` は②が正解である。最終的な状態での回路のエネルギー収支を考えると，おもりと導体棒の運動エネルギーと，コイルに蓄えられるエネルギーは一定で変化せず，おもりに重力が単位時間にする仕事は，すべて抵抗器 R で発生するジュール熱に変わっている。

最後に，「重力が単位時間にする仕事」⇒「一日に得られる仕事の報酬」，「発生するジュール熱」⇒

「一日に使うお金」,「コンデンサーやコイルに蓄えられるエネルギー」⇒「貯金」に置き換えて, 状況を整理してみよう。

・図3：導体棒の速さが$v_T$になった後は, 毎日, 仕事で得られる報酬の分だけお金を使う。貯金はつねに0円。

・図4：導体棒の速さは大きくなり続け, 仕事で得られる報酬は毎日増える。貯金は増え続ける。

・図5：導体棒の速さが$v_T$になった後は, 毎日, 仕事で得られる報酬の分だけお金を使う。それまでに少しずつためた貯金があり, その貯金額はもう変化しない。

補足　図4の端a, bをつなぐ場合で, コンデンサーの電気容量を$C$とし, 静かに放してから時間$t$後の導体棒の速度, 加速度, 電流の強さ, コンデンサーに蓄えられる電荷をそれぞれ$v_4$, $a_4$, $I_4$, $Q_4$とする。おもりと導体棒を物体Aとしたときの物体Aの運動方程式は

$$2ma_4 = mg - I_4Bl \quad \cdots\cdots\cdots\cdots\cdots ③$$

コンデンサーにかかる電圧について

$$v_4Bl = \frac{Q_4}{C} \quad \cdots\cdots\cdots\cdots\cdots ④$$

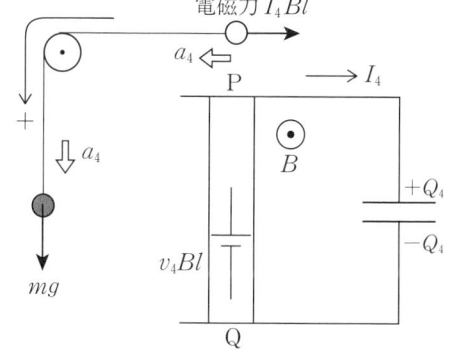

④が成り立つ時刻から微小時間$\varDelta t$後の速度を$v_4 + \varDelta v$, 電荷を$Q_4 + \varDelta Q$とすると, ④は

$$(v_4 + \varDelta v)Bl = \frac{Q_4 + \varDelta Q}{C} \quad \cdots\cdots\cdots ⑤$$

⑤－④をとり, 両辺を$\varDelta t$で割ると

$$\frac{\varDelta v}{\varDelta t}Bl = \frac{1}{C} \cdot \frac{\varDelta Q}{\varDelta t}$$

上式で, $\varDelta v/\varDelta t = a_4$, $\varDelta Q/\varDelta t = I_4$とし, 得られた$I_4$の式を③に代入すると

$$2ma_4 = mg - (a_4 CBl)Bl$$

$$\therefore \quad a_4 = \frac{m}{2m + CB^2l^2}\,g\,(>0)$$

上式より, 導体棒の速さは一定の割合で増加する。

速さの増加にともない, 単位時間あたりに重力のする仕事が増加し, その増加分は, 物体Aの運動エネルギーおよびコンデンサーに蓄えられる静電エネルギーの増加に使われる。コンデンサーにかかる電圧が耐電圧に達するまで, コンデンサーには静電エネルギーが蓄えられ続ける。

補足　図5の端a, bをつなぐ場合で, コイルのインダクタンスを$L$, 時計回りを回路の正の向きとする。静かに放してから時間$t$後の導体棒の速度, 電流の強さをそれぞれ$v_5$, $I_5$, その瞬間から微小時間$\varDelta t$経過するまでの電流の変化量を$\varDelta I$とすると, 回路の電圧について成り立つ式は

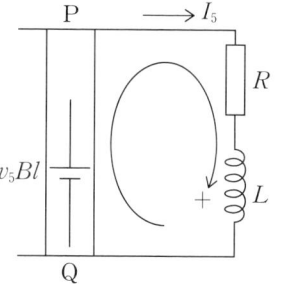

$$v_5Bl - L\frac{\varDelta I}{\varDelta t} = RI_5 \quad \cdots\cdots\cdots\cdots ⑥$$

最終的に$F = mg$となり導体棒の速さが$v_5 = v_T$に達した状態では, 電流の強さは一定値になる。このとき$\varDelta I/\varDelta t = 0$になるから, ⑥より, このときの電流の強さは

$$I_5 = \frac{v_5Bl}{R} = \frac{v_TBl}{R}\,(=I_T)$$

最終的な状態では, 重力が単位時間にする仕事は$mgv_T$であり, それがすべて抵抗器Rで単位時間に発生するジュール熱$mgv_T$に変わる。この状態において回路には一定の強さ$I_T$の電流が流れており, コイルには$(1/2)LI_T^2$のエネルギーが蓄えられている。

# 第4問

$\alpha$ 線はヘリウム原子核の流れ，$\beta$ 線は高速の電子の流れ，$\gamma$ 線は波長の短い電磁波である。$\beta$ 線の電子は，放射性崩壊によって**原子核から放出されたもの**であり，原子核のまわりを回っていた電子が出てきたものではない。電離作用が最も大きいのは，質量が大きく電荷をもつ $\alpha$ 線である。透過力が最も大きいのは，質量や電荷をもたないため，原子核や電子と相互作用しにくく通過しやすい**$\gamma$ 線**である。

磁束密度の大きさ $B$ の一様な磁場中に，磁場に垂直な方向から電荷 $q$，質量 $m$，速さ $v$ の粒子を入射させると，粒子は大きさ $|q|vB$ のローレンツ力を受けて円運動する。半径を $r$ として，円運動の運動方程式は

$$m\frac{v^2}{r} = |q|vB \quad \therefore \quad r = \frac{mv}{|q|B} \quad \cdots\cdots①$$

電子，ヘリウム原子核の電荷はそれぞれ $-e$，$2e$ と表され，それらの円運動の半径をそれぞれ $r_e$，$r_{\mathrm{He}}$ とすると，①で $B$ は共通であり，速さの比は約 19 倍である。選択肢の数字が有効数字 1 桁であるから，与えられた数値をそのまま使う必要はなく

$$\frac{r_e}{r_{\mathrm{He}}} \fallingdotseq \frac{(m_e/m_{\mathrm{He}})\cdot 19}{(|-e|/|2e|)\cdot 1} = 38 \times \frac{m_e}{m_{\mathrm{He}}}$$

$$= 38 \times \frac{9.1 \times 10^{-31}}{6.6 \times 10^{-27}} \fallingdotseq \mathbf{5 \times 10^{-3}}\ 倍$$

補足　とくに，$\beta$ 線の粒子の速さは光速に近くなる。このような運動には，相対論的な効果が現れるため，高校で習う古典力学で運動を記述することは難しくなる。

$\alpha$ 粒子であるヘリウム原子核は，2 つの陽子と 2 つの中性子からなるので，原子核が $\alpha$ 崩壊すると，核子の数は $2+2=4$ 減少する。質量数が 4 減少している核反応式は③である。核反応の前後で陽子数は 2 減少する。③の核反応式を原子番号も含めて表すと，以下のようになる。

$$^{238}_{92}\mathrm{U} \rightarrow {}^{234}_{90}\mathrm{Th} + {}^{4}_{2}\mathrm{He}$$

原子核 Y とヘリウム原子核が互いに遠ざかる際に及ぼし合う力は，核力と静電気力であり，それらは内力である。内力のみがはたらくとき，物体系の運

動量は保存される。初め原子核 X は静止していたので，物体系の運動量は 0 であり，互いに遠ざかる際の物体系の運動量も 0 である。このように運動量は増加しないので，答は④。

他の選択肢も確認しておく。$\alpha$ 崩壊により，物体系の質量は $M_{\mathrm{X}}$ から $(M_{\mathrm{Y}}+m_{\mathrm{He}})$ に変化するが

$$M_{\mathrm{X}} > M_{\mathrm{Y}} + m_{\mathrm{He}}$$

のように，質量は減少する。質量が $\Delta m$ 減少したとき，$\Delta m \cdot c^2$ のエネルギーが発生するので，物体系のエネルギーは

$$(M_{\mathrm{X}} - M_{\mathrm{Y}} - m_{\mathrm{He}})c^2$$

だけ増加する。このエネルギーを受け取り，原子核 Y とヘリウム原子核が互いに遠ざかるため，運動エネルギーは増加する。

補足　$\alpha$ 崩壊により生じるヘリウム原子核は，崩壊前の原子核の表面付近にあった 2 つの陽子と 2 つの中性子が結合してできたものであることが多い。$\alpha$ 崩壊によって別の原子核とヘリウム原子核が生じると，両者の間には，引力である核力と斥力である静電気力がはたらく。エネルギーを受け取って動き出し，ある程度離れると，核力の大きさより静電気力の大きさの方が大きくなって，原子核とヘリウム原子核はより離れていく。それらが十分離れた状態では，生じた原子核とヘリウム原子核のもつ運動エネルギーの和は，$\alpha$ 崩壊の際の質量の減少によって発生したエネルギーに等しいと考えられる。なお，$\alpha$ 崩壊で生じるヘリウム原子核の運動エネルギーは，$2\sim 8\ \mathrm{MeV}$ 程度である。

点 O を原点とし，ヘリウム原子核の進む向きを正とする $x$ 軸をとる。ヘリウム原子核と原子核 Y の座標は，それぞれ $L_{\mathrm{He}}$，$-L_{\mathrm{Y}}$ と表され，物体系の重心の座標は以下の式で表される。

$$\frac{m_{\mathrm{He}}L_{\mathrm{He}} + M_{\mathrm{Y}}(-L_{\mathrm{Y}})}{m_{\mathrm{He}} + M_{\mathrm{Y}}}$$

ここで，物体系には外力がはたらかないため，重心の座標は変化しない。$\alpha$ 崩壊直後の重心の $x$ 座標は 0 であるから

$$\frac{m_{\mathrm{He}}L_{\mathrm{He}} + M_{\mathrm{Y}}(-L_{\mathrm{Y}})}{m_{\mathrm{He}} + M_{\mathrm{Y}}} = 0$$

$$\therefore \quad m_{\mathrm{He}}L_{\mathrm{He}} = M_{\mathrm{Y}}L_{\mathrm{Y}}$$

$$\therefore \quad L_{\mathrm{Y}} : L_{\mathrm{He}} = \boldsymbol{m_{\mathrm{He}}} : \boldsymbol{M_{\mathrm{Y}}}$$

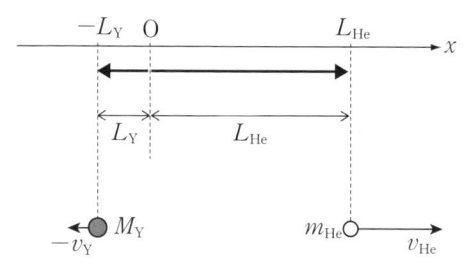

別解　α崩壊後の，ある瞬間のヘリウム原子核と原子核 Y の速さをそれぞれ $v_{He}$，$v_Y$ とすると，その速度はそれぞれ $v_{He}$，$-v_Y$ と表される。物体系の運動量保存より

$$m_{He}\, v_{He} + M_Y(-v_Y) = 0$$

$$\therefore\quad v_{He} : v_Y = M_Y : m_{He}$$

上式の左辺に微小時間 $\Delta t$ をかけると

$$v_{He}\Delta t : v_Y\Delta t = M_Y : m_{He}$$

上式は，微小時間 $\Delta t$ の間の移動距離の比が $M_Y : m_{He}$ になることを示す。点 O からヘリウム原子核，原子核 Y までの距離がそれぞれ $L_{He}$，$L_Y$ になるまでの時間を微小時間 $\Delta t$ ごとに区切って考えた場合も，各微小時間 $\Delta t$ の移動距離の比はすべて $M_Y : m_{He}$ になる。すると

$$L_{He} : L_Y = v_{He}\Delta t : v_Y\Delta t = M_Y : m_{He}$$

$$\therefore\quad L_Y : L_{He} = \boldsymbol{m_{He}} : \boldsymbol{M_Y}$$

# 模試 第2回

# 解　答

| 第1問 小計 | | 第2問 小計 | | 第3問 小計 | | 第4問 小計 | | 合計点 | /100 |
|---|---|---|---|---|---|---|---|---|---|

| 問題番号(配点) | 設問 | 解答番号 | 正解 | 配点 | 自己採点 | 問題番号(配点) | 設問 | 解答番号 | 正解 | 配点 | 自己採点 |
|---|---|---|---|---|---|---|---|---|---|---|---|
| 第1問 (25) | 1 | 1 | ⑤ | 5 | | 第3問 (25) | 1 | 12 | ⑥ | 5 | |
| | 2 | 2 | ④ | 3 | | | 2 | 13 | ① | 5 | |
| | | 3 | ③ | 2 | | | 3 | 14 | ③ | 3 | |
| | 3 | 4 | ⑤ | 5 | | | | 15 | ① | 2 | |
| | 4 | 5 | ③ | 5 | | | 4 | 16 | ③ | 5 | |
| | 5 | 6 | ④ | 5 | | | 5 | 17 | ④ | 5 | |
| 第2問 (25) | 1 | 7 | ③ | 5 | | 第4問 (25) | 1 | 18 | ① | 5 | |
| | 2 | 8 | ③ | 5 | | | 2 | 19 | ① | 5* | |
| | 3 | 9 | ② | 5 | | | | 20 | ⑤ | | |
| | 4 | 10 | ② | 5 | | | | 21 | ⑨ | | |
| | 5 | 11 | ④ | 5 | | | 3 | 22 | ① | 5 | |
| (注)　*は，全部正解の場合のみ点を与える。 | | | | | | | 4 | 23 | ② | 3 | |
| | | | | | | | | 24 | ① | 2 | |
| | | | | | | | 5 | 25 | ⑤ | 5 | |

# 物　　理

**問1** 　**1**　　⑤

1本のばねのばね定数を $k$，おもりの質量を $m$，重力加速度の大きさを $g$ とする。

図1(a) の直列に接続したばねについて，下のばねの自然長からの伸びを $x$，下のばねがおもりを引く力の大きさを $F(=kx)$ とすると，上のばねが下ばねを引く力の大きさも $F$，上のばねの自然長からの伸びも $x$ である。また，おもりにはたらく力のつり合いより，$F=mg$ である。すると，直列に接続したばねを1本のばね定数 $k_a$ のばねと見なすと，このばねはおもりを大きさ $F$ の力で引くとき，自然長からの伸びが $x+x=2x$ になるので

$$F = k_a \cdot 2x \qquad \therefore \quad k_a = \frac{F}{2x} = \frac{1}{2}k$$

よって，図1(a) の単振動の周期 $T_a$ は

$$T_a = 2\pi\sqrt{\frac{m}{k_a}} = 2\pi\sqrt{\frac{2m}{k}}$$

図1(b) の並列に接続したばねについて，1本のばねの自然長からの伸びを $x$，ばねがおもりを引く力の大きさを $F(=kx)$ とすると，おもりにはたらく力のつり合いより，$2F=mg$ である。すると，並列に接続したばねを1本のばね定数 $k_b$ のばねと見なすと，このばねはおもりを大きさ $2F$ の力で引くとき，自然長からの伸びが $x$ になるので

$$2F = k_b x \qquad \therefore \quad k_b = \frac{2F}{x} = 2k$$

よって，図1(b) の単振動の周期 $T_b$ は

$$T_b = 2\pi\sqrt{\frac{m}{k_b}} = 2\pi\sqrt{\frac{m}{2k}}$$

以上より

$$\frac{T_a}{T_b} = \frac{\sqrt{2m/k}}{\sqrt{m/2k}} = 2 \qquad \therefore \quad \boldsymbol{T_a = 2T_b}$$

**問2** 　**2**　④　　**3**　③

レンズが2つある場合は，1つ目のレンズ（ここでは凹レンズ）によって生じる像の位置に，仮想的に物体があるものとみなし，この仮想的な物体の像が2つ目のレンズ（ここでは凸レンズ）によってできると考える。なお，1つ目のレンズによる像の位置が，2つ目のレンズの後方になる場合は，仮想的な物体との距離に負号をつけて，2つ目のレンズについて写像公式を用いる。

凹レンズの位置から，凹レンズによってできる仮想的な像までの距離を $b$ とすると，写像公式より

$$\frac{1}{2a} + \frac{1}{b} = -\frac{1}{a} \qquad \therefore \quad b = -\frac{2}{3}a$$

$b<0$ より，この像は凹レンズの左側で凹レンズから距離 $2a/3$ の位置にできる。また，この像の大きさは

$$h \times \left|\frac{b}{2a}\right| = \left|\frac{-2a/3}{2a}\right|h = \frac{1}{3}h$$

この像は，凸レンズの左側（2つ目のレンズの前方）で凸レンズから距離 $2a/3 + a = 5a/3$ の位置にある。凸レンズの位置から，凸レンズによってできる像までの距離を $b'$ とすると，写像公式より

$$\frac{1}{5a/3} + \frac{1}{b'} = \frac{1}{a} \qquad \therefore \quad b' = \frac{5}{2}a$$

この像は凸レンズの右側で距離 $5a/2$ の位置にできるので，この位置の $x$ 座標は

$$x = 2a + a + \frac{5}{2}a = \frac{11}{2}\boldsymbol{a}$$

また，この像の大きさは，仮想的な像の大きさが $h/3$ であったことに注意して

$$\frac{1}{3}h \times \left|\frac{b'}{5a/3}\right| = \frac{1}{3} \times \left|\frac{5a/2}{5a/3}\right|h = \frac{1}{2}\boldsymbol{h}$$

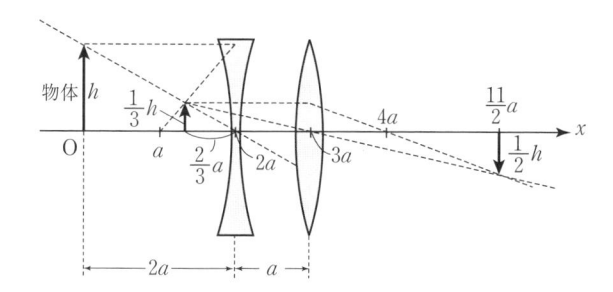

スティックが色づくのは，青空や夕焼けが見えるのと類似の現象である。スマートフォンのライトから出る白色光は，さまざまな色の光を含む。端A付近が青みがかって見えるのは，波長の短い紫色や青色の光が，スティックを形づくる分子によって強く**散乱**され，スティックの軸に対して垂直な方向に進むためであり，端B付近が橙色や赤色に見えるのは，波長の長い橙色や赤色の光が，あまり散乱されずに光スティック内を軸に平行に進むためである。また，スティックをつないで長くすると他端B付近の色合いの赤味が増すのは，光がスティックを通過する距離が増すほど，それだけ**散乱**によって波長の短い光が失われるからである。

スティックを強く曲げても，他端Bからスティックをのぞくと，明るい赤味を帯びた光が見えるのは，端Aに入射した光が円柱側面(空気とスティックの境界面)で**全反射**し，端Bまで到達したと考えられるためである。これは，光ファイバーが光を伝送する現象と類似の現象である。以上より，正解は⑤である。

なお，白色光がプリズムを通過すると，波長により屈折率が異なるため，波長ごとに光の進路が異なり色づいた帯が観測される。このように光が波長ごとに分かれる現象を分散という。

気体が吸収した熱量を$Q_{in}$，気体の内部エネルギーの変化量を$\Delta U$，気体が外部にした仕事を$W_{out}$とすると，熱力学第1法則より

$$Q_{in} = \Delta U + W_{out} \quad \cdots\cdots\cdots\cdots\cdots ①$$

気体の体積が増加するとき$W_{out} > 0$，減少するとき$W_{out} < 0$，さらに，図4でグラフと$V$軸の囲む面積が，$W_{out}$の絶対値に等しい。また，$\Delta U$は理想気体の温度の変化量に比例する。以上を踏まえて，個々の選択肢について確認していく。

①：過程A→Bは等温変化なので$\Delta U = 0$。よって，①より$Q_{in} = W_{out}$となるが，図4より$W_{out} > 0$なので，$Q_{in} \neq \Delta U$であるから，①は不適。

②：過程B→Cでは，気体の体積は増加しているので$W_{out} > 0$となり，②は不適。なお，この断熱過程では$Q_{in} = 0$なので，①より$\Delta U = -W_{out} < 0$とわかる。このため，過程B→Cは温度の低下する過程とわかる。

③：状態AとB，CとDの温度はそれぞれ等しい

ので，過程B→Cと過程D→Aの温度の変化量の絶対値は等しい。気体の内部エネルギーの変化量は温度の変化量に比例するので，過程B→Cと過程D→Aの気体の内部エネルギーの変化量の絶対値は等しい。よって，正解は③。なお，②で考察したように過程B→Cでは気体の温度は減少し，逆に過程D→Aでは気体の温度は増加する。

④：過程C→Dでは，気体の体積は減少しているので，外部が気体にする仕事は正であるが，気体が外部にする仕事$W_{out}$は負である。また，等温変化なので$\Delta U = 0$。よって，①より$Q_{in} = W_{out} < 0$となる。これは，気体が吸収した熱量が負，すなわち気体が放出した熱量が正であることを意味するので，④は不適。

順に確認していく。図5で，正の帯電棒を金属円板に近づけると，静電誘導により負の電荷をもつ電子が帯電棒に引きつけられ，金属円板は負に帯電する。帯電棒から遠いはくは電子が少なくなる結果，正に帯電したはくは開く。なお，負の帯電棒を金属円板に近づけた場合は，静電誘導で現れる電荷の正負は逆になる。

図6では，静電誘導により，金属塊の上面は負に，下面は正に帯電する。さらに，金属塊の下面の正電荷によって静電誘導が起こり，机の上面は負に帯電する。金属の板と金属塊の間には下向きの電気力線が生じ，金属塊と机の間にも下向きの電気力線が生じる。電気力線の向きは電場の向きに一致し，電気力線の向きに進むと電位が下がる。このため，金属の板の電位は金属塊の電位より高く，金属塊の電位は，机の上面の電位より**高い**。

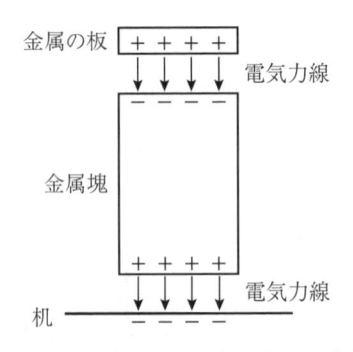

図7を図6と対比させて考えると，一番右のはくと机の上面付近に現れるのはそれぞれ正電荷と負電荷であるため，一番右のはくの電気力線は，**はくから出る向き**で机の上面付近に向かう。また，電気力

線の向きから，一番右のはくの電位は机の上面の電位より高い。ここで，金属円板とはく，金属円板に渡された金属棒は1つの導体とみなせる。導体内はどこも等電位のため，三つのはくの電位はすべて等しい。よって，三つのはくと机の上面との電位差はすべて等しく，はくと机の上面付近の間の電気力線の様子はどれでも同様と考えられる。よって，一番左のはくの電気力線も，**はくから出る向き**で机の上面付近に向かう。以上より，答は

④

どのはく検電器も，はくと机の上面付近の電気力線の様子が同様であることから，三つのはくにはほぼ同量の正電荷が現れると考えられ，三つのはくはほぼ同じ大きさに開く。

# 第2問

**問1**  7  ③

小球が滑り出した地点と点Bの間の距離は

$$\frac{h}{\sin 60°}$$

斜面 AB に沿って下向きを正の向きとして，小球が斜面 AB 上を運動するときの加速度を $a$ とおく。小球が斜面 AB を下る間，小球には重力と垂直抗力の合力として斜面方向下向きに一定の力（重力の斜面に平行な方向の成分）がはたらくので，運動方程式より

$$ma = mg\sin 60° \qquad \therefore \quad a = g\sin 60°$$

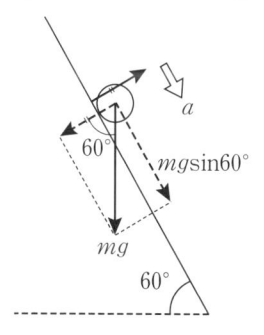

よって，等加速度運動の式より

$$\frac{h}{\sin 60°} = 0\cdot t_1 + \frac{1}{2}\cdot g\sin 60°\cdot t_1{}^2$$

$$\therefore \quad t_1 = \sqrt{\frac{2h}{g\sin^2 60°}} = \sqrt{\frac{8h}{3g}}$$

**問2**  8  ③

まず，時刻 $t = 0 \sim t_1$ では，小球は加速度 $a$ の等加速度運動を行うので，$v\text{-}t$ グラフの傾きが一定である。この時点で，この間のグラフが直線である①②③④に答を絞ることができる。

次に，時刻 $t = t_1 \sim t_2$ では，小球は等速直線運動するので，速さは $v_1$ のままである。

続く時刻 $t = t_2 \sim t_3$ では，小球と台を一つの系とすると，系にはたらく外力は重力と水平面からの垂直抗力だけであるから，系の水平方向の運動量は保存される。時刻 $t_3$ における小球の速さを $v_3$ とすると，この時刻での台の速さも $v_3$ と表されるので，時刻 $t_1$ と時刻 $t_3$ について運動量保存則を立てると

$$mv_1 = (m+2m)v_3 \qquad \therefore \quad v_3 = \frac{1}{3}v_1$$

このことから，答はさらに③④に絞られる。

時刻 $t = t_2$ 以降，小球と台が及ぼし合う垂直抗力の向きは，つねに斜面 ab に対して垂直であり，その大きさは一定である。小球にはたらく重力の向き，大きさも変化しないので，小球にはたらく力の合力の向き，大きさは一定である。このとき，運動の第2法則（運動方程式）より斜面 ab 上の小球の加速度は一定なので，$v\text{-}t$ グラフの傾きは一定である。このことから，最も適当な選択肢は③である。

**補足** 台の斜面 ab が水平面となす角を $\theta$，小球が台から受ける垂直抗力の大きさを $N$ とおく。また，水平方向は左向き，鉛直方向は下向きを正の向きとして，小球の加速度の水平成分，鉛直成分をそれぞれ $a_x$，$a_y$，台の加速度を $A$ とする。水平，鉛直方向の小球の運動方程式は

$$水平方向：ma_x = N\sin\theta \cdots\cdots\cdots①$$
$$鉛直方向：ma_y = mg - N\cos\theta \quad\cdots\cdots②$$

また，台が小球から受ける垂直抗力は，小球が台から受ける垂直抗力と作用・反作用の関係にあることに注意すると，台の水平方向の運動方程式は

$$2m\cdot A = -N\sin\theta \quad\cdots\cdots\cdots\cdots③$$

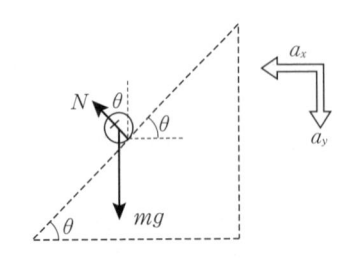

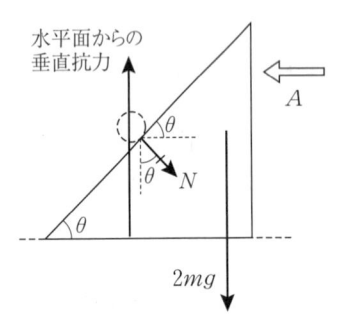

ここで，台に対する小球の相対加速度の水平成分，鉛直成分はそれぞれ $a_x - A$，$a_y$ と表され，この相対加速度は斜面 ab に平行，すなわち，相対加速度が水平方向となす角は $\theta$ である。このことを表す式は

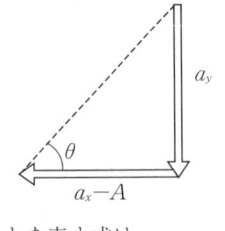

$$\tan\theta = \frac{a_y}{a_x - A} \quad \cdots\cdots\cdots\cdots\cdots ④$$

①〜④より $a_x$，$a_y$，$A$，$N$ を，$m$，$g$，$\theta$ を用いて表すことができる。なお，$a_x$，$a_y$ を計算するまでもなく，①，②より $a_x$，$a_y$ は一定なので，小球の加速度は一定であり，時刻 $t = t_2$ 以降の $v$–$t$ グラフは直線となることが確認できる。

**問3** ⬛ 9 ⬛ ②

個々の選択肢について確認していく。

①：小球が斜面 AB を滑っている間，小球には重力と垂直抗力がはたらく。垂直抗力は運動方向に対してつねに垂直にはたらくので仕事をしない。すなわち，保存力である重力以外に仕事をする力がないので，力学的エネルギーは保存する。よって，①は不適。

②：問2で確認したように，時刻 $t = t_2 \sim t_3$ で台の速さは 0 から $v_3$ まで増加するので，台の運動エネルギーは増加する。正解は②。台の運動エネルギーが増加するのは，台が水平方向へ動くために，台が小球から受ける垂直抗力と台の変位が垂直でなく，この垂直抗力が台に正の仕事をするためである。な

お，小球が台から受ける垂直抗力と小球の変位も垂直でなく，この垂直抗力が小球に負の仕事をするため，小球の力学的エネルギーは減少する。

③：小球と台からなる系の力学的エネルギーは保存される。台の力学的エネルギーが増加する分だけ，小球の力学的エネルギーは減少する。③は不適。

④：時刻 $t_3$ の瞬間，小球は台に対して静止するが，小球も台も水平面 BC に対して速さ $v_3$ で運動している。この瞬間の小球の運動量は 0 ではないので，④は不適。

⑤：重力による位置エネルギーの基準を水平面 BC にとる。この場合，時刻 $t = 0$ で小球のもつ力学的エネルギーは $mgh$ だが，この力学的エネルギーの一部が台の運動エネルギーになる。さらに時刻 $t = t_3$ での小球の運動エネルギーは 0 でなく $(1/2)m(v_1/3)^2$ である。以上より，時刻 $t = t_3$ での小球の重力による位置エネルギーは $mgh$ よりも小さい。よって，⑤は不適。

**問4** ⬛ 10 ⬛ ②

図2のグラフは右下がりの曲線なので，$M/m$ が大きい，すなわち $M$ が $m$ に比べて**大きい**ほど $v_4$ は小さくなることがわかる。

また，図2のグラフと横軸が重なるとき，すなわち $v_4 = 0$ のとき，時刻 $t = t_2$，$t_4$ で運動量保存則を立てると

$$mv_1 = m\cdot 0 + MV_4 \quad \therefore \quad \frac{v_1}{V_4} = \frac{M}{m}$$

同様に力学的エネルギー保存則を立てると

$$\frac{1}{2}mv_1^2 = \frac{1}{2}m\cdot 0^2 + \frac{1}{2}MV_4^2$$

$$\therefore \quad \left(\frac{v_1}{V_4}\right)^2 = \frac{M}{m}$$

$$\therefore \quad \left(\frac{M}{m}\right)^2 = \frac{M}{m} \quad \therefore \quad \frac{M}{m} = 1$$

$$\therefore \quad M = m$$

$M = 2m(M/m = 2)$ のとき，図2のグラフ上で $M/m = 2$ は $M/m = 1$ より右側に位置するから，このときの $v_4$ は負の値をとる。すると，このとき小球は**負**の向きに運動していることがわかる。以上より，正しい選択肢は②。

補足 図2，図3の $v_4$ と $V_4$ のグラフを，式で表しておこう。時刻 $t = t_2$，$t_4$ で運動量保存則を立てると

$$mv_1 = mv_4 + MV_4 \cdots\cdots\cdots\cdots\cdots\cdots ⑤$$

同様に力学的エネルギー保存則を立てると

$$\frac{1}{2}mv_1{}^2 = \frac{1}{2}mv_4{}^2 + \frac{1}{2}MV_4{}^2 \quad\cdots\cdots ⑥$$

⑤より

$$v_4 = \frac{1}{m}(mv_1 - MV_4) \quad\cdots\cdots\cdots\cdots\cdots ⑦$$

⑦を⑥に代入して式を整理すると

$$mv_1{}^2 = \frac{1}{m}(mv_1 - MV_4)^2 + MV_4{}^2$$

$$\therefore \quad 0 = -2mMv_1V_4 + M(m+M)V_4{}^2$$

$$\therefore \quad \{(m+M)V_4 - 2mv_1\}V_4 = 0$$

$V_4 \neq 0$ の解は

$$V_4 = \frac{2m}{m+M}v_1 = \frac{2}{1+M/m}v_1 \quad\cdots\cdots\cdots ⑧$$

$M/m = z$ とおくと, ⑧のグラフは

$$V_4 = \frac{2}{z}$$

のグラフを $v_1$ 倍し, $-z$ 向きに 1 だけ平行移動させたものになり, 図3のグラフが得られる。グラフ上の値を確認しておくと, $m$ に比べて $M$ が十分小さいとき, すなわち $M/m \fallingdotseq 0$ のとき, ⑧より

$$V_4 \fallingdotseq \frac{2}{1+0}v_1 = 2v_1$$

$m$ に比べて $M$ が十分大きいとき, すなわち $M/m \fallingdotseq \infty$ のとき, ⑧より

$$V_4 \fallingdotseq \frac{2}{1+\infty}v_1 = 0$$

次に⑦に⑧を代入すると

$$v_4 = \frac{1}{m}\left(mv_1 - \frac{2mM}{m+M}v_1\right)$$

$$= v_1 - \frac{2M}{m+M}v_1$$

$$= \frac{m-M}{m+M}v_1 = \frac{1-M/m}{1+M/m}v_1$$

$$= \frac{2-(1+M/m)}{1+M/m}v_1$$

$$= \left(\frac{2}{1+M/m}-1\right)v_1 \quad\cdots\cdots\cdots\cdots ⑨$$

$M/m = z$ とおくと, ⑨のグラフは

$$v_4 = \frac{2}{z}$$

のグラフを $-z$ 向きに 1 だけ平行移動させ, $-v_4$ 向きに 1 だけ平行移動させたものを $v_1$ 倍したもの

になり, 図2のグラフが得られる。グラフ上の値を確認しておくと, $m$ に比べて $M$ が十分小さいとき, すなわち $M/m \fallingdotseq 0$ のとき, ⑨より

$$v_4 \fallingdotseq \left(\frac{2}{1+0}-1\right)v_1 = v_1$$

$m$ に比べて $M$ が十分大きいとき, すなわち $M/m \fallingdotseq \infty$ のとき, ⑨より

$$v_4 \fallingdotseq \left(\frac{2}{1+\infty}-1\right)v_1 = -v_1$$

なお, ⑧, ⑨で $M = 2m(M/m = 2)$ とすると

$$V_4 = \frac{2}{1+2m/m}v_1 = \frac{2}{3}v_1$$

$$v_4 = \left(\frac{2}{1+2m/m}-1\right)v_1 = -\frac{1}{3}v_1$$

が得られる。$v_4 < 0$ より, 時刻 $t = t_4$ で小球は確かに負の速度をもつ。

**問5** 　**11**　 ④

先生の発言より, 図2と図3は同じ形をしているので, 2つのグラフの縦軸の値の差はどこでも一定である。その差は $M/m \fallingdotseq 0$, $M/m \fallingdotseq \infty$ のいずれで調べてもよく

$$2v_1 - v_1 = 0 - (-v_1) = v_1$$

これは, 衝突直後(時刻 $t = t_4$)における小球と台の相対速度の大きさである。一方, 衝突直前(時刻 $t = t_2$)における小球と台の相対速度の大きさは

$$|0 - v_1| = |-v_1| = v_1$$

はねかえり係数 $e$ は, 衝突前後の相対速度の大きさの比で表されるので

$$e = \frac{v_1}{v_1} = 1$$

これは, 力学的エネルギーが保存される弾性衝突($e = 1$)と見なせる。

補足　⑧, ⑨より, 衝突直後における小球に対する台の相対速度を求めると

$$V_4 - v_4 = \frac{2}{1+M/m}v_1 - \left(\frac{2}{1+M/m}-1\right)v_1$$

$$= v_1$$

となり, 確かに $v_1$ になることが確かめられる。

# 第3問

**問1** `12` **⑥**

　振り子が静止しているとき，棒 AB と重力の作用線との距離は $L\sin\theta$ であり，重心 G には大きさ $mg$ の重力がはたらいている。よって，重心 G にはたらく重力の棒 AB のまわりのモーメントは反時計回りであり，その大きさ $N_g$ は

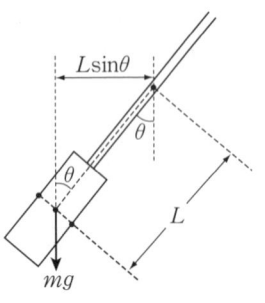

$$N_g = mg \cdot L\sin\theta$$
$$= \boldsymbol{mgL\sin\theta}$$

　右ねじの法則より，コイルの内部には鉛直上向きの磁場が生じている。コイル内の磁場の強さは $H$ であるので，N 極は磁場から鉛直上向きに，S 極は鉛直下向きにそれぞれ大きさ $qH$ の力を受ける。大きさが等しく互いに逆向きで作用線の異なる 2 力は偶力であり，右図より作用線間の距離は $d\cos\theta$ であるから，これらの力のモーメントの大きさは

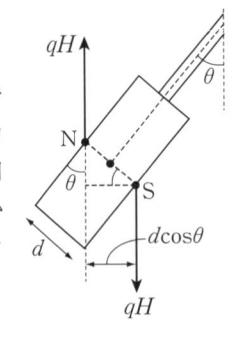

$$N_q = qH \times d\cos\theta$$
$$= \boldsymbol{qHd\cos\theta}$$

　点 $M_1$（N 極），$M_2$（S 極）を通る鉛直線の間隔は $d\cos\theta$ であり，重心 G を通る鉛直線は，それらの鉛直線と等距離にある。重心 G を通る鉛直線と棒 AB との距離は $L\sin\theta$ であったから，$M_1$，$M_2$ を通る鉛直線と棒 AB との距離は，それぞれ

$$L\sin\theta + \frac{1}{2}d\cos\theta,\ L\sin\theta - \frac{1}{2}d\cos\theta$$

と表される。よって，磁場から N 極，S 極が受ける力の棒 AB のまわりのモーメントの和は，反時計回りを正として

$$-qH\left(L\sin\theta + \frac{1}{2}d\cos\theta\right)$$

$$+ qH\left(L\sin\theta - \frac{1}{2}d\cos\theta\right)$$

$$= -qHd\cos\theta$$

となり，その大きさは

$$|-qHd\cos\theta| = qHd\cos\theta\ (=N_q)$$

と求められ，$L$ を含まない式で表される。このよう

に，偶力のモーメントは，回転中心からの距離に依存しないという特徴がある。

**問2** `13` **①**

　ソレノイドコイル内に生じる磁場の強さ $H$ は，コイルの単位長さあたりの巻数を $n$，コイルに流れる電流の強さを $I$ として

$$H = nI$$

と表すことができる。このように，コイル内の磁場の強さは電流に**比例**する。

　問題文に与えられた $\tan\theta$ の式より，$q$，$H$，$d$，$m$，$g$ が一定のとき，$\tan\theta$ は $L$ に反比例する。$0° < \theta < 90°$ の範囲で $\tan\theta$ は $\theta$ の増加関数なので，$L$ を小さくすることによって $\tan\theta$，すなわち $\theta$ を大きくすることができる。つまり，棒 AB の位置を磁石に**近づく**向きにずらせばよい。

　コイル内では磁力線の密度と向きは一様であるが，コイル外で磁力線は広がるため，**磁場の向きと大きさが一様でなくなる**。すると，磁場が鉛直上向きで強さ $H$ ではなくなるので，問題文に与えられた $\tan\theta$ の式が成り立たなくなる。

　なお，渦電流とは磁場が変化する空間中に置かれた金属などの導体に生じる渦状の電流のことであり，振り子が静止した状態において，フェライト磁石による渦電流は生じない。

**補足**　振り子にはたらく力について整理しておく。振り子には，大きさ $mg$ の重力，大きさ $qH$ の N 極および S 極が受ける磁気力，回転軸受けからの垂直抗力がはたらき，すべての力は鉛直方向の成分のみをもつ。垂直抗力の大きさを $N$ とすると，振り子にはたらく力のつり合いの式は

$$-mg + qH - qH + N = 0$$

$$\therefore\quad N = mg$$

また，回転軸受けからの垂直抗力の作用線は棒 AB を通り，この作用線から棒 AB までの距離は 0 である。反時計回りを正として，振り子にはたらく力の棒 AB のまわりのモーメントのつり合いの式は，**問2** の結果を用いて

$$N_g - N_q + N \cdot 0 = 0$$
$$\therefore \quad mgL\sin\theta - qHd\cos\theta = 0$$
$$\therefore \quad \tan\theta = \frac{qHd}{mgL}$$

となり，問題文に与えられた $\tan\theta$ の式が得られる。

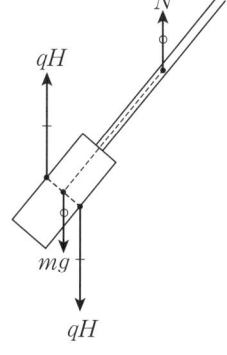

**問3** ▨ **14** ③ ▨ **15** ①

抵抗値が一定の場合，電流は電圧に比例し，電圧を 0.5 倍にすると電流の強さも 0.5 倍になる。しかし電球では電流は電圧に比例せず，それらの関係は図4(a) のようなグラフになる。このため，電池の数を減らして豆電球にかかる電圧を 0.5 倍にすると，流れる電流は 0.5 倍にならず，1 倍より小さく 0.5 倍よりも少し大きい値になる。コイル内の磁場の強さは電流に比例するから，問題文に与えられた $\tan\theta$ の式より，$\tan\theta_1$ は $\tan\theta_2$ の **1 倍より小さく 0.5 倍より大きい値**になる。

また，図4(b) のグラフ上の点 $(i,\ v)$ と，原点 O を結ぶ直線の傾き

$$\frac{v}{i}$$

が，電圧 $v$ における抵抗値を表す。図より，$v$ が小さくなるとグラフの傾きが小さくなるので，抵抗値は**小さくなる**ことがわかる。

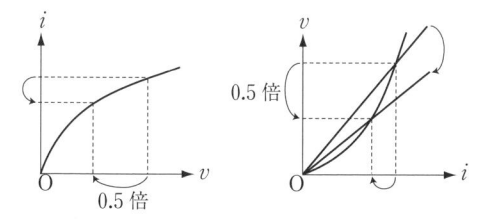

電圧が小さくなると電流も小さくなり，豆電球の消費電力（単位時間あたりに消費されるエネルギー）も小さくなる。すると熱平衡状態のフィラメントの温度は下がり，フィラメントを構成する原子の熱振動がゆるやかになる。すると，自由電子がフィラメント内を通過しやすくなる結果，抵抗値は小さくなる。

**問4** ▨ **16** ③

フェライト磁石が運動するとコイルを貫く磁束が変化するので，コイルには誘導起電力が発生し，誘導電流が流れる。また，誘導起電力が等しい場合，回路の抵抗が大きいほど誘導電流は小さくなるので，回路の抵抗が大きいほど，消費電力は小さくなる。(a)，(b)，(c) を，それぞれ，抵抗値 $r$ の抵抗器，抵抗器が 2 個直列接続されたもの（合成抵抗 $2r$），抵抗器が 2 個並列接続されたもの（合成抵抗 $r/2$）と同様に考えれば，それらを抵抗値の大きい順に並べると

$$(b),\ (a),\ (c)$$

となり，消費電力の小さい順番に並べると

$$(b),\ (a),\ (c)$$

となる。

振り子が振動すると，力学的エネルギーの一部が豆電球で光や熱として失われ，最終的にストローが鉛直方向となす角度が 0° になって振り子は静止する。振り子が振動するときに消費される電力（単位時間あたりに消費されるエネルギー）が小さい方が，力学的エネルギーの減少が時間的にゆるやかで，振り子が静止するまでの時間は長くなる。よって，振り子を放してから静止するまでの時間を長い順に並べたものは，以下のようになる。

$$(b),\ (a),\ (c)$$

**補足** 豆電球の特性曲線を縦軸に電圧 $v$，横軸に電流 $i$ としたグラフは，次図のようになる。また，(a) の回路で，コイルに生じる誘導起電力が $v_0$ のとき豆電球に流れる電流を $i_a$ とする。(b) の直列回路では，1 個の豆電球にかかる電圧が $v_0/2$ なので，豆電球に流れる電流を図から読み取ると $i_b (< i_a)$ となる。同様に，(c) の並列回路では，豆電球にかかる電圧が $v_0$ なので，1 個の豆電球に流れる電流は $i_a$（回路全体を流れる電流は $i_a + i_a$）である。すると，誘導起電力が $v_0$ のときの (a)，(b)，(c) の回路全体の抵抗値 $r_a$，$r_b$，$r_c$ はそれぞれ

$$r_a = \frac{v_0}{i_a}, \quad r_b = \frac{(v_0/2)\times 2}{i_b} = \frac{v_0}{i_b},$$

$$r_c = \frac{v_0}{i_a + i_a} = \frac{v_0}{2i_a}$$

上式より $r_a > r_c$ がわかり，また $i_a > i_b$ より $r_a < r_b$ がわかるので，結局

$$r_b > r_a > r_c$$

が言える。このように，豆電球を抵抗値 $r$ の抵抗で

置き換えなくても，(a)，(b)，(c) を抵抗値の大きい順に並べたものは

(b)，(a)，(c)

とわかる。

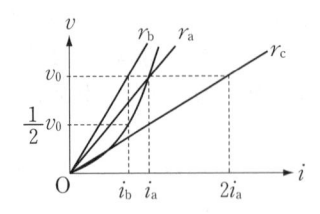

**問5** 　17　④

振り子に初速度を与えた直後，フェライト磁石のS極がコイルに近づくので，**コイルを上向きに貫く磁束が増加する**。すると，ファラデーの電磁誘導の法則より，コイルには下向きの磁束をつくるような誘導電流が流れ，その向きは，右ねじの法則より，**ア**である。正解は

④

誘導電流の向きは，フェライト磁石のS極が近づくのを妨げるように，コイルがつくる電磁石の上側がS極になり，そのために誘導電流の向きが**ア**になる，と考えてもよい。

補足　同様の考え方は，**問4**でも成り立つ。回路の抵抗値が大きい方が，誘導電流が小さくコイルがつくる電磁石の磁力が弱くなるので，フェライト磁石のS極が近づくのを妨げるはたらきが弱い。また，振り子が半回転した後コイルのN極が近づく場合もN極が近づくのを妨げるように誘導電流が流れるが，回路の抵抗値が大きい方が，フェライト磁石のN極が近づくのを妨げるはたらきが弱い。すると，抵抗値が大きいほどフェライト磁石の運動を妨げるはたらきが弱くなって，振り子が静止するまでの時間は長くなる。これは，この現象をエネルギー的に考察した**問4**の結果と一致する。

# 第4問

**問1** 　18　①

油滴の質量を $M$ とする。極板間の電場が 0 のとき，油滴は一定の速さ $v_0$ で落下するので，油滴にはたらく力のつり合いより

$$Mg = kv_0 \quad \cdots\cdots\cdots\cdots\cdots ①$$

極板間に電圧をかけると，極板間には電場が生じ，油滴は電場から**静電気力**を受ける。油滴が一定の速さ $v'$ で上昇しているとき，油滴にはたらく力は図のようになる。油滴にはたらく力のつり合いより

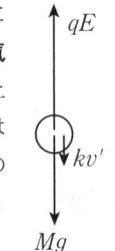

$$qE = Mg + kv'$$

上式に，①の $Mg = kv_0$ を代入すると

$$qE = kv_0 + kv'$$

$$\therefore \quad q = \frac{k}{E}(v_0 + v')$$

**問2** 　19　①　20　⑤　21　⑨

それぞれの測定値〔$\times 10^{-19}$ C〕の差を求めると，下表のようになる。

| 測定値 | 1.602 | 3.180 | 4.790 | 9.528 | 12.70 |
|---|---|---|---|---|---|
| 差 | | 1.578 | 1.610 | 4.738 | 3.172 | |

電気量の差のうち，最も小さい値 $1.578 \times 10^{-19}$ C が電気素量 $e$ に近いと考えられる。$e$ をこの程度の値と見積もり，改めて各測定値を $e$ の整数倍で表すと，左から順に $e$，$2e$，$3e$，$6e$，$8e$ となる。ここで，測定値は誤差を含み，真の値より大きい場合も小さい場合もあることを考慮し，誤差をなるべく小さくするように計算すると

$$(e + 2e + 3e + 6e + 8e)$$
$$= (1.602 + 3.180 + 4.790 + 9.528 + 12.70) \times 10^{-19}$$

$$\therefore \quad e = \frac{31.80 \times 10^{-19}}{20} = 1.59 \times 10^{-19} \text{C}$$

**問3** 　22　①

電子は陰極 F と陽極 A の間の電圧 $V$ によって $eV$ の仕事をされるから，エネルギーの原理（〔運動エネルギーの変化量〕＝〔された仕事〕）より

$$\frac{1}{2}mv^2 - \frac{1}{2}m \cdot 0^2 = eV$$

$$\therefore \quad v = \sqrt{\frac{2eV}{m}}$$

以下に別解を示す。FA 間の距離を $d_0$ とし，この間の電場の強さを一定とすると，その強さは $V/d_0$ と表される。運動方程式より，FA 間の加速度の大きさ $a$ は

$$ma = e\frac{V}{d_0} \quad \therefore \quad ad_0 = \frac{eV}{m}$$

等加速度運動の式より

$$v^2 - 0^2 = 2ad_0 \quad \therefore \quad v = \sqrt{2ad_0} = \sqrt{\frac{2eV}{m}}$$

**問4** 　**23**　②　**24**　①

以下では，輝点が 2 つ現れる状況を確認し，その後，輝点の間隔 $d$ が 0，最大になる場合について考察する。

まず，コンデンサー $C_1$ に入射した負の電荷をもつ電子は，極板間の電場によってその進路が曲げられ，上向きの電場が生じているときの進路は下向きに，下向きの電場が生じているときの進路は上向きになる。電子が直進して隔壁 $P_2$ 中の小穴を通過できるのは，$C_1$ の極板間の電圧が 0 の場合に限られる。図 3 の横軸を時刻 $t$ とすると，電子が直進できる時刻は，時刻 $t = 0,\ T/2,\ T,\ 3T/2,\ \cdots$ に限られる。

次に，隔壁 $P_2$ 中の小穴を通過できた後コンデンサー $C_2$ に入射する電子は，極板間の電場によってその進路が曲げられ，上向きの電場が生じているときの進路は下向きに，下向きの電場が生じているときの進路は上向きになる。電子が直進して点 O に達するのは，$C_2$ の極板間の電圧が 0 だった場合に限られる。

問題文の「電子の加速電圧 $V$ をある値にしたところ，蛍光板 S には点 O に関して上下対称となる 2 か所に電子線が当たり，それぞれの位置に 2 つの輝点が現れた」という状況は，極板間電圧が 0 のときに電子がコンデンサー $C_1$ を通過して直進し，その後通過するコンデンサー $C_2$ では，極板間電圧が 0 でなかった場合である。電子が 2 つのコンデンサー間を通過する時間は $l/v$ なので，ある時刻 $t\,(= 0,\ T/2,\ T,\ 3T/2,\ \cdots)$ で $C_1$ を通過した電子は，時間 $l/v$ だけ後，すなわち時刻 $t + l/v$ で $C_2$ を通過する。たとえば通過する時間 $l/v = T/3$ とすると，時刻 $t = 0$ で $C_1$ を通過した電子は直進し，時刻 $t = 0 + T/3 = T/3$ で $C_2$ に到達するが，図 3 よりこのときの電位は正であるため，この電子の進路は $C_2$ で曲げられて S に達する。また，時刻 $t = T/2$ で $C_1$ を

通過した電子も直進し，時刻 $t = T/2 + T/3 = 5T/6$ で $C_2$ に到達するが，図 3 よりこのときの電位は負であるため，この電子の進路は $C_2$ で逆向きに曲げられ，S 上の点 O に関して逆側に達する。このようなことが起きるため，時刻 $t = 0,\ T/2$ で $C_1$ を通過した電子は，S で点 O に関して上下逆側に達する。同様に，時刻 $t = T,\ 2T,\ 3T,\ \cdots$ で $C_1$ を通過した電子は時刻 $t = 0$ で $C_1$ を通過した電子と同じ位置に達し，時刻 $t = 3T/2,\ 5T/2,\ 7T/2,\ \cdots$ で $C_1$ を通過した電子は時刻 $t = T/2$ で $C_1$ を通過した電子と同じ位置に達する。

（図は $l/v = T/3$ の場合）

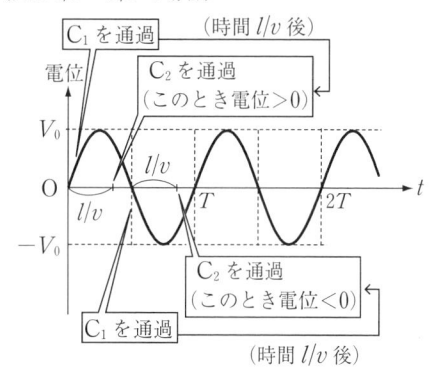

輝点の間隔 $d$ が 0，すなわち時刻 $t = 0,\ T/2,\ T,\ 3T/2,\ \cdots$ に $C_1$ を通過したすべての電子が $C_2$ も直進して点 O に達するのは，この電子が $C_2$ を通過するときの電圧がちょうど 0 である場合である。このようになるのは，2 つのコンデンサー間を通過する時間 $l/v$ が

$$\frac{l}{v} = \frac{1}{2}T,\ T,\ \frac{3}{2}T,\ \cdots$$

となる場合であり，上の関係を自然数 $n$ を用いて表すと

$$\frac{l}{v} = \boldsymbol{n}\frac{\boldsymbol{T}}{\boldsymbol{2}} \quad (n = 1,\ 2,\ 3,\ \cdots)$$

一方，輝点の間隔 $d$ が最大，すなわち時刻 $t = 0,\ T/2,\ T,\ 3T/2,\ \cdots$ に $C_1$ を通過した電子の進路が $C_2$ で大きく曲げられるのは，$C_2$ を通過するときの電圧の絶対値が最大の場合である。このようになるのは，2 つのコンデンサー間を通過する時間 $l/v$ が

$$\frac{l}{v} = \frac{1}{4}T,\ \frac{3}{4}T,\ \frac{5}{4}T,\ \frac{7}{4}T,\ \cdots$$

となる場合であり，上の関係を自然数 $n'$ を用いて表すと

$$\frac{l}{v} = (2n'-1)\frac{T}{4} \quad (n'=1,\ 2,\ 3,\ \cdots)$$

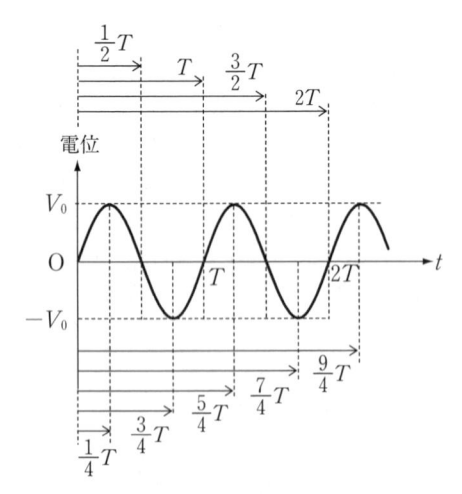

　加速電圧 $V = V_1$, $V_2$ での $C_1$ への入射時の速さ $v$ をそれぞれ $v_1$, $v_2$ とする。**問3**より

$$v_1 = \sqrt{\frac{2eV_1}{m}} \quad \cdots\cdots\cdots\cdots\cdots\cdots ①$$

$$v_2 = \sqrt{\frac{2eV_2}{m}} \quad \cdots\cdots\cdots\cdots\cdots\cdots ②$$

と表され，$V_1 > V_2$ より $v_1 > v_2$，すなわち 2 つのコンデンサー間を電子が通過する時間の大小について

$$\frac{l}{v_1} < \frac{l}{v_2}$$

とわかる。ここで，加速電圧 $V$ を $V_1$ から $V_2$ まで小さくしたときに再び輝点の間隔 $d = 0$ になったのだから，**問4**の考察より，2 つのコンデンサー間を電子が通過する時間の差は $T/2$ であり，以下の関係が成り立つ。

$$\frac{l}{v_2} - \frac{l}{v_1} = \frac{T}{2}$$

上式に①の $v_1$，②の $v_2$ を代入すると，電子の比電荷 $e/m$ が，$V_1$，$V_2$，および **$T$ と $l$** を用いて表される。よって答は⑤。

<u>補足</u> 比電荷をきちんと計算しておく。**問4**で求めた条件式より，$V = V_1$, $V_2$ での $n$ をそれぞれ $n_1$，$n_2$ として

$$\frac{l}{v_1} = n_1\frac{T}{2}, \quad \frac{l}{v_2} = n_2\frac{T}{2}$$

加速電圧 $V$ を $V_1$ から $V_2$ まで小さくしたときに再び輝点の間隔 $d = 0$ になったのだから，$n_1$ と $n_2$ の

差は 1 であり，$n_2 = n_1 + 1$ である。するとこの式は

$$\frac{l}{v_1} = n_1\frac{T}{2}, \quad \frac{l}{v_2} = (n_1+1)\frac{T}{2}$$

$$\therefore \quad \frac{l}{v_2} - \frac{l}{v_1} = (n_1+1)\frac{T}{2} - n_1\frac{T}{2} = \frac{T}{2}$$

上式に①の $v_1$，②の $v_2$ を代入すると

$$\frac{l}{\sqrt{2eV_2/m}} - \frac{l}{\sqrt{2eV_1/m}} = \frac{T}{2}$$

$$\therefore \quad \left(\frac{1}{\sqrt{V_2}} - \frac{1}{\sqrt{V_1}}\right)^2 \frac{l^2 m}{2e} = \frac{T^2}{4}$$

$$\therefore \quad \frac{e}{m} = \frac{2l^2}{T^2}\left(\frac{1}{\sqrt{V_2}} - \frac{1}{\sqrt{V_1}}\right)^2$$

が得られ，比電荷 $e/m$ が，$V_1$，$V_2$，$T$，$l$ を用いて表されることが確認できる。

<u>補足</u> 図3の電位のグラフの最大値 $V_0$ が大きいほど電子が $C_2$ 間の電場から受ける静電気力が大きくなり，輝点の間隔 $d$ も大きくなる。ただしここでは $d = 0$ の場合を考えるので，$V_0$ は比電荷には直接影響しない。また，$C_2$ と S との距離 $L$ が大きいほどこの間を電子が移動する時間が長くなって $d$ も大きくなる。ただしここでは $d = 0$ の場合を考えるので，$L$ も比電荷には直接影響しない。$V_0$ や $L$ を含まない選択肢は，答の⑤のみである。

　なお，**問4**の

$$\frac{l}{v} = n\frac{T}{2}$$

は $n$ を含むが，**問5**では $V_1$，$V_2$ を使うことが前提なので，$V_1$，$V_2$ を用いる場合，$n$ は比電荷を求めるのに必要な物理量ではなくなる。

# 模試 第3回

## 解　答

| 第1問<br>小計 | | 第2問<br>小計 | | 第3問<br>小計 | | 第4問<br>小計 | | 合計点 | /100 |
|---|---|---|---|---|---|---|---|---|---|

| 問題<br>番号<br>(配点) | 設問 | 解答<br>番号 | 正解 | 配点 | 自己採点 | 問題<br>番号<br>(配点) | 設問 | 解答<br>番号 | 正解 | 配点 | 自己採点 |
|---|---|---|---|---|---|---|---|---|---|---|---|
| 第1問<br>(25) | 1 | 1 | ⑥ | 5 | | 第3問<br>(25) | 1 | 11 | ① | 5 | |
| | 2 | 2 | ① | 5 | | | 2 | 12 | ⑦ | 5* | |
| | 3 | 3 | ③ | 5 | | | | 13 | ⑨ | | |
| | 4 | 4 | ⑤ | 5 | | | 3 | 14 | ⑥ | 5 | |
| | 5 | 5 | ⑤ | 5 | | | 4 | 15 | ③ | 4* | |
| 第2問<br>(25) | 1 | 6 | ③ | 5 | | | | 16 | ① | | |
| | 2 | 7 | ④ | 5 | | | | 17 | ① | | |
| | 3 | 8 | ⑥ | 5 | | | 5 | 18 | ① | 3 | |
| | 4 | 9 | ③ | 5 | | | | 19 | ① | 3 | |
| | 5 | 10 | ⑨ | 5 | | 第4問<br>(25) | 1 | 20 | ④ | 5 | |
| (注)<br>＊は，全部正解の場合のみ点を与える。 | | | | | | | 2 | 21 | ② | 5 | |
| | | | | | | | 3 | 22 | ③ | 5 | |
| | | | | | | | 4 | 23 | ② | 5 | |
| | | | | | | | 5 | 24 | ① | 5 | |

## 第1問

**問1** 1 ⑥

　Aさんの運動にかかわらず音速は一定のまま $V$ であるので，Aさんの進む向きに音波は単位時間に $V$ だけ進んでいる。一方，単位時間にAさんは同じ向きに $v$ だけ進むから，Aさんから見た音波の速さは $V-v$ と表される。Aさんのおんさからは単位時間に $f$ 個の波が送り出されて，これが $V-v$ の長さに含まれる。よって，Aさんから見た音波の波長を $\lambda$ とすると

$$\lambda = \frac{V-v}{f}$$

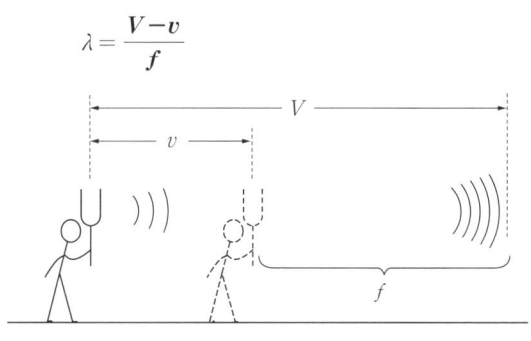

　なお，静止した人から見ても波長は変化しないので，静止した人から見た波長も上式の $\lambda$ で表される。

**問2** 2 ⓪

　小球Pは最高点でQに衝突したので，衝突直前のPの速度を $\vec{v_P}$ とすると，$\vec{v_P}$ は水平方向右向きで，その大きさは $v\cos45° = v/\sqrt{2}$ である。また，Pが投げ出されてから最高点に達するまでの時間を $t$ とすると，最高点ではPの鉛直方向の速度が $0$ となるので，重力加速度を $g$ として

$$v\sin45° - gt = 0$$

また，衝突時のQの速度を $\vec{v_Q}$ とすると，鉛直下向きで，その大きさは上式を用いて

$$gt = v\sin45° = \frac{v}{\sqrt{2}}$$

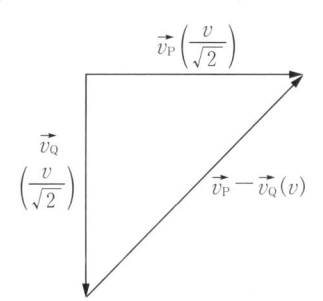

　Qに対するPの相対速度は，$\vec{v_P}-\vec{v_Q}$ と表されるので，前段のベクトル図から，その向きは**斜め上向き**で，大きさは $v$ となる。

**補足**　小球P，Qはともに鉛直下向きの大きさ $g$ の重力加速度を受ける等加速度運動をするので，P，Qの鉛直方向の速度変化は等しい。よって，Qから見たPの鉛直方向の速度変化は $0$ で，鉛直方向の速度成分は初めの速度成分 $v/\sqrt{2}$ のままである。水平方向の速度については，P，Qともに変化しないので，やはり初めの速度成分 $v/\sqrt{2}$ のままである。以上は，Pが投げ出されてからの時間によらずに成り立つので，Qから見たPの相対速度は，つねに初めの速度のままで，Qから見て，Pはつねに大きさ $v$ の速度でまっすぐQに向かって進む。

**問3** 3 ③

　気体の状態変化を，体積を $V$ として，$p-V$ 図に表しておく。A→Bの過程では，温度 $T$ が一定の等温変化で圧力 $p$ が増加するので，ボイルの法則から $pV = [\,$一定$\,]$ の双曲線となる。B→Cの過程は圧力 $p$ が一定の定圧変化で，温度 $T$ が増加するのでシャルルの法則から $V/T = [\,$一定$\,]$ となり，体積 $V$ は温度 $T$ に比例して増加する。C→Aの過程は，与えられた $p-T$ 図より $p/T = [\,$一定$\,]$ であるので，ボイル・シャルルの法則より，体積 $V$ が一定の定積変化になる。以上より，$p-V$ 図は下図のようになる。これをもとに各選択肢を見ていこう。

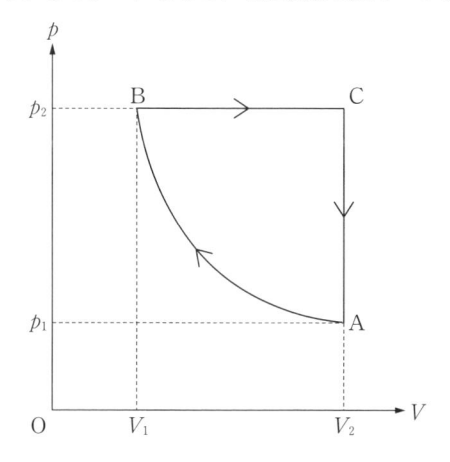

⓪　上に述べたように，A→Bの過程は等温変化でボイルの法則が成り立ち，気体の圧力 $p$ と体積 $V$ の積 $pV$ は一定である。（**正**）

② A→Bの過程は等温変化で，$p-V$図からわかるように，体積$V$は減少する。よって気体は外部から仕事をされる。温度が一定なので，気体の内部エネルギーは一定で，熱力学第1法則から，気体が外部からされた仕事の分だけ気体は外部に熱を放出している。（正）

③ 状態A，B，Cでの気体の内部エネルギーを，それぞれ$U_A$，$U_B$，$U_C$とする。B→Cの過程で気体が吸収した熱量を$Q_{BC}$とすると，熱力学第1法則から，この間に気体が外部にした仕事を$W_{BC}$として

$$Q_{BC} = W_{BC} + (U_C - U_B)$$

と表され，体積$V$が増加しているので，上式で$W_{BC} > 0$である。C→Aの過程は定積変化で，気体のする仕事は0であるので，気体が放出した熱量を$Q_{CA}$とすると，吸収した熱量は$-Q_{CA}$と表されるので，熱力学第1法則から

$$-Q_{CA} = (U_A - U_C) + 0$$
$$\therefore \quad Q_{CA} = U_C - U_A$$

と表される。ここで，AとBの温度が等しいことから$U_A = U_B$が成り立つので，$U_C - U_B = U_C - U_A$となり，$Q_{BC}$は$Q_{CA}$よりも$W_{BC}(>0)$だけ大きい。（誤）

④ B→Cの過程は，$p-V$図より$V$が増加しているので，気体が外部にする仕事は正である。（正）

⑤ C→Aの過程は，初めに考察したように，体積$V$が一定の定積変化である。（正）

**問4** 　4　　⑤

何かにさわって冷たく感じるということは，手からさわったものに熱が移動するということで，その移動速度が大きいほど冷たく感じる。すなわち，熱の伝わりやすさ(熱伝導率)によって，冷たく感じたり温かく感じたりする。また，温度が変化しない同じ環境に置かれた物体は熱平衡状態にあり，すべての温度は同じである。よって同じ部屋に置かれた木製の机と金属製の手すりの温度は等しい。これらを前提に，各選択肢を見ていこう。

① 金属の温度が木の温度より低いということはない。また，熱放射とは，物体がその温度に依存して放出する赤外線などの電磁波によるエネルギー損失のことで，実は，同じ温度では，木の方が金属より熱放射は大きい。（誤）

② 金属の温度が木の温度より低いということはない。（誤）

③ 同じ質量の場合，金属は木より温まりやすく，金属の方が木より比熱は小さい。実際に，金属の比熱が$100 \sim 1000 \, \text{J/(kg·K)}$程度に対して，木の比熱は$2000 \, \text{J/(kg·K)}$程度である。（誤）

④ 熱容量とは，物体全体を温めるのに必要な熱量で，［熱容量］＝［比熱］×［物体の質量］である。よって，金属と木でどちらが熱容量が大きいかは，それらの質量によって変化し，一概には決まらない。（誤）

⑤ 初めに述べたように，手が冷たく感じるのは，手から物体へ伝わる熱の移動速度が大きいからである。熱が伝わりやすい金属の方が木に比べて熱の移動速度が大きいので，冷たく感じる。（正）

**問5** 　5　　⑤

正電荷の電気量を$q$，$x$座標を$a$，クーロンの法則の比例定数を$k$とすると，$y$軸上の座標$y$の点での電場の強さ$E$は

$$E = \frac{kq}{y^2 + a^2}$$

と表される。電場の$y$成分は，次図のように角度$\theta$をとって考えれば

$$E_y = E \sin\theta = \frac{kq}{y^2 + a^2} \cdot \frac{y}{\sqrt{y^2 + a^2}}$$
$$= \frac{kqy}{(y^2 + a^2)^{3/2}}$$

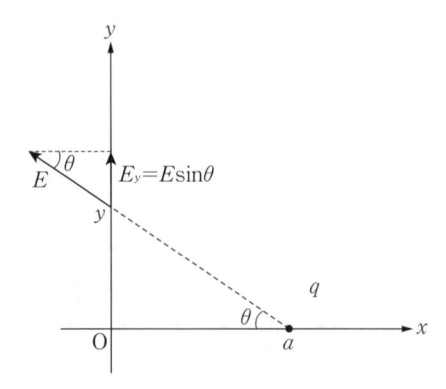

$E_y$の式より

　$y = 0$のとき，$E_y = 0$
　$y \to \pm\infty$のとき，$E_y = 0$
　$y > 0$のとき，$E_y > 0$
　$y < 0$のとき，$E_y < 0$

となるので，これを満たすグラフ⑤が正しい。

補足　$E_y$が最大となる点の$y$座標は，$E_y$の式を$y$で微分して$dE_y/dy = 0$とおけば，$y = a/\sqrt{2}$となり，このとき$E_y = 2\sqrt{3}kq/(9a^2)$となる。

# 第2問

**問1** ⬛ 6 ⬛ ③

Aは静止したままで，Bが斜面を高さ$h$だけ降下する。Bが受ける重力による位置エネルギーの基準を初めのBの位置とすると，Bについての力学的エネルギー保存則より

$$0 = \frac{1}{2}Mv_0{}^2 - Mgh$$

$$\therefore \ v_0 = \sqrt{2gh}$$

**問2** ⬛ 7 ⬛ ④

糸が張るまでBは糸からの力を受けない。よって，Bが糸から力積を受けるのは，Bの速さが$v_0$になって糸が張り，その直後に速さが$v_1$になるまでの間である。この間にBが糸から受ける力積は斜面に沿って上向きで，この力積によって，Bの速さは$v_0$から$v_1$に変化する。よって，求める力積の大きさを$I$として，斜面に沿って下向きを正として，Bに運動量の原理を適用すると

$$Mv_1 - Mv_0 = -I \ \cdots\cdots\cdots\cdots① $$

$$\therefore \ I = M(v_0 - v_1)$$

補足 斜面方向のBの運動について，運動量の原理を適用する際には，Bが受ける重力の斜面方向の成分による力積を考慮する必要があるが，糸が張った直後にA，Bの速さが$v_0$から$v_1$になるまでの時間は微小とみなしてよいので，糸が張った瞬間に糸から受ける撃力（非常に大きな力）による力積の大きさ$I$に比べて，重力の斜面方向成分による力積は無視できる。摩擦のある水平面上で，2物体が衝突する場合なども同様で，衝突時に物体が受ける摩擦力による力積は，2物体の間に働く撃力による力積に比べて無視できる。

**問3** ⬛ 8 ⬛ ⑥

問2と同様に，Aについて運動量の原理を適用する。A，Bに働く糸の張力の大きさは等しいので，Aが糸から受ける力積の大きさは，Bが糸から受ける力積の大きさ$I$に等しい。Aが糸から受ける力積は右向きであるので，Aについて右向きを正として運動量の原理を適用すると

$$mv_1 - 0 = I \ \cdots\cdots\cdots\cdots② $$

①と②の和をとると

$$mv_1 + Mv_1 - Mv_0 = 0 \ \cdots\cdots\cdots\cdots③ $$

$$\therefore \ v_1 = \frac{M}{m+M}v_0$$

補足 ③は

$$Mv_0 = mv_1 + Mv_1$$

と変形できるが，これはA，Bの運動方向についての運動量保存則を表しており，初めからこの式を立ててもよい。

**問4** ⬛ 9 ⬛ ③

この間にAが受ける力は，重力，水平面からの垂直抗力，および糸の張力であり，重力，垂直抗力は鉛直方向の力でAの水平方向の運動の向きに垂直なので仕事をしない。よって，Aがされた仕事は糸の張力による仕事のみで，これを$W$とすると，仕事と運動エネルギーの関係より

$$\frac{1}{2}mv_2{}^2 - \frac{1}{2}mv_1{}^2 = W$$

$$\therefore \ W = \frac{1}{2}m(v_2{}^2 - v_1{}^2)$$

**問5** ⬛ 10 ⬛ ⑨

(a) 糸が張る直前までは，Aは静止したままで，Bは斜面上を摩擦なく降下するので，この間のA，Bの力学的エネルギーはそれぞれ保存され，その和ももちろん保存される。糸が張った直後にA，Bが同じ速さ$v_1$で運動すると，問2の考察からわかるように，このときのA，Bの運動量変化の関係式は，2物体が衝突して一体となって運動する（完全）非弾性衝突の場合と同じになる。よって，このとき力学的エネルギーは減少する。以上より，A，Bの力学的エネルギーの和は糸が張った瞬間に**減少する**ことがわかる。

(b) Bの速さが$v_1$から$v_2$になるまでの間のA，Bの力学的エネルギーの和は保存される。このことを詳細にみると，Bが受ける重力の位置エネルギーの減少分が，A，Bの運動エネルギーの増加分となっている。よって，Bが失った重力の位置エネルギーは，Bだけでなく Aの運動エネルギーの増加分に転換しており，Bについてのみ考えれば，力学的エネルギーは**減少する**ことになる。

補足 きちんと式を用いて考えると，次のようになる。この間の糸の張力の大きさを$T$，A，Bの移動距離を$L$とし，Bが受ける重力の位置エネルギーの基準を糸が張った瞬間の位置とする。このとき，A，Bそれぞれの力学的エネルギーの変化量が糸の張力から受けた仕事に等しいので

$$A : \frac{1}{2}mv_2{}^2 - \frac{1}{2}mv_1{}^2 = TL$$

$$B : \left(\frac{1}{2}Mv_2{}^2 - Mgh\right) - \frac{1}{2}Mv_1{}^2 = -TL$$

Bの式で張力の大きさ $T$，移動距離 $L$ は正の値であるので，Bの力学的エネルギーは減少する。また，この2式の和より

$$\frac{1}{2}mv_2{}^2 + \left(\frac{1}{2}Mv_2{}^2 - Mgh\right)$$

$$= \frac{1}{2}mv_1{}^2 + \frac{1}{2}Mv_1{}^2$$

となり，A，Bの力学的エネルギーの和が保存されることがわかる。

# 第3問

**問1** 　11　①

スイッチSをB側に閉じるとコンデンサーCが充電される。その後，SをA側に閉じると，Cに充電されていた電荷が放電され，抵抗に電流が流れる。SをA側に閉じた直後，Cの両端の電位は，Pに対してQの方が高いので，オシロスコープで観測するPに対するQの電位は正である。Pに対するQの電位は，SをA側に閉じた直後に最大となり，時間が経つにつれてCの電荷が放電されて小さくなる。以上より，求めるグラフは①のようになる。

**問2** 　12　⑦，　13　⑨

抵抗に流れる電流の強さを $I$ とする。コンデンサーに蓄えられていた電荷 $Q$ は，$I$ を縦軸に，時間 $t$ を横軸にとったグラフを描いたとき，グラフと $t$ 軸に囲まれる面積になる。また，抵抗器の抵抗値を $R(=100\,\mathrm{k\Omega})$ とするとき，PQ間の電圧 $v$ を用いて，抵抗に流れる電流の強さは $I = v/R$ と表される。$v$ はオシロスコープで表されたグラフの縦軸であるので，電流 $I$ はこれを $1/R$ 倍にしたものになる。したがって，$Q$ はオシロスコープで表されるグラフの面積を $1/R$ 倍にしたものになり，題意よりグラフを三角形で近似すると

$$Q = \frac{1}{2} \times 6.5\,\mathrm{V} \times 2.0\,\mathrm{ms} \times \frac{1}{100\,\mathrm{k\Omega}}$$

$$= \frac{1}{2} \times 6.5\,\mathrm{V} \times (2.0 \times 10^{-3}\,\mathrm{s}) \times \frac{1}{100 \times 10^3\,\mathrm{\Omega}}$$

$$= 6.5 \times 10^{-8}\,\mathrm{C}$$

一方，コンデンサーCの電気容量を $C$ とすると

$$Q = C \times 9.0\,\mathrm{V}$$

であるので

$$C \times 9.0\,\mathrm{V} = 6.5 \times 10^{-8}\,\mathrm{C}$$

$$\therefore\ C \fallingdotseq 7 \times 10^{-9}\,\mathrm{F}$$

**補足** コンデンサーCは電圧 $9.0\,\mathrm{V}$ で充電されたので，SをA側に閉じた瞬間の抵抗器の両端の電圧は $9.0\,\mathrm{V}$ になるはずだが，回路の抵抗値やSをA側に閉じる前のコンデンサーから電荷が放電するなどの影響が無視できないので，この実験のように $9.0\,\mathrm{V}$ より小さくなる。

**問3** 　14　⑥

オシロスコープの縦軸のピークの電圧の絶対値 $V$ は，充電電圧に比例していると考えてよく，充電電圧は変化しないので，**$V$ は変化しない**と考えられる。

一方，**問2**で考察したように，オシロスコープのグラフの面積はコンデンサーに蓄えられた電荷に比例し，蓄えられた電荷は，電気容量に比例する。ラップの場合の電気容量を改めて $C_1$，紙の場合の電気容量を $C_2$ とすると，オシロスコープのグラフの面積は，紙の場合にはラップの場合の $C_2/C_1$ 倍になる。平行板コンデンサーの電気容量 $C$ は，極板面積 $S$，極板間隔 $d$，極板間の誘電体の比誘電率 $\varepsilon_r$，真空の誘電率 $\varepsilon_0$ を用いて

$$C = \varepsilon_r \varepsilon_0 \frac{S}{d}$$

と表されることより

$$C_1 = (3.0 \sim 5.0) \times \varepsilon_0 \frac{S}{0.01\,\mathrm{mm}}$$

$$C_2 = (2.0 \sim 3.0) \times \varepsilon_0 \frac{S}{0.09\,\mathrm{mm}}$$

よって，これらの比 $C_2/C_1$ を求めると

$$\frac{2.0}{5.0} \times \frac{0.01\,\mathrm{mm}}{0.09\,\mathrm{mm}} \leqq \frac{C_2}{C_1} \leqq \frac{3.0}{3.0} \times \frac{0.01\,\mathrm{mm}}{0.09\,\mathrm{mm}}$$

$$\therefore\ \frac{2}{45} \leqq \frac{C_2}{C_1} \leqq \frac{1}{9} < 1$$

$C_2/C_1 < 1$ より，オシロスコープのグラフの面積は，紙の場合にはラップの場合より小さくなる。グラフの概形は紙の場合もラップの場合と同様と考えられるので，ピークの電圧 $V$ が変化しないとき，グラフの面積が小さくなるためには，**グラフが横軸から離れていた時間（電圧が生じていた時間）$\varDelta t$ が小さくなる**。

アルミは導体であるので、アルミ管は円形コイルが鉛直に積み重なったものと考えることができる。磁石がつくる磁場の強さは、磁石の付近ほど大きい。磁石の下側がN極の場合、磁石が通過する付近では、右図のように、磁力線が生じている。よって、磁石が落下するとき、**電磁誘導**によって、

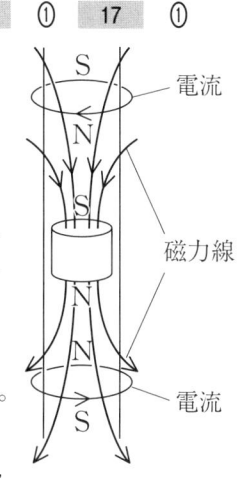

磁石の下側のコイル(アルミ管)には下向きの磁束の増加を妨げる磁場を発生させる向きに、磁石の上側のコイル(アルミ管)には下向きの磁束の減少を妨げる磁場を発生させる向きに**電流が流れ**る。磁石の下側の電流は上側がN極の磁石、磁石の上側の電流は下側がN極の磁石として機能し、磁石は、その落下を妨げる**上向きの力**を受ける。このため、磁石はゆっくりと落下する。

磁石の向きが逆で下側がS極の場合には、磁力線、磁束、電流の向きが、すべて逆向きになるが、磁石が落下を妨げられる向きに力を受けることに変わりはない。

コイル(アルミ管)に生じる電流から磁石が受ける上向きの力は、磁石のつくる磁場の強さ(磁石の磁気量)と電流がつくる磁場の強さに比例している。

図4(a)のように、磁石を2つ直列につないだ場合、磁石の厚み(図で鉛直方向の長さ)が2倍になるだけで、磁石から発する磁力線の数は1つの場合と同様で、磁石から発する磁場の強さは等しいとみてよい。また、図4(b)のように、鉄球を磁石につけた場合も、磁石から発する磁力線の数に変化はなく、このときの磁石の磁場の強さも等しいとみてよい。

コイル(アルミ管)に流れる電流がつくる磁場の強さは、電流の強さに比例し、電流の強さは誘導起電力の大きさに比例する。誘導起電力の大きさは、ファラデーの電磁誘導の法則から、落下する磁石の磁場の強さ、および落下の速さに比例する(磁石の通過時間に反比例する)が、前述のとおり、磁石の磁場の強さはどの場合も等しいとみてよいので、誘導起電力の大きさは落下の速さに比例すると考えられ

る。

以上より、磁石がコイル(アルミ管)の電流から受ける力の大きさは、磁石が1つの場合、2つの場合、鉄球をつけた場合のすべてにおいて、磁石の落下の速さに比例することになる。よって、磁石がコイル(アルミ管)の電流から受ける力の大きさを$f$、落下の速さを$v$とすると、$k$を比例定数として、どの場合も

$$f = kv$$

と表されることになる。

磁石に働く力は、下向きの重力と、コイル(アルミ管)の電流から受ける大きさ$f$の上向きの力であるので、1つの磁石の質量を$m$、重力加速度の大きさを$g$とすると、磁石が1つの場合の運動方程式は、加速度を$a$として

$$ma = mg - f = mg - kv$$

上式より、初め$v=0$で加速度$a=g$であるが、$v$が大きくなると$a$は小さくなり、$a=0$となった後$v$は一定値となる。すなわち、磁石が1つの場合の一定の落下の速さを$v_0$とすると

$$mg - kv_0 = 0$$

$$\therefore \ v_0 = \frac{mg}{k}$$

磁石が2つの場合、鉄球をつけた場合には、重力の大きさがどちらも$2mg$となるので、この場合の加速度を$a'$とすると、運動方程式は

$$2ma' = 2mg - kv$$

よって、どちらの場合も、落下する際の一定の速さは等しく、これを$v_1$とすると

$$2mg - kv_1 = 0$$

$$\therefore \ v_1 = \frac{2mg}{k} = 2v_0$$

以上より、図4(a)、(b)どちらの場合も、落下の速さは、**およそ2倍になる**。

## 問1  20  ④

M₁ で反射される光と M₂ で反射される光が干渉して明るくなったり暗くなったりする。光源から M まで，および M から O までについては，2つの反射光の経路に違いはなく，それぞれの光が MM₁ 間，MM₂ 間を往復することによって生じる経路差によって干渉が生じる。この経路差を $\Delta$ とすると，初めの状態で $L_1 < L_2$ であることに注意して

$$\Delta = 2(L_2 - L_1)$$

また，反射の際の位相変化について考えると，M₁ での反射光は，M，M₁ での反射の際に，M₂ での反射光は M₂，M での反射の際に，ともにそれぞれ位相が $\pi$ ずれるので，これらは相殺されて干渉条件に変化はない。よって，干渉によって明るくなる条件は，経路差が波長の整数倍であればよいので

$$\Delta = 2(L_2 - L_1) = m\lambda$$

## 問2  21  ②

経路差 $\Delta$ の式からわかるように，MM₂ 間の距離 $L_2$ が $\lambda/2$ だけ長くなると，経路差 $\Delta$ が波長 $\lambda$ だけ長くなって次に明るくなる。したがって，$N$ 回目に明るくなるまでに MM₂ 間の距離が $\Delta L$ だけ長くなったとき

$$\Delta L = N \times \frac{\lambda}{2} = \frac{1}{2} N\lambda$$

## 問3  22  ③

M₂，M で反射してスクリーンに達する光について，S の M₂ に対する対称点を S₂，S₂ の M による対称点を S₂′ とする。このとき，題意にあるように，2つの光源 S₁′，S₂′ から同位相の光がスクリーンに直進すると考えてよい。

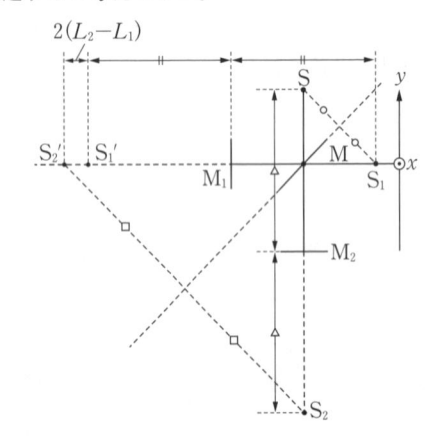

S₁′，S₂′ の間隔は $2(L_2 - L_1)$ と表されるが，題意よりこの値は非常に小さいのでスクリーン上の点に S₁′，S₂′ から達する光は平行とみてよい。よって，下図のように，S₁′，S₂′ から出て，光軸と角度 $\theta$ をなす向きに進む2つの光の経路差 $\delta$ は

$$\delta = 2(L_2 - L_1)\cos\theta$$

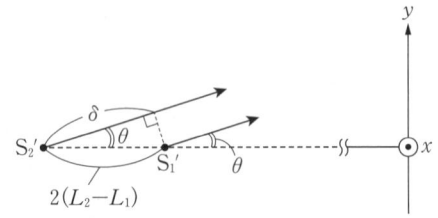

上式で表される経路差 $\delta$ が，波長の整数倍であれば強め合って明るく，半波長の奇数倍であれば弱め合って暗くなる。経路差 $\delta$ は，光の進行方向が光軸となす角度 $\theta$ だけに依存するので，明点，暗点となる光の進行方向は，光軸に対して軸対称になる。したがって，スクリーン上に生じる明暗の縞は光軸との交点を中心とした同心円状になる。

## 問4  23  ②

コンプトン効果は，X 線光子と電子との弾性衝突であるので，運動量の和が保存される。よって

$$\vec{p} = \vec{p'} + \vec{P}$$

が成り立ち，運動量ベクトルの関係は下図のようになる。

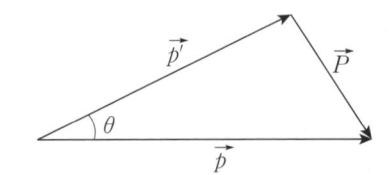

## 問5  24  ①

弾性衝突であるので，運動量保存則以外に，エネルギー保存則が成り立つ。波長 $\lambda$ の X 線光子のエネルギーは $hc/\lambda$ であるので，エネルギー保存則を表す式は

$$\frac{hc}{\lambda} = \frac{hc}{\lambda'} + \frac{1}{2}mv^2 \quad \cdots\cdots\cdots\cdots ①$$

補足 上式，および問4のベクトル図から得られる関係式を用いて，コンプトン効果による波長の伸び $\Delta\lambda$ を求めてみよう。

電子の運動量の大きさは $P = mv$，衝突前後の X 線光子の運動量の大きさは $p = h/\lambda$，$p' = h/\lambda'$ と表されるので，問4の運動量ベクトルの図に余弦定理を適用すると

$$(mv)^2=\left(\frac{h}{\lambda}\right)^2+\left(\frac{h}{\lambda'}\right)^2-2\cdot\frac{h}{\lambda}\cdot\frac{h}{\lambda}\cdot\cos\theta$$

上式より

$$\frac{1}{2}mv^2=\frac{h^2}{2m}\left(\frac{1}{\lambda^2}+\frac{1}{\lambda'^2}-\frac{2}{\lambda\lambda'}\cos\theta\right)$$

となるので，これを①に代入すると

$$hc\left(\frac{1}{\lambda}-\frac{1}{\lambda'}\right)=\frac{h^2}{2m}\left(\frac{1}{\lambda^2}+\frac{1}{\lambda'^2}-\frac{2}{\lambda\lambda'}\cos\theta\right)$$

$$\therefore\quad\frac{1}{\lambda}-\frac{1}{\lambda'}=\frac{h}{2mc}\left(\frac{1}{\lambda^2}+\frac{1}{\lambda'^2}-\frac{2}{\lambda\lambda'}\cos\theta\right)$$

両辺に $\lambda\lambda'$ をかけると

$$\lambda'-\lambda=\frac{h}{2mc}\left(\frac{\lambda'}{\lambda}+\frac{\lambda}{\lambda'}-2\cos\theta\right)$$

ここで，$\varDelta\lambda=\lambda'-\lambda$ が非常に小さく，$\lambda'/\lambda+\lambda/\lambda'\fallingdotseq2$ とできるものとして

$$\varDelta\lambda=\lambda'-\lambda=\frac{h}{2mc}(2-2\cos\theta)$$

$$=\frac{h}{mc}(1-\cos\theta)$$

　コンプトン効果による X 線の波長の伸び $\varDelta\lambda$ は上式で表され，X 線の散乱の角度 $\theta$ のみに依存している。とくに $\theta=90°$ の場合をコンプトン波長とよび，$h$, $c$, $m$ の値を代入すると

$$\varDelta\lambda\fallingdotseq2.4\times10^{-12}\,\mathrm{m}$$

と表される。

# 模試 第4回

## 解　答

| 第1問 小計 | 第2問 小計 | 第3問 小計 | 第4問 小計 | 合計点 | /100 |
|---|---|---|---|---|---|

| 問題番号（配点） | 設問 | 解答番号 | 正解 | 配点 | 自己採点 | 問題番号（配点） | 設問 | 解答番号 | 正解 | 配点 | 自己採点 |
|---|---|---|---|---|---|---|---|---|---|---|---|
| 第1問 (25) | 1 | 1 | ⑦ | 5 | | 第3問 (25) | 1 | 12 | ③ | 2 | |
| | 2 | 2 | ⑤ | 5 | | | | 13 | ① | 2 | |
| | 3 | 3 | ⑥ | 5 | | | | 14 | ② | 2 | |
| | 4 | 4 | ⑧ | 3 | | | 2 | 15 | ④ | 5 | |
| | | 5 | ② | 2 | | | 3 | 16 | ④ | 4 | |
| | 5 | 6 | ⑦ | 5 | | | 4 | 17 | ③ | 5 | |
| 第2問 (25) | 1 | 7 | ② | 5 | | | 5 | 18 | ② | 5 | |
| | 2 | 8 | ④ | 5 | | 第4問 (25) | 1 | 19 | ⑤ | 5 | |
| | 3 | 9 | ③ | 5 | | | 2 | 20 | ③ | 5 | |
| | 4 | 10 | ⑤ | 5 | | | 3 | 21 | ③ | 5 | |
| | 5 | 11 | ① | 5 | | | 4 | 22 | ③ | 1 | |
| | | | | | | | | 23 | ② | 1 | |
| | | | | | | | | 24 | ⑤ | 1 | |
| | | | | | | | | 25 | ④ | 1 | |
| | | | | | | | 5 | 26 | ③ | 6 | |

# 第1問

　小物体は等速度運動をしているので，小物体が受ける力はつり合いの関係にある。糸を引く力の大きさを $F$，小物体が受ける動摩擦力の大きさを $f$，床からの垂直抗力の大きさを $N$ として，小物体が受ける力は下図のようになる。

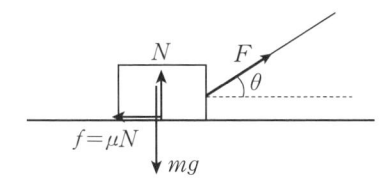

　上図より，小物体が受ける力の水平方向，鉛直方向のつり合いの式は
$$F\cos\theta = f \qquad \cdots\cdots\cdots ①$$
$$F\sin\theta + N = mg \qquad \cdots\cdots\cdots ②$$
また，動摩擦係数が $\mu$ であるので
$$f = \mu N \qquad \cdots\cdots\cdots ③$$
③を①に代入した式と②より $N$ を消去すれば
$$F = \frac{\mu mg}{\cos\theta + \mu\sin\theta}$$

　各過程での熱の出入り，気体が外部にする仕事，内部エネルギーの変化量について考察しておく。
A→B：等温変化なので，気体の内部エネルギーは変化しない。体積が増加するので，気体は外部に仕事をし，この仕事の量だけ外部から熱を吸収する。
B→C：定積変化なので，気体は外部に仕事をしない。体積一定で圧力が減少しているので，ボイル・シャルルの法則から気体の温度は降下し，内部エネルギーは減少する。気体はこの内部エネルギーの減少量に等しい熱量を外部に放出する。
C→A：断熱変化なので，気体に出入りする熱量は0である。気体の体積は減少し，気体は外部から仕事をされるので，気体の内部エネルギーはされた仕事の量だけ増加し，温度が上昇する。

　上記を踏まえて，選択肢を順にみていこう。
① A→Bの過程では，気体の体積は増加して外部に正の仕事をしている。（正）
② C→Aの過程では，気体の内部エネルギーはされた仕事の量だけ増加している。（正）
③ 一巡の過程で外部から熱を吸収しているのは，A→Bの過程のみである。（正）

④ A→Bの過程では，内部エネルギーは一定である。B→Cの過程では，気体の温度は下がって内部エネルギーは小さくなる。C→Aの過程では，温度が上昇し内部エネルギーが増加する。以上より，内部エネルギーが最も小さいのは状態Cである。（正）

⑤ 一巡の過程で，気体が熱を吸収するのはA→Bの過程で吸収した熱量を $Q_{AB}$，熱を放出するのはB→Cの過程で放出した熱量を $Q_{BC}$ とする。Aから一巡の過程を経て再びAに戻ったとき，内部エネルギーの変化は0である。気体が外部にした正味の仕事を $W$ とすると，これは図の曲線で囲まれた面積になり（「**解説**」⑥参照），$W>0$ である。

　したがって，Aから一巡の過程を経て再びAに戻るまでの過程に熱力学第1法則を用いると
$$Q_{AB} - Q_{BC} = W > 0$$
よって，吸収した熱量 $Q_{AB}$ は放出した熱量 $Q_{BC}$ より大きい。（誤）

⑥ $P$-$V$ 図上で示される曲線と $V$ 軸に囲まれた部分の面積は気体がする仕事を表し，気体の体積が増加する場合は正の仕事（外部に仕事をする），体積が減少する場合は負の仕事（外部から仕事をされる）になる。一巡の過程で気体が正の仕事をする（外部に仕事をする）のはA→Bの過程で，気体が負の仕事をする（外部から仕事をされる）のはC→Aの過程である。したがって，気体が外部にした正味の仕事は，A→Bの過程でした仕事（下図の色付きの部分の面積）からC→Aの過程でされた仕事（下図の斜線部の面積）を差し引いたものになり，これは曲線で囲まれた部分の面積に等しい。（正）

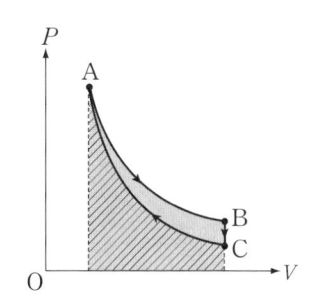

補足　気体が $P$-$V$ 図上で閉じた曲線（サイクル）を描くとき，曲線で囲まれた部分の面積はサイクルを一巡したときの気体がする正味の仕事を表す。1サイクルの変化の向きが時計回りなら気体がする正味の仕事は正（外部に仕事をする），反時計回りなら正

味の仕事は負（外部から仕事をされる）になる。

**問3** ▢3 ⑥

図 3(b) の $x=1.0$m における $y$-$t$ グラフで変位 $y$ が時刻 $t=0$s から増加しているので，図 3(a) で表される時刻 $t=0$s での $y$-$x$ グラフの波形は $-x$ 向きに進むことがわかる。

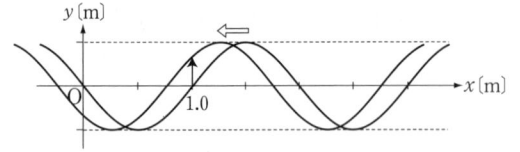

したがって，$x=0$m の位置での変位 $y_0$ は $y=0$ から減少していくことになり，振幅を $A$，周期を $T$ として

$$y_0 = -A\sin\frac{2\pi}{T}t$$

と表される。波は $-x$ 向きに進むので，座標 $x$ の位置での時刻 $t$ の変位 $y$ は，波の速さを $v$ として，$x=0$m の位置に時間 $x/v$ だけ遅れて到着するので，$x=0$m の位置での時刻 $t+x/v$ の変位に等しく

$$y = -A\sin\frac{2\pi}{T}\left(t+\frac{x}{v}\right)$$

波長を $\lambda$ とすると，$vT=\lambda$ であるから，上式は

$$y = -A\sin 2\pi\left(\frac{t}{T}+\frac{x}{\lambda}\right)$$

ここで，図 3(a)，(b) より，振幅 $A=0.1$m，周期 $T=4.0$s，波長 $\lambda=2.0$m であるので，上式に各数値を入れて，座標 $x$ の位置での変位 $y$ は

$$y = -0.1\sin 2\pi\left(\frac{t}{4}+\frac{x}{2}\right)$$

$$= -\mathbf{0.1}\sin\left(\frac{\boldsymbol{\pi}}{2}t+\boldsymbol{\pi}x\right)\,[\text{m}]$$

**問4** ▢4 ⑧ ▢5 ②

次図のように，点 G$(0, -a)$，点 H$(a, 0)$ をとったとき，題意の状況は点 G，H にともに大きさの等しい正負の電荷 $+q$，$-q$ を置いた場合に等しい。このとき，点 A～H に置かれた 8 個の正電荷 $+q$ が原点 O につくる電場は，対称性から 0 になる。

よって，原点 O の電場は，次図のように，点 G，H の 2 つの負電荷 $-q$ がつくる電場に等しく，点 G，H の負電荷による電場を合成して図の ⑧ の向きになる。また，その強さを $E$ とすると，クーロンの法則の比例定数を $k$ として，題意より

$$E_0 = \frac{kq}{a^2}$$

であるので

$$E = \sqrt{2}\times\frac{kq}{a^2} = \sqrt{2}\,E_0$$

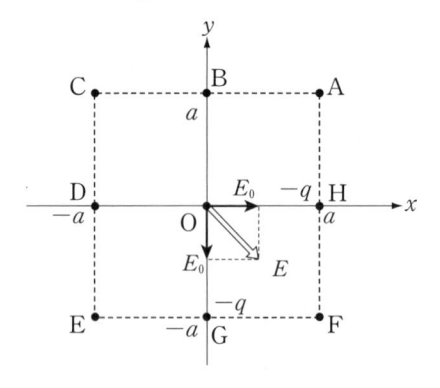

**補足** もちろん，各点電荷の電場を順に重ね合わせて点 O の電場を求めてもよい。このとき，点 A と点 E，点 C と点 F の電荷による電場がそれぞれ打ち消し合うので，残った点 B，点 D の電荷による合成電場を求めればよい。

**問5** ▢6 ⑦

最も単純な水素原子の模型は，下図のように，陽子 1 個のまわりで電子 1 個が等速円運動をしているというものである。

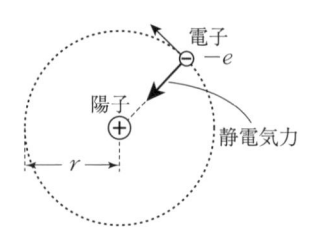

このとき電子は，陽子との間で及ぼし合うクーロン力（電子から陽子に向かう向きで，大きさ $ke^2/r^2$）を向心力として，半径 $r$，速さ $v$ の等速円運動をしているので，この円運動の運動方程式は

$$m\frac{v^2}{r} = k\frac{e^2}{r^2} \quad\text{……}④$$

また，水素原子の定常状態が実現するための条件（ボーアの量子条件）は

$$r\times mv = n\times\frac{h}{2\pi} \quad\text{……}⑤$$

**補足** ⑤はボーアの量子条件とよばれるもので，これを変形すると

$$2\pi r = n\cdot\frac{h}{mv}$$

上式は，[円軌道の長さ]$=n\times$[電子波の波長 $h/(mv)$] と解釈される。

補足 定常状態にあるときの電子の円運動の半径 $r$, および電子のエネルギーが，それぞれとびとびの値をとることは，次のように示される。

まず，$r$ について考える。⑤より

$$v = n \times \frac{h}{2\pi m r}$$

これを④に代入すると

$$m \frac{1}{r} \times \left( n \times \frac{h}{2\pi m r} \right)^2 = k \frac{e^2}{r^2}$$

$$\therefore \quad r = n^2 \times \frac{h^2}{4\pi^2 m k e^2} \quad \cdots\cdots\cdots\cdots ⑥$$

$$\fallingdotseq n^2 \times (5.3 \times 10^{-11}) \,[\mathrm{m}] \quad \cdots\cdots\cdots ⑥'$$

⑥は，定常状態にあるときの $r$ の値が，$n$ に依存するとびとびの値をとることを示している。

次に，電子のエネルギーについて考える。電子のエネルギーを $E$ とすると，$E$ は，電子の運動エネルギーと，クーロン力による位置エネルギー（ここでは無限遠を基準とする）の和に等しいことから

$$E = \frac{1}{2} m v^2 + k \frac{e \times (-e)}{r}$$

上式に，④より得られる $m v^2 = k e^2 / r$ を代入し，さらに⑥を代入すると

$$E = \frac{1}{2} \cdot k \frac{e^2}{r} - k \frac{e^2}{r}$$

$$= -\frac{k e^2}{2r}$$

$$= -\frac{k e^2}{2} \cdot \frac{4\pi^2 m k e^2}{n^2 h^2}$$

$$= -\frac{2\pi^2 m k^2 e^4}{n^2 h^2} \quad \cdots\cdots\cdots\cdots ⑦$$

$$\fallingdotseq -\frac{13.6}{n^2} \,[\mathrm{eV}] \quad \cdots\cdots\cdots\cdots ⑦'$$

⑦は，定常状態にあるときの $E$ の値が，$n$ に依存するとびとびの値をとることを示している。このように，電子が定常状態でとり得るエネルギーを，エネルギー準位という。

なお，⑥′，⑦′ の数値は，$m$，$k$，$e$，$h$ に国際単位系(SI)での数値を代入して計算したものである。

# 第2問

問1　　7　　②

周期が 1.0s のとき，20 回転する時間は 20s である。次図のように，図2でプロットした点をなめらかにつなぎ，縦軸の 20 回転の時間が 20s になるときのおもりの数を読み取ると，おおよそ6個と読み

取れる。

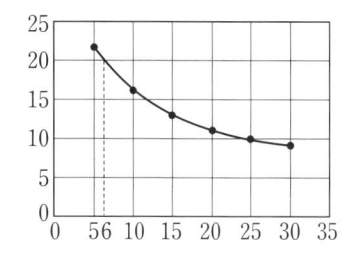

円運動の向心力は，おもりが受ける重力に等しいと考えられるから

$$6 \times (5 \times 10^{-3} \,\mathrm{kg}) \times 9.8 \,\mathrm{m/s^2} = 0.294 \,\mathrm{N}$$

したがって，最も近い値は **0.3N** の②である。

問2　　8　　④

糸が鉛直線と角度 $\theta$ をなす状態でゴム栓が水平面内を等速円運動していると考えると，糸の長さを $r$（＝50cm）として，円運動の半径は $r\sin\theta$ となる。また，糸の張力の大きさはおもりが受ける重力の大きさ $F$ に等しく，ゴム栓が円運動しているとき，糸の張力の水平成分の大きさは $F\sin\theta$ と表される。

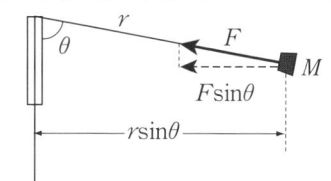

円運動の周期を $T$ とすると角速度は $2\pi/T$ と表されるので，ゴム栓の質量を $M$ として，円運動の運動方程式は

$$M \cdot r\sin\theta \cdot \left( \frac{2\pi}{T} \right)^2 = F\sin\theta$$

$$\therefore \quad M r \left( \frac{2\pi}{T} \right)^2 = F$$

上式は，向心力 $F$ を受けて半径 $r$ で円運動するときの運動方程式である。つまり，糸が水平でない場合についても，図2で表される関係は，半径を $r = 50\mathrm{cm}$ とした場合の円運動の周期 $T$ とおもりが受ける重力 $F$ の関係になっていることがわかる。

以上より，図2は半径 $r = 50\mathrm{cm}$ で円運動させた場合の，回転時間とおもりの関係を表したもので，①〜③は誤りで④が正しい。

問3　　9　　③

おもりの質量を $m$，個数を $n$，重力加速度の大きさを $g$ とすると，円運動の運動方程式は

$$M r \left( \frac{2\pi}{T} \right)^2 = n m g$$

この式より

$$nT^2 = \frac{4\pi^2 Mr}{mg}$$

（20回転の時間）$= 20T$ であるので

$$n \times (20T)^2 = 400nT^2 = \frac{1600\pi^2 Mr}{mg}$$

が縦軸の数値になる。上式の右辺はS字型おもりの個数 $n$ に依存しないので，グラフは**nによらない一定の値**になる。よって，最も適当なグラフは**③**となる。

補足　図2のグラフの測定値から，$n \times (20T)^2$ を各 $n$ について計算して求めることもできるが，非常に面倒である。ここで問うているのは，グラフの様子がどのような概形になるかということである。

なお，このように一定値となるはずということがわかっていれば，実験での測定に不備があったかどうかがわかりやすい。

**問4**　**10**　**⑤**

小球の質量を $m$，点Pで小球が円筒面から離れる瞬間の小球の速さを $v$ とする。重力加速度の大きさを $g$ として，力学的エネルギー保存則より

$$\frac{1}{2}mv^2 = mgR(1-\cos\theta) \qquad \cdots\cdots\cdots① $$

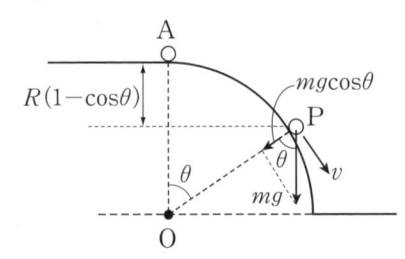

小球が点Pで円筒面から離れるとき，小球が円筒面から受ける垂直抗力は0で，円運動の向心力は重力のOP方向の成分が担っているので，この瞬間の円運動の運動方程式より

$$m\frac{v^2}{R} = mg\cos\theta \qquad \cdots\cdots\cdots\cdots\cdots② $$

① $\div$ ②より

$$\frac{1}{2}R = R\frac{1-\cos\theta}{\cos\theta}$$

$$\therefore \quad \cos\theta = \frac{2}{3}$$

**問5**　**11**　**①**

小球は下側の水平面と衝突してはね返った後，斜め上方に打ち上げられた放物運動を行う。水平面と

は弾性衝突するので，点Aからすべり始めてからの運動で，小球の力学的エネルギーが失われることはなく，小球が点Aでもつ力学的エネルギーと放物運動の最高点（頂点）でもつ力学的エネルギーは等しい。したがって，放物運動の最高点での小球の速さを $u$ とすると

$$mgR = \frac{1}{2}mu^2 + mgh$$

ここで，$u$ は小球が点Pから離れる瞬間の速度の水平成分に等しく，$u>0$ であるので，上式より

$$h < R$$

補足　一般に，点Aで小球が初速度 $v_0 (>0)$ をもつ場合についても，水平面との衝突後の小球の最高点の高さは $R$ より小さい。というのも，小球が円筒面に沿ってすべり下りて円筒面から離れるまでの間，小球に働く重力と円筒面からの垂直抗力の合力は，つねに水平右向きの成分をもつので，離れる瞬間の小球の水平右向きの速度成分，すなわち放物運動の最高点の速度は $v_0$ より大きくなっているからである。

ただし，$v_0 \geqq \sqrt{gR}$ となるときは，小球は点Aで円筒面から離れる（円筒面をすべらずに飛び出す）ことになり，速度の水平成分は $v_0$ のまま一定であるので，はね返った後の最高点の高さはちょうど $R$ に等しくなる。

# 第3問

**問1**　**12**　**③**　　**13**　**①**　　**14**　**②**

コイルに生じる誘導起電力の大きさは，コイルを貫く磁束の単位時間あたりの変化量に比例する。これを**ファラデー**の電磁誘導の法則という。

変動する磁場が発生するとき，変動する電場も発生し，それらは電磁波として空間を進む。選択肢のうち，電磁波は電波，紫外線，X線の3つである。また，そのうち紫外線とX線は人体への影響があるため，その使用は一部の目的に限定される。非接触型ICカードとリーダライタで発生しているのは，**電波**である。

コイルの役割を考えると，コイルは情報を記録・保存する装置ではなく，リーダライタから発生した電波を収束しているわけでもない。よって，記憶装置やレンズはコイルの役割として適当ではない。残った選択肢は**アンテナ**であり，これは情報をやりと

りする装置なのでコイルの役割として適切である。

補足 **12** について。キルヒホッフの法則は，回路に流れ込む電流の和が保存されることや，閉回路の起電力の総和が電気抵抗などでの電圧降下の総和に等しいことを表す法則である。またレンツの法則は，生じる誘導起電力の向きに関する法則である。

**13** について。非接触型 IC カードでは，RFID（Radio Frequency Identification）とよばれる自動認識技術が利用されている。交通系 IC カードなどでは 13.56 MHz の周波数帯が多く使われている。これは電波の中でも短波とよばれる周波数帯であり，アマチュア無線で使われる周波数に近い。

**14** について。データ電送方式の1つに電磁誘導方式がある。双方のコイルはループアンテナ（環状のアンテナ）になっていて，一方のコイルに交流電流を流し，変動する磁場を発生させ，その磁場が別のコイルに誘導起電力を与えることで，電源をもたない側に動作電力を与える。同時に，変動する磁場の振幅を少し弱めたり，磁場を一瞬だけ停止（ポーズ）させたりするなどの方法を用いて，リーダライタからの情報を伝達している。なお，ループアンテナを使ったデータ電送方式には，より長い距離での通信が可能な電波方式というものもある。商品に取り付けた IC タグの情報を素早く大量に収集・処理できるため，その技術は店舗の在庫管理などに利用されている。

**問2** **15** ④

機械 R のコイルに流れる電流は，まず正の向きに流れて増加していく。すると，右ねじの法則よりコイルの中心軸上を，図1で右から左に向かう向きの磁場が増加する。このときレンツの法則より，物体 S のコイルには，磁場の変化を妨げる向き，すなわち図1で左から右に向かう向きの磁場をつくるような誘導起電力が発生する。この誘導起電力の向きは図1の矢印の逆向き，すなわち負の向きなので，選択肢のうち，このようなグラフは③か④である。

また，円形コイルのつくる磁場の強さは電流の大きさに比例することから，図2において，電流が直線的に変化する区間では，物体 S のコイルを貫く磁束も直線的に変化し，時間変化率は一定となる。ファラデーの電磁誘導の法則より，このとき物体 S のコイルに生じる誘導起電力は一定値になるので，最も適当なグラフは④である。

補足 式を使って考える場合は，以下の式を組み合

わせることになる。まず，円形電流が円の中心につくる磁場 $H$ は，円の半径を $r$，電流の強さを $I$ として $H = \dfrac{I}{2r}$ で与えられる。また，真空の透磁率を $\mu_0$ として磁場 $H$ と磁束密度 $B$ の間には $B = \mu_0 H$ という関係があり，磁束密度 $B$ が一定の場合に面積 $S$ のコイルを貫く磁束 $\varPhi$ は $\varPhi = BS$ で表される。さらに，ファラデーの電磁誘導の法則によれば，コイルに生じる誘導起電力 $V$ は，コイルを貫く単位時間当たりの磁束の変化に比例し，時間 $\varDelta t$ の間の磁束の変化量を $\varDelta \varPhi$ として

$$V = -\frac{\varDelta \varPhi}{\varDelta t}$$

で表される。電流が時刻とともに直線的に変化する，すなわち傾きが一定となる区間では，$\varPhi$ も時刻とともに直線的に変化するので，この間 $\dfrac{\varDelta \varPhi}{\varDelta t}$ は一定，すなわち誘導起電力も一定値をとる。

**問3** **16** ④

機械 R のコイルのつくる磁場を表す磁力線は，機械 R のコイルの内側を左から右向きに貫き，機械 R の右側で上下に広がっている。磁場の向きは磁力線の向きで表され，磁場の強さは磁力線の密度で表される。

一方，ファラデーの電磁誘導の法則

$$V = -\frac{\varDelta \varPhi}{\varDelta t}$$

で，$\varDelta \varPhi$ は「コイルを貫く磁束の変化量」である。よって，磁束の変化量の絶対値が最小のときに起電力の大きさが最小になる。物体 S のコイルの面が磁力線に対して垂直なとき，このコイルを貫く磁束は最大になり，この面が磁力線に対して平行なとき，このコイルを貫く磁束は最小になる。このため物体 S を移動させたとき，コイルを貫く磁束の変化が最も少ないのは，物体 S のコイルの面が磁力線に対してほぼ平行である④と考えられる。よって，起電力の大きさが最小となるのは④である。

補足 左右方向では R に近いほど，また上下方向では R の中心軸に近いほど磁場は強い。①，②，③，⑤は物体 S が磁場の強いところと弱いところの間を移動し，かつ物体 S のコイルの面が磁力線に対して垂直なので，これらは④に比べて発生する誘導起電力の大きさが大きい。

また，⑥は，コイルを貫く磁束が増加するように

物体Sの向きを回転させているので，これも④に比べて発生する誘導起電力の大きさが大きい。

**問4** 　**17**　**③**

アルミニウムも鉄も導体であるが，鉄は強磁性体であり，磁石に強く引きつけられる性質がある。このため，点Qを通過直後から，ネオジム磁石は鉄板に引き付けられるので大きな摩擦力を受けてすぐに静止し，測定結果は表1のようにはならない。

補足　一般に，磁石の移動などにより磁場が時間的に変化すると，その空間には誘導電場が発生し，これにより誘導起電力が発生する。ネオジム磁石の前方（下図で右側）と後方（下図で左側）では，アルミホイルを貫く磁場が変化するので，アルミホイル上には誘導電場が発生し，どちらにも誘導電流が流れる。

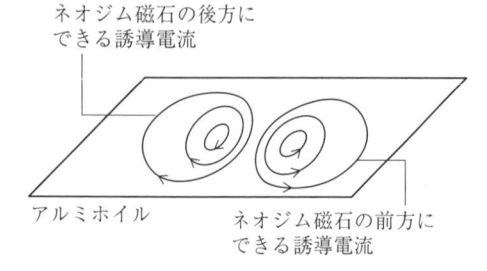

ネオジム磁石の後方にできる誘導電流

アルミホイル　　ネオジム磁石の前方にできる誘導電流

> ネオジム磁石のN極を下側にして，ネオジム磁石を右向きに動かしたときにアルミホイルにできる渦電流

このような電流は，その流れの形から渦電流とよばれる。誘導電流は磁場の変化を妨げる向きに発生することから，誘導電流のつくる磁場は，ネオジム磁石の右向きの運動を妨げるように発生する。前の図のようにネオジム磁石のN極を下側にした場合なら，右側の誘導電流は上向きの磁場，左側の誘導電流は下向きの磁場をつくっている（②は正しい）。また，アルミホイルを斜面の板と紙の間に入れた場合でも誘導電流が発生し，誘導電流のつくる磁場はネオジム磁石の運動を妨げる向きである（④は正しい）。

さらに，誘導電場は，コイルや導線，金属がないところでも発生することが知られている。このため，アルミホイルがないときでも誘導電場は発生するが，導体がないため，誘導電流は流れなかったと考えられる（⓪は正しい）。

なお，実験で何回も同じ測定をするとき，他の測定結果とは大きく異なる値である「外れ値」が出てくることがある。外れ値が出てきたときは，そうなった原因を十分に検討し，場合によっては測定結果

から外す必要がある（⑤は正しい）。

**問5** 　**18**　**②**

アルミホイルがない場合とある場合で，点Qから静止地点に移動するまでに動摩擦力がネオジム磁石にした仕事をそれぞれ$W_1$，$W_2$とする。また，アルミホイルがある場合で，磁気的な力がネオジム磁石にした仕事を$W_\phi$とする。

エネルギーの原理より，された仕事の分だけ物体の運動エネルギーは変化する。点Qを通過する瞬間にネオジム磁石がもつ運動エネルギーを$K_Q$とすると，アルミホイルがない場合でネオジム磁石が点Qから静止地点に移動するまでの運動についてエネルギーの原理より

$$0 - K_Q = W_1$$

アルミホイルがある場合でも同様に考えると，エネルギーの原理より

$$0 - K_Q = W_2 + W_\phi$$

2式より$K_Q$を消去すると

$$W_1 = W_2 + W_\phi \qquad \therefore \quad W_\phi = W_1 - W_2$$

求める倍率は

$$\frac{W_\phi}{W_2} = \frac{W_1 - W_2}{W_2} = \frac{W_1}{W_2} - 1$$

ここで，アルミホイルの有無によらずネオジム磁石が紙から受ける動摩擦力の大きさは等しいと考えるので，ここでは動摩擦力のした仕事は移動距離の平均値に比例し

$$\frac{W_1}{W_2} = \frac{10.9}{9.0}$$

よって

$$\frac{W_\phi}{W_2} = \frac{W_1}{W_2} - 1 = \frac{10.9}{9.0} - 1$$

$$= 0.211 \cdots \fallingdotseq \mathbf{0.21}$$

補足　動摩擦力の大きさを$F$〔N〕とすると，$W_1$〔J〕，$W_2$〔J〕は，それぞれ次の式で与えられる。ネオジム磁石の変位の向きと動摩擦力の向きが逆向きなので，それらの仕事はいずれも負になる。

$$W_1 = -F \times 10.9 \times 10^{-2} \text{〔J〕}$$
$$W_2 = -F \times \ 9.0 \times 10^{-2} \text{〔J〕}$$

補足　点Pの床からの高さ「5.5 cm」は，問題を解くうえでは必要ない情報である。とくに実験・考察問題では，与えられた情報の中から，重要なもの・必要なものを取捨選択する力が要求される。

補足　渦電流を用いて物体を減速させる仕組みを，渦電流ブレーキという。現在は，大型のトラックや

バスなどの補助ブレーキとして採用されている。

　渦電流ブレーキでは，物体のもつ力学的エネルギーの一部を，導体で発生させるジュール熱に変換して大気中に放出することで物体を減速する。摩擦力によって直接的にブレーキをかける摩擦式ブレーキと異なり，磨耗する部品の交換が発生しないのがメリットである。デメリットとしては，摩擦式ブレーキと同様にエネルギーを熱として放出するためにエネルギーの再利用ができないことが挙げられる。そのデメリットを解消したのが回生ブレーキである。回生ブレーキでは，力学的エネルギーを使って発電機を回し，物体の力学的エネルギーの一部を電気エネルギーに変換する。このような原理で，物体を減速させつつ，電気エネルギーをバッテリーなどに蓄えたり，それを別の目的で使用したりすることでエネルギーの回収・再利用を可能にしている。

## 第4問

**問1** ☐ 19 ☐ **⑤**

　選択肢を順にみていこう。

① ナトリウムランプの光は回折格子で回折し，本来の位置とは異なった位置から出たように見える。この光を観測しているので，1次，2次，…の回折光はナトリウムランプの虚像になっている。（正）

② この実験では，回折光が生じる回折角 $\theta$ は回折格子の格子定数や波長によって決まり，光源からの距離に依存せず一定である。したがって，回折格子とナトリウムランプの距離を短くすると，ナトリウムランプから回折光が見えている位置までの距離 $x$ は小さくなり，回折光が見える位置はナトリウムランプに近づいていく。（正）

③ ナトリウムランプから回折格子を通って直進する 0 次の回折光は直接光である。（正）

④ 室温が変化すると，回折格子や定規がわずかに膨張あるいは収縮する可能性があるが，測定結果に大きな影響を与えるとは考えられない。（正）

⑤ 回折角 $\theta$ は波長によって異なるので，一定の波長の単色光を用いない場合は，回折光の向きが定まらず測定は困難になる。ナトリウムランプからは，D線とよばれる特定の波長 $5.9 \times 10^{-7}$ m をもった単色光が放射されるので，回折光の向きが一定に保たれ観測できる。そのために，光源としてナトリウムランプを用いたのであって，オレンジ色が白より視

認しやすいためではない。（誤）

**問2** ☐ 20 ☐ **③**

　隣り合う格子を通って回折角 $\theta$ の方向に進む光の経路差は $d\sin\theta$ と表される。干渉によって強め合う条件は，この経路差が波長 $\lambda$ の整数倍になることである。$m$ 次の回折光については経路差が波長の $m$ 倍になっているので，求める条件は

$$d\sin\theta = m\lambda$$

**問3** ☐ 21 ☐ **⑨**

　回折角 $\theta$ が小さいとき，$\sin\theta \fallingdotseq \tan\theta$ と近似できるので，回折格子とナトリウムランプの距離を $L$ とすると

$$\sin\theta \fallingdotseq \tan\theta = \frac{x}{L}$$

よって，$m$ 次の回折光について

$$d\frac{x}{L} = m\lambda \quad \therefore \quad x = m\frac{L\lambda}{d}$$

観測結果より $m=1$ のときに $x=5.7$ cm であるので，上式より $L\lambda/d = 5.7$ cm と考えられ，$m=2$ のときは

$$x = 2 \times 5.7\text{cm} = 11.4\text{cm}$$

付近になると考えられる。よって，11.4cm に最も近い **11.6cm** の⑨が正解となる。

**補足** 3次，4次，5次の回折光については

3次：$x = 3 \times 5.7\text{cm} = 17.1\text{cm}$

4次：$x = 4 \times 5.7\text{cm} = 22.8\text{cm}$

5次：$x = 5 \times 5.7\text{cm} = 28.5\text{cm}$

観測結果はほぼこれらに近い値になっている。

**問4** ☐ 22 ☐ **③**，☐ 23 ☐ **②**，☐ 24 ☐ **⑤**，☐ 25 ☐ **④**

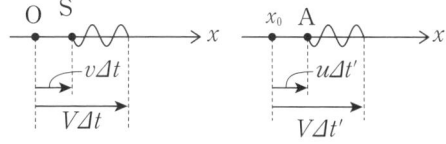

$t = \Delta t$ のとき，上図のように，波源の先端は $x = V\Delta t$ の位置に進み，後端は波源 S から出た瞬間の位置 $x = v\Delta t$ である。同様に，観測者を通過する波について，$t = t_0 + \Delta t'$ で，波の先端の位置は $x = x_0 + V\Delta t'$，後端は $x = x_0 + u\Delta t'$ となる。

**問5** ☐ 26 ☐ **③**

　波源 S は周期 $T$ の波を時間 $\Delta t$ だけ発したので，1周期分の波を 1 個と数えれば，$\Delta t/T$ 個の波を発している。一方，観測者 A は周期 $T'$ の波を時間 $\Delta t'$ だけ観測するので，観測する波の数は $\Delta t'/T'$ と

— ④ - 8 —

なる。波源 S が発する波の数と観測者 A が観測する波の数は等しいので

$$\frac{\varDelta t}{T} = \frac{\varDelta t'}{T'} \quad \cdots\cdots\cdots\cdots\cdots\cdots\cdots\cdots\cdots ①$$

補足 問 4 の問題文より，波の長さについて

$$V\varDelta t - v\varDelta t = V\varDelta t' - u\varDelta t'$$

$$\therefore \quad \frac{\varDelta t'}{\varDelta t} = \frac{V-v}{V-u}$$

よって，①を用いて

$$\frac{T'}{T} = \frac{\varDelta t'}{\varDelta t} = \frac{V-v}{V-u}$$

波源が発する波の振動数を $f$，観測者 A が観測する波の振動数を $f'$ とすると，$f=1/T$，$f'=1/T'$ であるので，上式より

$$\frac{f}{f'} = \frac{V-v}{V-u} \qquad \therefore \quad f' = \frac{V-u}{V-v}f$$

となり，ドップラー効果の式が導かれる。

# 模試 第5回

## 解　答

| 第1問 小計 | | 第2問 小計 | | 第3問 小計 | | 第4問 小計 | | 合計点 | /100 |
|---|---|---|---|---|---|---|---|---|---|

| 問題番号（配点） | 設問 | 解答番号 | 正解 | 配点 | 自己採点 | 問題番号（配点） | 設問 | 解答番号 | 正解 | 配点 | 自己採点 |
|---|---|---|---|---|---|---|---|---|---|---|---|
| 第1問（25） | 1 | 1 | ⑥ | 3 | | 第3問（25） | A 1 | 21 | ① | 5 | |
| | 1 | 2 | ① | 3 | | | A 2 | 22 | ② | 5 | |
| | 2 | 3 | ③ | 2 | | | B 3 | 23 | ② | 5 | |
| | 2 | 4 | ② | 2 | | | B 4 | 24 | ⑥ | 5 | |
| | 3 | 5 | ⑤ | 5 | | | B 5 | 25 | ① | 5 | |
| | 4 | 6 | ② | 2 | | 第4問（25） | A 1 | 26 | ⑥ | 5 | |
| | 4 | 7 | ② | 3 | | | A 2 | 27 | ③ | 5 | |
| | 5 | 8 | ④ | 5 | | | A 3 | 28 | ⑥ | 5 | |
| 第2問（25） | A 1 | 9 | ① | 2 | | | B 4 | 29 | ⑤ | 5 | |
| | A 1 | 10 | ⑥ | 2 | | | B 5 | 30 | ⑥ | 5 | |
| | A 1 | 11 | ③ | 2 | | | | | | | |
| | A 1 | 12 | ⑨ | 2 | | | | | | | |
| | A 2 | 13 | ③ | 2 | | | | | | | |
| | A 2 | 14 | ⑤ | 2 | | | | | | | |
| | A 2 | 15 | ⑤ | 2 | | | | | | | |
| | B 3 | 16 | ③ | 2 | | | | | | | |
| | B 3 | 17 | ② | 2 | | | | | | | |
| | B 3 | 18 | ⑥ | 2 | | | | | | | |
| | B 3 | 19 | ④ | 2 | | | | | | | |
| | B 4 | 20 | ⑦ | 3 | | | | | | | |

**問1**　1　⑥，2　①

小球は重力と糸の張力を受けて運動する。小球を放した直後と小球が最下点を通過する瞬間に，小球が受ける力を図示すると下図のようになる。

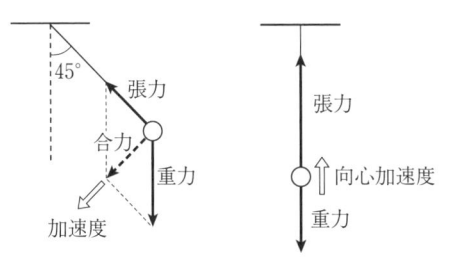

小球を放した直後の小球の速さは0だから，小球の円運動の向心加速度も0で，小球は円弧に沿った向きの合力を受けて⑥の向きの加速度をもつ。

小球が最下点を通過するとき，小球は円運動をしているので，円運動の中心向きすなわち鉛直上向きの向心加速度をもっている。また，円運動の円弧に沿った方向(水平方向)には力を受けないので，この方向に加速度は生じない。以上より，小球の加速度は①の鉛直上向きになる。

**補足**　最下点に達するまでの途中については，円運動の中心向きの向心加速度と円弧に沿った方向の加速度を合成した加速度が生じている。

**問2**　3　③，4　②

地球内部には巨大な棒磁石があると考えてよく，コンパスのN極が北を指すことから，地球内部の棒磁石の北はS極になっている。よって，地磁気の様子は下図のようになり，北半球では地磁気は水平方向より下を向いて，その鉛直成分は下向きになっている。

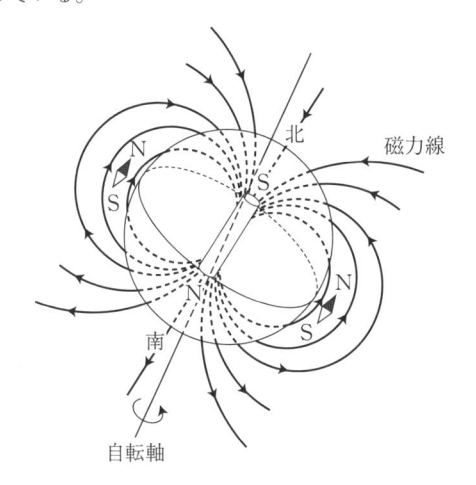

飛行機が日本の上空を飛行しているとき，下図のように，斜め下向きの磁場内を水平方向に導体である翼が運動していることになるので，電磁誘導によって翼には進行方向に向かって翼の右から左の向きに誘導起電力が生じる。この誘導起電力を電池に置き換えて考えれば，翼の右端の電位は左端の電位より**低い**ことがわかる。

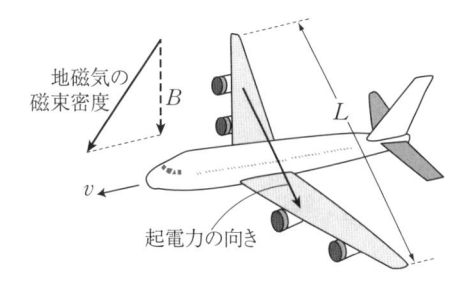

起電力の大きさ$V$は，単位時間に翼が切る磁束の大きさに等しいので，地磁気の鉛直成分の磁束密度の大きさを$B(=3.5 \times 10^{-5}\,\mathrm{T})$，飛行機の速さを$v(=720\,\mathrm{km/h}=200\,\mathrm{m/s})$，翼の長さを$L(=50\,\mathrm{m})$とすると

$$V = vBL$$
$$= (200\,\mathrm{m/s}) \times (3.5 \times 10^{-5}\,\mathrm{T}) \times (50\,\mathrm{m})$$
$$= \mathbf{0.35\,V}$$

**補足**　電磁誘導によって誘導起電力が生じる場合，起電力の向きはその起電力によって電流が流れる場合の電流の向きに等しいが，電流が流れる先の電位が低いわけではない。誘導起電力を電池に置き換えれば，起電力の向きは電池の負極から正極への向きになるので，電流が流れる先が正極側で電位が高くなっていることがわかる。

**問3**　5　⑤

それぞれの選択肢について順に見ていこう。

① 太陽光は空気で散乱されるが，波長が短い青い光ほど散乱されやすく，その散乱光が目に届くことで空が青く見える。**(誤)**

② 光が異なる媒質の境界で反射するとき，反射角はつねに入射角に等しく，波長によって変化しない。虹は，太陽光が空気中に浮かぶ水滴の内側の面で反射される光が，水滴に入るときと出るときの屈折角が波長によって異なるために分散

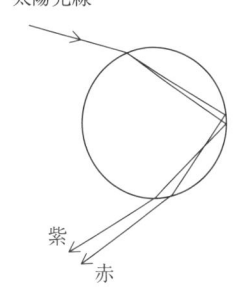

されて生じる現象である。**(誤)**

③　全反射は，光が絶対屈折率の<u>大きな媒質中から</u><u>小さな媒質中に進むとき</u>に起こる現象である。直角プリズムは直角二等辺三角形のプリズムで，全反射によって光の進路を変えるために用いる。全反射を利用することで，鏡を用いるより反射率が大きくなる。**(誤)**

④　水，空気の絶対屈折率をそれぞれ $n_w$，$n_a$ とすると，$n_w > n_a$ である。空気中から水中に進む光の入射角を $i$，屈折角を $r$ とすると，屈折の法則より

$$n_a \sin i = n_w \sin r$$

$n_a < n_w$ であるので，$i > r$ となり，<u>屈折角は入射角</u><u>より小さくなる。</u>**(誤)**

⑤　光は進行方向に垂直な方向の振動をもつ横波である。自然光はさまざまな方向の振動を含んでいるが，ガラス面や水面による反射光の振動は特定の方向を多く含む光(偏光)となる。偏光板を用いてこの偏光を遮ることができる。**(正)**

**問4**　 6 　② 　 7 　②

放射性炭素 $^{14}_{6}C$ は不安定なため，放射性崩壊により，安定な元素である $^{14}_{7}N$ になる。$^{14}_{6}C$ から $^{14}_{7}N$ への変化では，原子番号は 1 増加するが，質量数は変化していない。このことから，求める放射性崩壊は，$\beta$ 線(電子)を放出し，原子番号が 1 増加する(かつ質量数の変化しない)$\boldsymbol{\beta}$ 崩壊であることがわかる。

初めに存在する放射性原子核の数を $N_0$，半減期を $T$ とすると，時間 $t_0$ が経過した後に崩壊せずに残っている放射性原子核の数 $N$ は

$$N = N_0 \left(\frac{1}{2}\right)^{\frac{t_0}{T}}$$

と表される。

「遺跡から発掘した木片に含まれる $^{12}_{6}C$ に対する $^{14}_{6}C$ の割合」が，「現在の大気中に含まれる $^{12}_{6}C$ に対する $^{14}_{6}C$ の割合の 80 %」であることは，存在していた $^{14}_{6}C$ の量が当時の 80 % に減少したことを示している。よって，遺跡が $t$ 年前のものであるとすると，$^{14}_{6}C$ の半減期が $T = 5.7 \times 10^3$ 年であることから，次の関係が成り立つ。

$$\left(\frac{N}{N_0} = \right) 0.80 = \left(\frac{1}{2}\right)^{\frac{t}{5.7 \times 10^3}}$$

$$\therefore \quad \log_{10} \frac{8}{10} = \log_{10} \left(\frac{1}{2}\right)^{\frac{t}{5.7 \times 10^3}}$$

$$\therefore \quad \log_{10} 8 - \log_{10} 10 = \frac{t}{5.7 \times 10^3} \log_{10} 2^{-1}$$

$$\therefore \quad 3 \log_{10} 2 - 1 = -\frac{t}{5.7 \times 10^3} \log_{10} 2$$

上式に $\log_{10} 2 = 0.30$ を代入すると

$$3 \times 0.30 - 1 = -\frac{t}{5.7 \times 10^3} \times 0.30$$

$$\therefore \quad 0.10 = \frac{t}{19 \times 10^3}$$

$$\therefore \quad t = \boldsymbol{1.9 \times 10^3}$$

**補足**　$\alpha$ 崩壊：$\alpha$ 線($^4_2He$ の原子核)を放出し，原子番号が 2，質量数が 4 減少する。

$\gamma$ 崩壊：$\gamma$ 線(電磁波)を放出。原子核の種類は変化しない。

**問5**　 8 　④

容器 A と B をつなぐ細管のコックを開くと，A 内の気体は真空の容器 B に拡散して広がる。このとき，気体は外部に仕事せず，外部との熱のやり取りもないので，内部エネルギーは変化せず，絶対温度は $T$ のままである。よって，容器の容積を $V$ とすると，ボイルの法則から

$$PV = P_A \cdot 2V \quad \therefore \quad P_A = \frac{1}{2} P$$

はじめに容器 C，D に入っていた気体の物質量を $n_C$，$n_D$ とし，気体定数を $R$ とすると，初めの状態で各容器内の気体の状態方程式から

$$\frac{1}{3} P \cdot V = n_C R T$$

$$\frac{2}{3} P \cdot V = n_D R T$$

2 式の和をとると

$$PV = (n_C + n_D) R T \quad \cdots\cdots\cdots\cdots\cdots\cdots ①$$

コックを開くと，容器 C，D 内の気体が混ざり合うが，初めに容器 C，D 内にあった気体の絶対温度が $T$ で等しい(気体分子のもつ平均のエネルギーは等しい)ので，混合後の温度は $T$ のまま変化しない。十分時間が経ったときの混合気体の状態方程式は

$$P_C \cdot 2V = (n_C + n_D) R T \cdots\cdots\cdots\cdots\cdots ②$$

①，②より

$$PV = 2P_C V \quad \therefore \quad P_C = \frac{1}{2} P$$

以上より

$$\boldsymbol{P_A = P_C}$$

**別解**　$P_C$ については，容器 C，D 内の気体を別々に考えて，分圧の法則を用いて解くこともできる。この場合，コックを開くとそれぞれの容器内の気体

の体積は2倍になり，温度は$T$のまま変化しないから，それぞれの気体の圧力は，ボイルの法則から1/2倍になる。したがって，分圧の法則より，この混合気体の圧力は

$$P_C = \frac{1}{2} \cdot \frac{1}{3} P + \frac{1}{2} \cdot \frac{2}{3} P = \frac{1}{2} P$$

補足 理想気体の内部エネルギーは，個々の気体分子のもつエネルギーの総和であり，絶対温度に比例する。真空中への自由膨張では気体は外部に仕事をしないので，内部エネルギーは変化せず温度は一定のままである。

容器C，D内の気体を混合しても温度が$T$のまま変化しないことは，混合前後で容器C，D内の気体の内部エネルギーの和が保存されることから導かれる。この場合，気体の定積モル比熱を$C_V$，混合後の気体の温度を$T'$とすると

$$n_C C_V T + n_D C_V T = (n_C + n_D) C_V T'$$
$$\therefore \quad T' = T$$

## 第2問

**A** 問1 　9　①，　10　⑥，　11　③，　12　⑨

図1のように抵抗を直列につないだ場合には，各抵抗に流れる電流はすべて電池を流れる電流$I$に等しい。したがって，キルヒホッフの第2法則を用いて，回路の電圧降下について

$$E = r_1 I + r_2 I + r_3 I \quad \cdots\cdots\cdots\cdots\cdots ①$$

図1の場合の合成抵抗値を$R_1$とすると

$$E = R_1 I \quad \cdots\cdots\cdots\cdots\cdots\cdots\cdots\cdots ②$$

と表されるので，①，②より

$$R_1 I = r_1 I + r_2 I + r_3 I$$
$$\therefore \quad R_1 = r_1 + r_2 + r_3$$

図2のように抵抗を並列につないだ場合には，各抵抗の両端の電圧はすべて電池の起電力$E$に等しい。よって，各抵抗を流れる電流は

$$I_1 = \frac{E}{r_1}, \quad I_2 = \frac{E}{r_2}, \quad I_3 = \frac{E}{r_3}$$

したがって，電池を流れる電流を$I'$として，キルヒホッフの第1法則から

$$I' = I_1 + I_2 + I_3 = \frac{E}{r_1} + \frac{E}{r_2} + \frac{E}{r_3} \quad \cdots\cdots ③$$

図2の場合の合成抵抗値を$R_2$とすると

$$E = R_2 I' \quad \cdots\cdots\cdots\cdots\cdots\cdots\cdots\cdots ④$$

と表されるので，③，④より

$$\frac{1}{R_2} = \frac{I'}{E} = \frac{1}{r_1} + \frac{1}{r_2} + \frac{1}{r_3}$$
$$\therefore \quad R_2 = \frac{r_1 r_2 r_3}{r_1 r_2 + r_2 r_3 + r_3 r_1}$$

問2 　13　③，　14　⑤，　15　⑤

立方体内を点Aから点Gへ向かって電流が流れるものとする。点Aから出た電流は，辺AB→辺BC→辺CGのように，必ず3本の金属線を通って点Gに達する。

点Aから出た電流は，3つに分かれて点B，点D，点Eに流れるが，対称性を考えればこれらの電流の強さは等しいので，それぞれ$I/3$となる。

また，辺ABを流れて点Bから出た電流は2つに別れて点C，点Fに向かって流れるので，辺BCに流れる電流の強さは，辺ABに流れる電流の強さ$I/3$の半分すなわち$I/6$となる。

さらに，辺CGに流れる電流は，辺BC，辺DCから流れる電流が重ね合わされるので，その強さは$(I/6) \times 2 = I/3$となる。

以上より，辺AB，辺BC，辺CGを含む回路にキルヒホッフの第2法則を適用すると

$$E = \frac{I}{3} \cdot r + \frac{I}{6} \cdot r + \frac{I}{3} \cdot r$$

$$\therefore \quad I = \frac{6E}{5r}$$

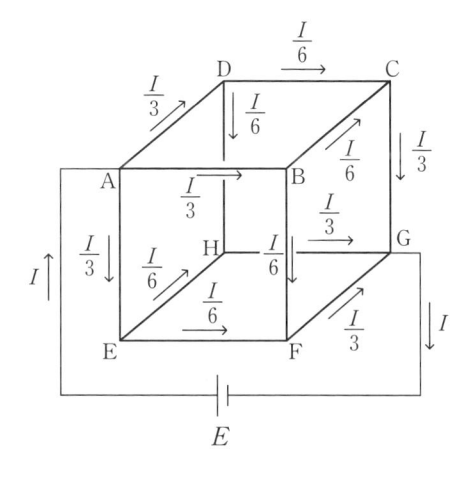

**B** 問3 　16　③，　17　②，　18　⑥，　19　④

豆電球A，Bに表示されている電圧，電流の値は，その電圧，電流で用いるように設計された推奨値で，豆電球Aについては1.5 Vの電圧のときに0.3 Aの

電流が，Bについては 1.5 V の電圧のときに 0.06 A の電流が流れるようになっている。

したがって，豆電球 A と B は，同じ 1.5 V の電圧をかけたときの電流が異なるが，これは A と B の**抵抗値**が異なっていることに起因している。

電圧 1.5 V の場合，それぞれの豆電球の抵抗値は

$$豆電球 A：\frac{1.5\,\mathrm{V}}{0.3\,\mathrm{A}}=5\,\Omega$$

$$豆電球 B：\frac{1.5\,\mathrm{V}}{0.06\,\mathrm{A}}=25\,\Omega$$

一般に豆電球などの電球は，流れる電流が電圧に比例せずに，抵抗値は電圧（または電流）によって変化するので一定ではない。豆電球とモーターを直列につないだ図 4 の回路では，豆電球の電圧は乾電池の電圧 1.5 V より小さくなって，豆電球 A と B の抵抗値は上記とは異なる。しかし，豆電球 A と B の抵抗値の比はおおよそこの程度と考えてよい。

さて，モーターと豆電球を直列につないだとき，電流は共通だからそれぞれの電圧はそれぞれの抵抗値に比例し，電圧の比は抵抗値の比に等しい。また，モーターと豆電球の電圧の和は，乾電池の内部抵抗を無視すると乾電池の起電力に等しいので，モーター，豆電球の電圧は，乾電池の起電力をそれぞれの抵抗値で比例配分した値になる。

モーターに豆電球 A，B をそれぞれつないだ場合，豆電球 A に比べて B の方が抵抗値が大きいので，B につないだ場合の方が，モーターに加わる**電圧**は小さく，豆電球に加わる**電圧**は大きくなる。よって，実験 2 で豆電球は点灯するが，モーターは電圧不足で回転しない。一方，実験 1 のように A につないだときは，豆電球は電圧不足で点灯しないが，モーターは回転する。

さて，実験 1 と 3 を比べると，実験 3 の場合に豆電球 A が暗く点灯するということは，実験 1 では不足していた豆電球 A の電圧が，実験 3 の場合には点灯するのに必要な値以上あるということを示している。実験 1 と 3 の違いはモーターの負荷の違いで，モーターに負荷を与えた場合には，モーターの**回転数**が小さくなると考えられる。モーターの回転数が小さくなって，モーターの抵抗値が小さくなるのなら，豆電球 A の電圧が大きくなることは説明できるが，モーターの抵抗値が小さくなるとは考えにくい。

モーターの仕組みを考えてみると，回転するモー

ターは内部のコイルが磁場中を回転しているので，コイルには**誘導起電力**が発生している。この起電力は，レンツの法則から，モーターに電流を流そうとする電池の起電力とは逆向きに生じる逆起電力で，回路全体の起電力が小さくなったのと同様に考えることができる。また，回転の速さが速いほど，すなわち回転数が大きくなるほどモーターに生じるこの逆起電力は大きい。よって，豆電球に加わる電圧は，モーターの回転数が大きいほど小さくなる。モーターの負荷がなく回転数が大きいときには逆起電力が大きくなって豆電球 A の電圧は小さく，回転数が小さくなると逆起電力も小さくなって豆電球 A の電圧が大きくなり，豆電球が点灯するようになる。

なお，実験 4 については，そもそもモーターの負荷がない実験 2 の場合に，モーターを回転させるだけの電圧が不足しているので，負荷を加えればなおさら回転しないと考えられる。

補足 乾電池で動作する工作用モーターの抵抗値は 1Ω 程度である。

補足 乾電池の起電力を $E$，モーターが回転することによって生じる誘導起電力の大きさを $V$，モーターの抵抗値を $r$，豆電球の抵抗値を $R$，回路に流れる電流の強さを $I$ とするとき，回路の電圧についての以下の式が成り立つ。

$$E-V=rI+RI$$

スイッチを閉じた瞬間にモーターはまだ回転していないものと考えると $V=0$ となり，このときモーター，豆電球の電圧は，上式よりそれぞれ

$$rI=\frac{r}{r+R}E,\qquad RI=\frac{R}{r+R}E$$

このときのモーター，豆電球の電圧が，モーターを回転させるための最小電圧，豆電球を点灯させるための最小電圧に達しないと，モーターは回転せず，豆電球は点灯しない。

実験 1 と 2 を比べると，豆電球の抵抗値 $R$ は A の方が B より小さいので，豆電球の電圧は A の方が B より小さくなって，A は点灯せずに B は点灯する。モーターの電圧は A をつないだ実験 1 の方が B をつないだ実験 2 より大きいので，実験 1 でモーターは回転するが実験 2 では回転しない。

実験 1 でモーターが回転を始めると，モーターの誘導起電力 $V$ が生じるので，回路に流れる電流 $I$ は小さくなって，豆電球 A の電圧は小さくなり点灯しないままである。

実験 3 でプロペラをつけてモーターの回転を遅くすると、実験 1 に比べてモーターの誘導起電力 $V$ が小さくなって回路に流れる電流 $I$ が大きくなるので、豆電球 A の電圧が大きくなり、豆電球は点灯する。

実験 4 では、実験 2 の場合より、モーターの負荷が大きく回転させるのに必要な電圧が大きくなるが、負荷がない場合でも電圧が不足して回転しないので、モーターは回転しない。

**問 4**　**20**　**⑦**

モーター、豆電球 A, B を直列につなぐと、モーターと豆電球 A をつないだ実験 1、モーターと豆電球 B をつないだ実験 2 の場合より回路全体の抵抗値は大きくなり、回路に流れる電流は小さくなる。よって、モーター、豆電球 A, B それぞれの電圧は、実験 1, 2 の場合より 3 つすべてをつないだ場合の方が小さくなる。

実験 1 で豆電球 A の電圧は、点灯させるための最小電圧に達していなかったので、これより小さい電圧となるこの場合に、A は**点灯しない**。また、実験 2 でモーターの電圧は、回転させるための最小電圧に達していなかったので、この場合も**回転しない**。豆電球 B の電圧は、実験 2 の場合よりも小さく点灯しない可能性もあるが、題意より、モーターが回転せず、かつ A, B が点灯しないことはなかったので、B は**点灯する**。

# 第 3 問

**A**　**問 1**　**21**　**①**

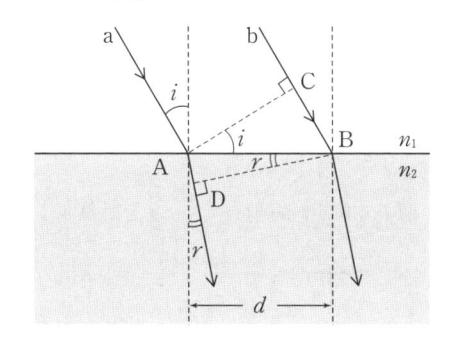

求める光路差は、CB, AD の光路長の差になる。CB, AD の光路長は、それぞれ $n_1 CB$, $n_2 AD$ と表され、図より

$$CB = AB \sin i = d \sin i$$
$$AD = AB \sin r = d \sin r$$

したがって、2 つの光線の光路差は

$$|n_1 CB - n_2 AD| = d|n_1 \sin i - n_2 \sin r|$$

この光路差が波長 $\lambda$ の整数倍になるときに、光線 a, b は強め合うから

$$d|n_1 \sin i - n_2 \sin r| = m\lambda$$

すべての光線が強め合うには上式が任意の $d$ で成り立つ必要があるが、これは $m=0$ の場合で、このとき上式は

$$n_1 \sin i - n_2 \sin r = 0 \qquad \therefore \quad \frac{\sin i}{\sin r} = \frac{n_2}{n_1}$$

となり、屈折の法則が成り立つことがわかる。

**問 2**　**22**　**②**

光の波長を $\lambda_0$〔m〕$(=5.6 \times 10^{-7} \text{m})$、薄膜の屈折率を $n_c (=1.4)$、ガラスの屈折率を $n_g (=1.5)$、薄膜の厚さを $a$〔m〕とする。薄膜に光を垂直に当てたとき、薄膜とガラスの境界面での反射光は、薄膜表面での反射光より薄膜の厚み方向の往復分の距離 $2a$ だけ経路が長くなるので、2 つの反射光の光路差は $2n_c a$ と表される。$1.0 < n_c < n_g$ であるので、空気から薄膜へ進むときの薄膜表面での反射光、薄膜からガラスへ進むときの境界面での反射光は、ともに位相が $\pi$ ずれる。したがって、反射光が干渉によって弱め合うのは、$m=0, 1, 2, \cdots$ として

$$2n_c a = (2m+1)\frac{\lambda_0}{2}$$

$$\therefore \quad a = \frac{(2m+1)\lambda_0}{4n_c}$$

$a$ の最小値は $m=0$ のときで

$$a = \frac{\lambda_0}{4n_c} = \frac{5.6 \times 10^{-7} \text{m}}{4 \times 1.4}$$
$$= 1.0 \times 10^{-7} \text{ m} = \mathbf{1.0 \times 10^2 \text{ nm}}$$

**B**　**問 3**　**23**　**②**

気球の体積を $V_0$、質量を $M$、重力加速度の大きさを $g$ として、気球は鉛直上向きの空気からの浮力 $\rho_0 V_0 g$、および鉛直下向きの重力 $Mg$ を受けているので、気球が浮かび上がるための条件は

$$\rho_0 V_0 g \geqq Mg$$

ところで、気球の体積 $V_0$ は

$$V_0 = \frac{4}{3}\pi r^3$$

気球の質量 $M$ は、気球内の空気の質量と球皮の質量の和で、球皮の面積は気球の表面積 $4\pi r^2$ に等し

いから
$$M=\rho_1 V_0+4\pi r^2\cdot\sigma$$
したがって，求める条件は
$$\frac{4}{3}\pi r^3\rho_0\, g\geqq\left(\frac{4}{3}\pi r^3\rho_1+4\pi r^2\sigma\right)g$$
$$\therefore\ \boldsymbol{\rho_1\leqq\rho_0-\frac{3\sigma}{r}}\ \cdots\cdots\cdots\cdots\cdots\cdots\cdots①$$

補足　空気や水などの流体中に置かれた物体は，物体の体積に等しい流体が受ける重力の大きさと同じ大きさの浮力を，重力の反対向きに受ける（アルキメデスの原理）。気球を球形の物体と考えて，浮力が気球が受ける重力以上ならば，気球は浮かび上がる。気球が受ける重力は，内部の空気と球皮が受ける重力を考える必要がある。

問4　24　⑥

$n$ モルの空気について，圧力 $p$，体積 $V$，絶対温度 $T$ のとき，気体定数を $R$ として状態方程式より
$$pV=nRT$$
空気1モルの質量を $m_0$ とし，空気の密度を $\rho$ とすると
$$\rho=\frac{nm_0}{V}\qquad\therefore\ n=\frac{\rho V}{m_0}$$
これを状態方程式に代入して
$$p=\frac{\rho RT}{m_0}\qquad\therefore\ \rho=\frac{m_0 p}{RT}$$
大気圧を $P_0$ とすると，気球内部の空気の圧力は $P_0$ に等しいので，上式より
$$\rho_0=\frac{m_0 P_0}{RT_0},\qquad\rho_1=\frac{m_0 P_0}{R(T_0+\varDelta T)}$$
$$\therefore\ \boldsymbol{\rho_1=\frac{T_0}{T_0+\varDelta T}\rho_0}$$

問5　25　①

浮き上がる場合の最小の半径 $r$ について，①で等号が成り立つので，$r$ について解けば
$$r=\frac{3\sigma}{\rho_0-\rho_1}$$
$$=\frac{3\times(2.6\times10^{-3}\mathrm{kg/m^2})}{2.8\times10^{-2}\mathrm{kg/m^3}}\fallingdotseq\boldsymbol{0.28}\,\mathrm{m}$$

# 第4問

A　問1　26　⑥

ガラス玉が点aを通過した時刻を $t=0\,\mathrm{s}$ とする。ガラス玉が点a，b，c，…を通過する時刻は，それぞれ時刻 $t=0\,\mathrm{s}$，$t_0\,(\mathrm{s})$，$2t_0\,(\mathrm{s})$，…である。

$\overrightarrow{\mathrm{ac}}$ は時刻 $t=0\,\mathrm{s}$ から $t=2t_0\,(\mathrm{s})$ までの変位ベクトルである。$\overrightarrow{\mathrm{ac}}/(2t_0)$ はこの間の平均の速度を表し，これは，ac 間の点 b を通過する時刻 $t=t_0\,(\mathrm{s})$ における瞬間の速度 $\overrightarrow{v_\mathrm{b}}$ とみなせる。同様に，$\overrightarrow{\mathrm{ce}}$ は時刻 $t=2t_0\,(\mathrm{s})$ から $t=4t_0\,(\mathrm{s})$ までの変位ベクトルである。$\overrightarrow{\mathrm{ce}}/(2t_0)$ はこの間の平均の速度を表し，これは，点 d を通過する時刻 $t=3t_0\,(\mathrm{s})$ における瞬間の速度 $\overrightarrow{v_\mathrm{d}}$ とみなせる。結局，以下の関係が成り立つ。
$$\overrightarrow{v_\mathrm{b}}=\frac{\overrightarrow{\mathrm{ac}}}{2t_0}=\frac{\overrightarrow{\mathrm{Oc'}}}{2t_0},\qquad\overrightarrow{v_\mathrm{d}}=\frac{\overrightarrow{\mathrm{ce}}}{2t_0}=\frac{\overrightarrow{\mathrm{Oe'}}}{2t_0}$$

bd 間の平均の加速度は，時間 $2t_0$ の間に速度が $\overrightarrow{v_\mathrm{b}}$ から $\overrightarrow{v_\mathrm{d}}$ に変化したので
$$\frac{\overrightarrow{v_\mathrm{d}}-\overrightarrow{v_\mathrm{b}}}{2t_0}=\frac{\overrightarrow{\mathrm{Oe'}}/(2t_0)-\overrightarrow{\mathrm{Oc'}}/(2t_0)}{2t_0}$$
$$=\frac{\overrightarrow{\mathrm{Oe'}}-\overrightarrow{\mathrm{Oc'}}}{4t_0^2}=\frac{\overrightarrow{\mathrm{c'e'}}}{4t_0^2}$$
$\overrightarrow{\mathrm{c'e'}}/(4t_0^2)$ は，bd 間にある点 c を通過する時刻 $t=2t_0\,(\mathrm{s})$ における瞬間の加速度 $\overrightarrow{a_\mathrm{c}}$ とみなせる。よって
$$\overrightarrow{a_\mathrm{c}}=\frac{\overrightarrow{\mathrm{c'e'}}}{4t_0^2}$$
以上より，点 b での瞬間の速度の大きさ，点 c での瞬間の加速度の大きさはそれぞれ
$$|\overrightarrow{v_\mathrm{b}}|=\frac{|\overrightarrow{\mathrm{Oc'}}|}{2t_0},\qquad|\overrightarrow{a_\mathrm{c}}|=\frac{|\overrightarrow{\mathrm{c'e'}}|}{4t_0^2}$$

補足　ベクトル $|\overrightarrow{\mathrm{Oc'}}|$ および $|\overrightarrow{\mathrm{c'e'}}|$ は長さの次元をもつ物理量である。速度の次元は [長さ]÷[時間] であること，加速度の次元は [長さ]÷[時間]$^2$ であることから，①～③や⑤の選択肢が誤りであることは計算しなくてもすぐわかる。

補足　図より値を読み取って $|\overrightarrow{a_\mathrm{c}}|$ を計算すると
$$|\overrightarrow{a_\mathrm{c}}|=\frac{|\overrightarrow{\mathrm{c'e'}}|}{4t_0^2}=\frac{2\times4.9\times10^{-2}}{4\times\left(\frac{1}{20}\right)^2}=9.8\,\mathrm{m/s^2}$$

となる。

**問2** **27** **③**

実際に，$\vec{ac}$, $\vec{ce}$, $\vec{eg}$, $\vec{gi}$, $\vec{ik}$ を，始点を O に一致させたものは，**図 A−a** のように表され，それぞれ $\vec{Oc'}$, $\vec{Oe'}$, $\vec{Og'}$, $\vec{Oi'}$, $\vec{Ok'}$ となる。よって最も適当なものは③である。

**図 A−a**

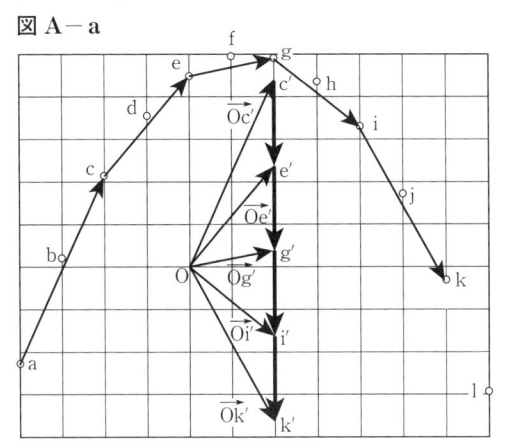

**補足** 5つのベクトルは，すべて一つ間をおいた2点を結んでいることから，それらの変位に要した時間は等しく，変位ベクトルの水平成分の大きさ（水平方向の移動距離）はすべて等しい。このため，5つのベクトルの終点をつないだ破線は，鉛直線となる。

**補足** 図を描くと，$\vec{c'e'}$, $\vec{e'g'}$, $\vec{g'i'}$, $\vec{i'k'}$ は大きさおよび向きが等しい，と読み取れる。**問1**と同様に考えれば，これらを $4t_0{}^2$ で割ったものは，それぞれ点 c，点 e，点 g，点 i での瞬間の加速度を表す。すると，それらの加速度の大きさは等しく，向きも一致していると判断できる。

一般に，運動する物体の速度ベクトルを，始点を一致させて描いたとき，速度ベクトルの終点が描く線を<u>ホドグラフ</u>という。**問2**の③の破線が，この運動のホドグラフである。このホドグラフが鉛直線であることは，ガラス玉の加速度の方向が鉛直方向であることを示している。

**問3** **28** **⑥**

ガラス玉が点 a を通過した時刻を $t = 0$ s とする。ガラス玉が点 a，b，c，…を通過する時刻は，それぞれ時刻 $t = 0$ s，$t_0$〔s〕，$2t_0$〔s〕，…である。

ab 間の平均の加速度は，時間 $t_0$ の間に速度が $\vec{v_a}$ から $\vec{v_b}$ に変化したので

$$\frac{\vec{v_b} - \vec{v_a}}{t_0} = \frac{\vec{X}}{t_0}$$

これは，弧 ab 上で2点 ab から等距離にある点を時刻 $t = 0.5t_0$〔s〕に通過する瞬間の加速度 $\vec{a_{ab}}$ とみなせるので

$$\vec{a_{ab}} = \frac{\vec{X}}{t_0}$$

よって，最も適当なものは⑥である。

**補足** 図4での $\vec{X}$（$\vec{a_{ab}}$）の向きは，左向きよりもやや下向きになっている。この向きは，図3では，弧 ab 上で2点 ab から等距離にある点から，回転の中心に向かう向きに一致する。

**図 A−b**

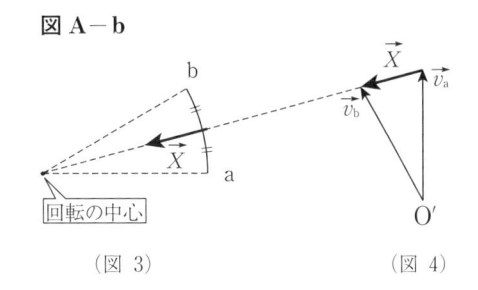

（図 3）　　　　　（図 4）

図4のホドグラフを描くと正12角形になるが，時間間隔 $t_0$ を限りなく0に近づけていくと（速度ベクトルの本数を限りなく増やしていくと），ホドグラフは O′ を中心とする半径 $|\vec{v_a}|$（= 円運動の速さ）の円になる。このとき，それぞれの位置での（瞬間の）加速度はホドグラフの接線方向になる。たとえば，ガラス玉が点 a にある場合で考えると，速度ベクトル $\vec{v_a}$ は図4のように O′ から上向きであり，このとき点 a での（瞬間の）加速度は，点 O′ を中心とする円で表されるホドグラフの接線方向，すなわち $\vec{v_a}$ に垂直で左向きである。この加速度の向きを図3に当てはめるなら，これは点 a から回転の中心に向かう向きになる。このように，ホドグラフから得られる速度と加速度の向きの関係は，等速円運動においても，よく知られた結果と一致するものになっている。

**図 A−c**

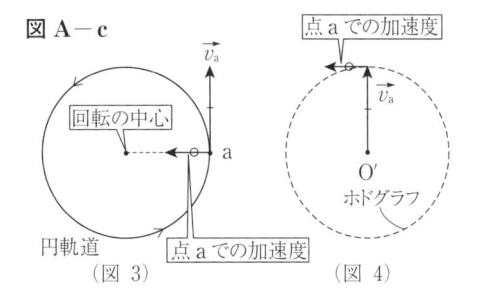

円軌道　　　　　　　　　ホドグラフ
（図 3）　　　　　　　　（図 4）

辺 AB，BC，CA 上での小物体の運動量を，それぞれ $\overrightarrow{P_{AB}}$，$\overrightarrow{P_{BC}}$，$\overrightarrow{P_{CA}}$ とする。

図 B−a

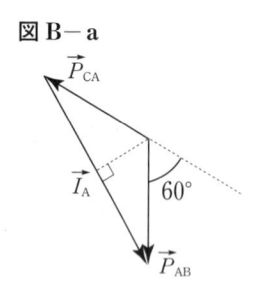

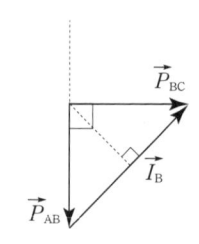

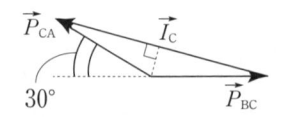

運動量の原理：［運動量の変化量］＝［受けた力積］より，$\overrightarrow{P_{AB}}$，$\overrightarrow{P_{BC}}$，$\overrightarrow{P_{CA}}$，$\overrightarrow{I_A}$，$\overrightarrow{I_B}$，$\overrightarrow{I_C}$ の関係は**図 B−a**のように表される。このように，頂点に達する前後の運動量および力積を表す矢印はそれらを三辺とする三角形をなすが，$|\overrightarrow{P_{AB}}|=|\overrightarrow{P_{BC}}|=|\overrightarrow{P_{CA}}|$ より，頂点に達する前後の運動量のなす角が大きいほど，力積の大きさが大きいことがわかる。よって $|\overrightarrow{I_A}|$，$|\overrightarrow{I_B}|$，$|\overrightarrow{I_C}|$ の大小関係は

$$|\overrightarrow{I_C}|>|\overrightarrow{I_A}|>|\overrightarrow{I_B}|$$

補足 $|\overrightarrow{I_A}|$，$|\overrightarrow{I_B}|$，$|\overrightarrow{I_C}|$ は，それぞれ

$$2mu\sin60° = |\overrightarrow{I_A}| \quad\cdots\cdots\cdots\cdots\cdots ①$$
$$2mu\sin45° = |\overrightarrow{I_B}| \quad\cdots\cdots\cdots\cdots\cdots ②$$
$$2mu\sin75° = |\overrightarrow{I_C}| \quad\cdots\cdots\cdots\cdots\cdots ③$$

①，②，③において $\sin\theta$ は $0<\theta<90°$ で単調増加関数であることより，$|\overrightarrow{I_A}|$，$|\overrightarrow{I_B}|$，$|\overrightarrow{I_C}|$ の大小関係が確かめられる。

問5 30 ⑥ 図B−b

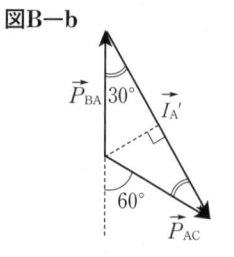

辺 BA，AC を運動するときの小物体の運動量をそれぞれ $\overrightarrow{P_{BA}}$，$\overrightarrow{P_{AC}}$，点 A で受ける力積を $\overrightarrow{I_A'}$ とすると，これらの関係は**図 B−b**のようになる。

図より $\overrightarrow{I_A'}$ と直線 BA のなす角は 30° とわかるので，求める力積の向きは**⑥**。

補足 辺 BA，AC 上を運動するときの小物体の運動量は，それぞれ $-\overrightarrow{P_{AB}}$，$-\overrightarrow{P_{CA}}$ である。このことと，運動量の原理より，点 A で受ける力積 $\overrightarrow{I_A'}$ は

$$\overrightarrow{I_A'}=\overrightarrow{P_{AC}}-\overrightarrow{P_{BA}}$$
$$=-\overrightarrow{P_{CA}}-(-\overrightarrow{P_{AB}})=\overrightarrow{P_{AB}}-\overrightarrow{P_{CA}}=\overrightarrow{I_A}$$

よって，**問 4** にて点 A で受ける力積 $\overrightarrow{I_A}$ と等しい。

# 2024 本試

# 解　答

| 第1問小計 |  | 第2問小計 |  | 第3問小計 |  | 第4問小計 |  | 合計点 |  | /100 |
|---|---|---|---|---|---|---|---|---|---|---|

| 問題番号（配点） | 設問 | 解答番号 | 正解 | 配点 | 自己採点 | 問題番号（配点） | 設問 | 解答番号 | 正解 | 配点 | 自己採点 |
|---|---|---|---|---|---|---|---|---|---|---|---|
| 第1問 (25) | 1 | 1 | ⑤ | 5 |  | 第3問 (25) | 1 | 13 | ⑤ | 5 |  |
|  | 2 | 2 | ⑤ | 3 |  |  | 2 | 14 | ③ | 5 |  |
|  |  | 3 | ③ | 2 |  |  | 3 | 15 | ② | 5 |  |
|  | 3 | 4 | ④ | 5 |  |  | 4 | 16 | ② | 5 |  |
|  | 4 | 5 | ⑦ | 5 |  |  | 5 | 17 | ④ | 5 |  |
|  | 5 | 6 | ⑦ | 5 |  | 第4問 (25) | 1 | 18 | ② | 5 |  |
| 第2問 (25) | 1 | 7 | ⑥ | 5 |  |  | 2 | 19 | ⑤ | 5 |  |
|  | 2 | 8 | ② | 3 |  |  | 3 | 20 | ① | 5 |  |
|  |  | 9 | ① | 3 |  |  | 4 | 21 | ⑥ | 5 |  |
|  | 3 | 10 | ⑨ | 5 |  |  | 5 | 22 | ① | 5 |  |
|  | 4 | 11 | ④ | 5* |  | （注）＊は，③を解答した場合は1点を与える。 |  |  |  |  |  |
|  | 5 | 12 | ④ | 4 |  |  |  |  |  |  |  |

# 第1問

第1問は小問集合で，力学，気体，波動，電磁気，原子の5分野から，均等に出題された。

**問1** `1` ⑤

壁と床に接して身動きできない状態の三角形の薄い板の一つの頂点に外力を加えたとき，回転しないための外力の最大値を求めさせる問題である。剛体のつり合いの問題であり，力のモーメントのつり合いを用いる。回転する直前を考えることにより，立式が簡単になる。

剛体のつり合いの一般的な解法は，「力そのもののベクトル和がゼロ」と「任意の軸のまわりの力のモーメントの和がゼロ」の2式を連立させるものである。この問題のように，力のモーメントのつり合いだけで解決する場合もある。力のモーメントの計算法は頻度が高くないせいか忘れ勝ちだからしっかり確認しておこう。

## 力のモーメント

$$N = F \times h = Fl\sin\theta$$

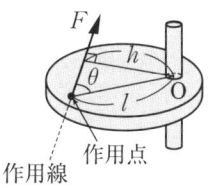

作用点
作用線

## 剛体の力のつり合いの条件

① 力がつり合う。
$$\vec{F_1} + \vec{F_2} + \vec{F_3} + \cdots = \vec{0} \quad (加速しない条件)$$
$\vec{F_1}, \vec{F_2}, \vec{F_3}$：剛体にはたらく力

② 力のモーメントがつり合う。
$$N_1 + N_2 + N_3 + \cdots = 0 \quad (回転しない条件)$$
$N_1, N_2, N_3$：力のモーメント

次の図のように，この問題で対象となる剛体は「直角二等辺三角形の薄い板」である。頂点Aが壁に接触しており，移動ができないが，点Aのまわりの回転だけは許されている。頂点Bを水平に押す力の大きさ$F$が増加すると，壁との接点である点Aのまわりに回転し始める瞬間がくる。このときの$F$を求める問題である。この瞬間，三角形ABCを支えている垂直抗力の作用点が点Aまで移動してきていることが判断できれば，力のモーメントのつり合いの式が容易に書ける。点Aのまわりの力のモーメントのつり合いの式に関与する力は，外力と重力のみであることに気づけばよい。

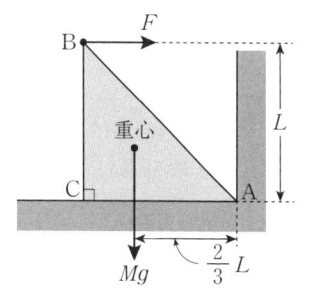

外力の最大値を$F_{max}$とすると，A点のまわりの力のモーメントのつり合いの式は，

$$F_{max} \times L = Mg \times \frac{2}{3}L$$

よって，$F_{max} = \dfrac{2Mg}{3}$

**問2** `2` ⑤ `3` ③

太陽中心のプラズマ粒子の運動を単原子分子理想気体とみなし，その1個あたりの運動エネルギーを議論させる問題である。気体分子運動論によると，運動エネルギーの平均値は絶対温度のみに比例し，分子の質量には無関係になる。このことを理解しているかどうかの確認問題である。

気体分子運動論によると，理想気体分子の並進運動エネルギー$K$は，ボルツマン定数$k$，気体定数$R$，アボガドロ定数$N_A$，絶対温度$T$として，

$$K = \frac{3}{2}\frac{R}{N_A}T = \frac{3}{2}kT$$

となり，絶対温度にのみ比例し，気体分子の質量には依存しない。すなわち，2種類の分子の混合気体の場合，軽い分子は速く，重い分子は遅く飛び回っているというイメージでよい。

---

**平均並進運動エネルギー**

$$K = \frac{3}{2}\frac{R}{N_A}T$$

$R$：気体定数
$N_A$：アボガドロ定数
$T$：絶対温度

---

太陽の中心部の高温高圧下のプラズマ状態のガスを単原子分子理想気体とみなすと，この結果が応用できる。太陽の中心部にある温度1500万Kのヘリウム原子核の運動エネルギー$K_\alpha$と，温度300Kの空気中のヘリウム原子のもつ運動エネルギー$K_{He}$との比率は，

$$\frac{K_\alpha}{K_{He}}=\frac{1500\times10^4\text{K}}{300\text{K}}=\underline{50000}$$

また，太陽中心部でのヘリウム原子核の運動エネルギー$K_\alpha$と，水素の原子核（陽子）の運動エネルギー$K_p$は，温度が共通なので，同じ値となる。

$$\frac{K_p}{K_\alpha}=\underline{1}$$

**問3** 4 ④

平行な境界面をもつ，水，ガラス，空気の3層媒質による光の屈折現象に関する問題である。全反射現象を起こす境界面と，そのときの臨界角を導出させる。

光が異なる媒質に入るときに，境界面で折れ曲がる現象を屈折という。このとき，入射角と屈折角の間に成立する法則が「**屈折の法則**」である。

（絶対）屈折率$n_1$の媒質から入射角$\theta_1$で入射した光が，（絶対）屈折率$n_2$の媒質に屈折角$\theta_2$で屈折するとき，次の関係が成立する。

**屈折の法則**

$$n_1\sin\theta_1=n_2\sin\theta_2$$

$n_1,\ n_2$：絶対屈折率

$\theta_1$：入射角

$\theta_2$：屈折角

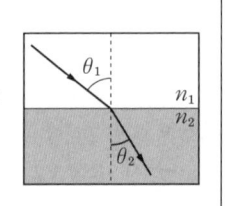

屈折現象においては，「$n\times\sin$」が一種の保存量となっていると覚えておけばよい。

全反射を起こすのは，屈折率の大きな媒質から屈折率の小さな媒質に入射するときに限られるので，この問題では，全反射は「ア<u>ガラスと空気</u>」の境界で起こる。

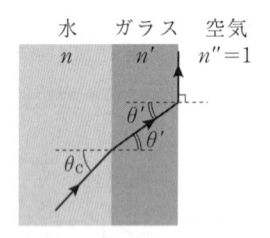

全反射が起こり始めるときの様子を描いた上の図において「$n\times\sin$」を考えると，

$$n\sin\theta_C=n''\sin90°$$

よって，$\sin\theta_C=\dfrac{n''}{n}=$ イ$\dfrac{1}{n}$

水とガラスの境界面への入射角が$\theta_C$のときの屈折角を$\theta'$とし，水とガラス，ガラスと空気の各境界面での屈折の法則の式をそれぞれ立て，2式から求めてもよい。

$$n\sin\theta_C=n'\sin\theta'$$
$$n'\sin\theta'=n''\sin90°$$

**問4** 5 ⑦

一様な磁場中の荷電粒子の運動から，磁場の向きを推察させる典型問題。磁場中ではたらくローレンツ力による荷電粒子の運動が正しくイメージできるかどうかがポイント。

一様な磁場中での荷電粒子の運動についてまとめてみよう。「**ローレンツ力**」のまとめにあるように，運動中の荷電粒子に対してはたらくローレンツ力の最大の特徴はその向きにある。磁場に対して平行な速度成分には作用しないが，磁場に対して垂直な成分には作用し，その向きは，磁場と速度成分のいずれにも垂直な方向となる。その結果，磁場中の荷電粒子は次の表に示されるような特徴ある運動をする。

**ローレンツ力**

$$|\vec{F}|=q|\vec{v}||\vec{B}|$$

$q$：電荷（$>0$）

$\vec{v}$：磁場に垂直な速度成分

$\vec{B}$：磁束密度

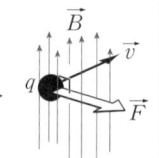

|  | 初速度（$\vec{v_0}$） | 運動の種類 |
|---|---|---|
| (a) | $\vec{0}$ | 静止 |
| (b) | $\vec{B}$に平行 | 等速直線運動 |
| (c) | $\vec{B}$に垂直 | 等速円運動 |
| (d) | それ以外 | らせん運動 |

この表より判断すると，$x$-$y$-$z$座標において，荷電粒子が$xy$平面内で円運動する場合，磁場の向きはウ<u>$z$軸</u>に平行である。また，$x$軸に平行に直線運動をしている場合は，磁場の方向はエ<u>$x$軸</u>に平行であるとわかる。

**問5** 6 ⑦

前半は，原子核反応において反応前後の原子核の質量の総和が変化する。その増減から，核エネルギーが放出されるか否かが判断できる。計算は単なる小数の足し算，引き算であるが，質量がエネルギーに転化するアインシュタインの関係式がベースになっている。後半は，空気中に存在する$^{13}$Nが陽電子などを放出して$^{13}$Cに崩壊する核反応の半減期を計算で求めさせる問題である。

この問題の核反応式は，

$$\mathrm{^1_1H + ^{12}_6C \longrightarrow ^{13}_7N}$$

反応前の質量の和は，

$$1.0073\,\mathrm{u} + 11.9967\,\mathrm{u} = 13.0040\,\mathrm{u}$$

これは反応後の質量13.0019uより大きく，質量欠損が生じたことがわかる。アインシュタインの相対性理論によれば質量とエネルギーは等価なので，この反応の前後で質量の欠損分と等価の核エネルギーが<sub>オ</sub><u>放出された</u>ことになる。

後半は，放射性崩壊に関する半減期計算の問題である。放射性原子核は，放射線を放出しながら時間の経過とともに別の原子核に変わっていく。これに伴ってもとの原子核の数は減少する。もとの原子核の数が初期の半分になる時間を半減期といい，半減期が過ぎるごとにもとの原子核の数は半減を繰り返し，指数関数的な減少変化を見せる。

---

**半減期**

$$N = N_0 \left(\frac{1}{2}\right)^{\frac{t}{T}}$$

$N$：残留の原子核の数

$N_0$：初期の原子核の数

$T$：半減期

$t$：時間

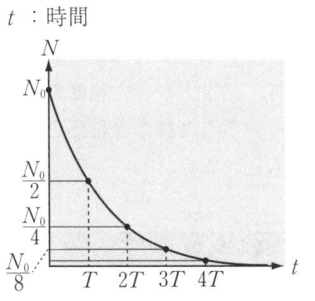

---

$^{13}\mathrm{N}$ の崩壊の半減期を$T$分とする。40分でもとの原子核の個数が初期の $\dfrac{1}{16}$ になったことより，

$$\left(\frac{1}{2}\right)^{\frac{40}{T}} = \frac{N}{N_0} = \frac{1}{16} = \left(\frac{1}{2}\right)^4$$

よって，$\dfrac{40}{T} = 4 \iff T =$ <sub>カ</sub><u>10分</u>

---

## 第2問

ペットボトルロケットの発射に関わる様々な物理量の間の関係を問う問題であり，主に運動量保存則，運動エネルギーと仕事の関係，および力積と運動量の関係を利用して解く問題である。このような微小時間での物理量変化の関係を扱う問題では，何を考慮し，何を無視するかを明確にしないと，立式が間違ったものになる恐れがあるので，本文をよく読んで，出題者の意図を汲みながら答える必要がある。

**問1**　　**7**　　**⑥**

時間$\Delta t$が十分短いので，ノズルから噴出する水の速度はその間，一定とみなす。また，噴出された水の体積は，「断面積×高さ」で求められるので，

$$\Delta V = s(u\Delta t) = {}_{\mathcal{P}}\underline{su\Delta t} \qquad \cdots\cdots①$$

水は非圧縮性流体と考えられるので，ペットボトル内部の水の体積の減少は，ノズルから噴出する水の体積に等しいと言えるので，

$$\Delta V = S_0(u_0\Delta t) = S_0 u_0 \Delta t \qquad \cdots\cdots②$$

①，②式より$\Delta V$を消去して，

$$su\Delta t = S_0 u_0 \Delta t$$

よって，$u_0 = {}_{\mathcal{I}}\underline{\dfrac{s}{S_0}u}$

この結果は，ノズルが細いほど$u_0$は小さくなることを表している。

**問2**　　**8**　　**②**　　**9**　　**①**

噴出した水の質量は「水の密度×体積」だから，

$$\Delta m = \rho_0 \Delta V \qquad \cdots\cdots③$$

一般に，気体の状態変化に伴い，気体が外部にする仕事の絶対値は，気体の変化を，横軸に体積$V$，縦軸に圧力$P$をとって表現した$P-V$図での変化曲線と$V$軸とで囲まれた部分の面積と等しい。

---

**気体のする仕事**

$$W = \int_a^b P\,dV$$

$P$：圧力

$V$：体積

---

時間$\Delta t$が十分短く，この間のペットボトル内部の気体の圧力の変化は無視できるので，圧縮空気のした仕事は，「圧力×膨張体積」で近似でき，

$$W' = \underline{p\Delta V} \qquad \cdots\cdots④$$

体積変化が微小な場合，定圧変化でなくともこの表示は成立する。

**問3** `10` ⑨

運動エネルギーと仕事の関係より，一般に，物体が仕事をされると，その分だけ物体の運動エネルギーは増加する。問題文の指示に従って考えると，噴出した水は，初め静止しており，圧縮空気がした仕事が，すべて_ウ_運動エネルギーに変わる。このことを表す式は，

$$\frac{1}{2}\Delta m u^2 = W'$$

よって，$u = {}_{\text{エ}}\sqrt{\dfrac{2W'}{\Delta m}}$

さらに，この式に③，④式を代入すると，

$$u = \sqrt{\frac{2W'}{\Delta m}} = \sqrt{\frac{2p\,\Delta V}{\rho_0\,\Delta V}} = \sqrt{\frac{2p}{\rho_0}}$$

となり，$p$ と $\rho_0$ を用いて $u$ を表現できることがわかる。

（注意）選択肢の次元を考えただけでも，**ウ**で(a)はあり得ず，同様に**エ**は(f)以外にあり得ないと判断できる。

**問4** `11` ④

水がロケット本体から分離するときに両者が及ぼし合う力は内力であり，全系の運動量の和は保存する。特殊な場合として，外力がはたらいても，その力積の総和がゼロの場合も運動量の和は保存する。こういう場合に「運動量保存則が成立する」と表現する。運動量はベクトル量だから，運動量保存則の式もベクトル関係式であることに注意したい。

---

**運動量保存則**

$$m_1\vec{v_1'} + m_2\vec{v_2'} = m_1\vec{v_1} + m_2\vec{v_2}$$

$m_1,\ m_2$：質量

$\vec{v_1},\ \vec{v_2}$：衝突前速度

$\vec{v_1'},\ \vec{v_2'}$：衝突後速度

---

ここでは，ロケットの上向きの運動量と，噴出する水の下向きの運動量の和が，静止時の運動量（つまりゼロ）と同じだから，上向きを正として

$$M'\Delta v + (\Delta m)(-u') = 0$$

ここで$\Delta v$，$u'$は「速さ」であり，「速度」ではないので，符号をつけ，速度にして立式する必要があるので要注意である。

問題文にある近似条件，

$$M' \fallingdotseq M,\quad u' \fallingdotseq u$$

を適用すると，

$$M\Delta v - \Delta m u = 0$$

（注意）このシステムは，外気や重力などの外力が常に働いているので，厳密に考察する場合は，$\Delta t$ 間での運動量の変化は，この間に作用した上記の外力の力積を考慮して立式する必要がある。

運動量の保存式を選ぶ選択肢8つのうち，後半の半分はエネルギーの式だから，最初から排除してよい。

**問5** `12` ④

ここで用いている「推進力」は，ロケットが噴出した水から受ける反作用のことであり，この大きさを$f$とすると，$\Delta t$の間にロケットの受け取った力積は$f\Delta t$以外に，重力などが考慮されなければならないが，$f\Delta t$以外は考えないものとするという指定だから，運動量の変化は$f\Delta t$に等しいので，

$$M\Delta v = f\Delta t$$

よって，$f = \dfrac{M\Delta v}{\Delta t}$

これがロケットにはたらく重力の大きさ$Mg$より大きいことより，

$$\frac{M\Delta v}{\Delta t} > Mg \iff \Delta v > g\Delta t$$

（注意）**問5**は，指示に従えば答は出せる。しかし，ロケットの推進力に比べロケット本体の重力が無視できるくらい小さい前提で得られた**問4**までの結論を，ここにきて，推進力が重力程度の場合に適用して考察を求めていることに，違和感を覚えた鋭い受験生がいたかも知れない。

---

# 第3問

磁場中で電流が受ける力の時間的変動によって誘発される，弦の共振実験の問題である。この問題の設定では弦の中央が必ず腹になることから，実現する固有振動が基本振動の奇数倍のみとなることに気づかなくてはならない。**問3**以降は，グラフで表示された実験データから，弦を伝わる波の速さ，弦の張力，線密度の間の関係を推測させる問題となっているが，弦の振動数の式を先に用意し，この式の形から出題者の意図を先取りして，あるべき答を選択した受験生も多かったであろう。

**問1** `13` ⑤

磁場中の電流は，磁場から力を受ける。この力を「アンペール力」ともいう。その向きと大きさは，

次の**電流が磁場から受ける力**を参照。

　これによると，磁場中の電流は，磁場から，磁場および電流の両方に直交する向きの力を受ける。

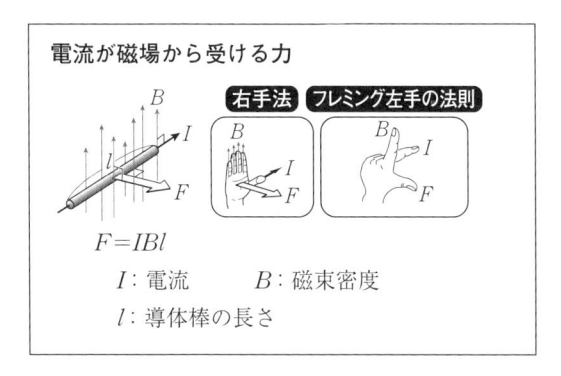

**電流が磁場から受ける力**

右手法　フレミング左手の法則

$F=IBl$
$I$：電流　　　$B$：磁束密度
$l$：導体棒の長さ

　ここの問題に当てはめると，電流は，磁場（$y$軸に平行），および電流（$x$軸に平行）に直交する向き，すなわち$z$軸に平行な向きに力を受ける。交流電流が流れているので，電流の向きが一周期ごとに変化し，それに伴ってアンペール力の向きも逆転する。そのため，弦の中央が周期的な上下方向の外力を受け，その運動範囲が制約されていないので，弦全体に定常波が生じるとき，弦の中央部分は<sub>ア</sub>腹となると考えられる。この後の設問でも中央が腹となる定常波しか扱っていないことで，その判断の正しさが確認できる。

**問2**　14　③

　定常波が生じているときの，波長と節〜節の距離との関係を，次の**定常波**に示す。図は4倍振動のものである。ただし，この問題では弦の中央が必ず腹になることから，図のような定常波は生じない。

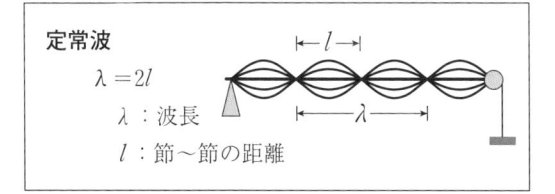

**定常波**
$\lambda = 2l$
$\lambda$：波長
$l$：節〜節の距離

　両端が固定された長さ$L$の弦に生じる$n$個の腹をもつ定常波の波長$\lambda_n$は，

$$\lambda_n = \frac{2L}{n}$$

$n=3$のとき，

$$\lambda_3 = \frac{2L}{3}$$

**問3**　15　②

　弦に$n$倍振動（腹が$n$個）の定常波ができていると

き，弦を伝わる波の速さを$V$として，波の速さの式は，

$$V = f_n \lambda_n$$

**問2**の$\lambda_n$を代入すると，

$$V = f_n \frac{2L}{n}$$

よって，$f_n = \dfrac{V}{2L} n$

　この式より，横軸を$n$，縦軸を$f_n$として描いたグラフの傾き$\left(\dfrac{V}{2L}\right)$は，弦の長さ（ここでは一定）に反比例し，弦を伝わる波の速さ$V$に比例することがわかる。

**問4**　16　②

　縦軸に$f_3$をとった4つのグラフのうち，グラフのデータ点を結ぶと原点を通る直線となりそうなものは，横軸に$\sqrt{S}$をとったグラフである。これより，$f_3$は$\sqrt{S}$に比例すると判断できる。

　このように，連動して変化する2つの物理量の関係を推測する手法として，物理量を二乗したり，平方根をとったりした量を軸にとり，そのグラフのデータ点が原点を通る直線上に分布することが示せたとき，両軸の物理量が比例関係にあると結論づけるやり方は，説得力のあるデータ処理技法の一つであり，共通テストでは多用される。

**問5**　17　④

　表1から，固有振動数$f_1$，$f_3$，$f_5$のいずれの場合も，$d$の値が2倍，3倍と変化するのに伴って，振動数はおよそ$\dfrac{1}{2}$倍，$\dfrac{1}{3}$倍と変化しているので，固有振動数は$\dfrac{1}{d}$に比例することが読みとれる。

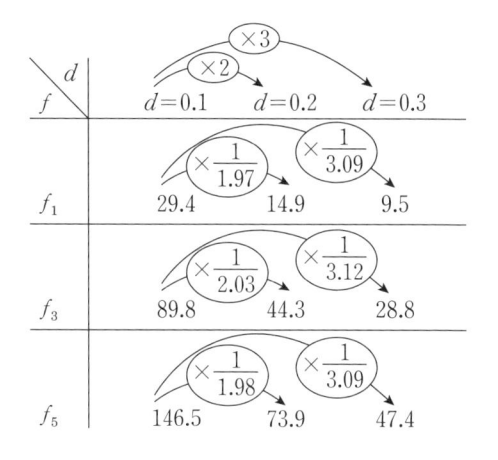

弦の共振では，以下の式が成り立つ。図は3倍振動のものである。

弦の共振振動数

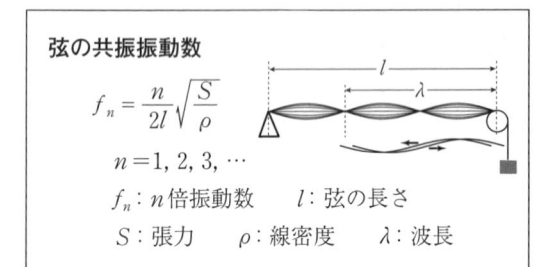

$$f_n = \frac{n}{2l}\sqrt{\frac{S}{\rho}}$$

$n = 1, 2, 3, \cdots$

$f_n$：$n$ 倍振動数　　$l$：弦の長さ

$S$：張力　　$\rho$：線密度　　$\lambda$：波長

**問5**では，固有振動数 $f_1$, $f_3$, $f_5$ の弦の直径との依存性が問われている。弦の線密度は弦の単位長さあたりの質量のことであり，断面積に比例する。断面積は弦の直径の2乗に比例する量だから，結局

$$\rho = kd^2 \quad (k：比例定数)$$

と置けるので，

$$f_n = \frac{n}{2ld}\sqrt{\frac{S}{k}} \propto \frac{1}{d}$$

となり，固有振動数が，弦の直径に反比例することが示される。

## 第4問

前半は，正負等量の点電荷がそのまわりにつくる等電位線を選択し，電気力線との幾何学的な関係を問う問題である。後半は，両端に電圧をかけた導体紙上の電位分布を測定し，得られた実験結果を考察させる問題である。また，導体紙上を流れる電流の測定値をもとに，オームの法則，抵抗率の定義式を組み合わせ，導体紙の抵抗率の決定も行う。

### 問1　18　②

電場や電気力線に関しての基礎事項を復習しておく。電場の強さには3つの等価な定義がある。

① <u>1Cにはたらく力の大きさ</u>

電場の強さの最も素朴な定義である。磁場の影響があるときは，静止状態で測定する必要がある。

② <u>単位面積を貫く電気力線本数</u>

ある場所の電場の強さは，その場所の電場に垂直な単位面積を通過する電気力線本数と等しくなるように決めてある。

③ <u>電位の勾配</u>

ある場所の電気力線の向きとは逆向きに単位距離移動した場合の電位変化を，その場所の電場の強さと決める。

下の**電場と電位差**の図は，電荷を蓄えた平行板コンデンサーの内部の電場，および電位の様子を示している。電位の勾配が電場の強さを表すことが示されている。

電場と電位差

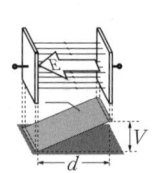

$$V = Ed$$

$V$：電位差

$E$：電場

$d$：極板間の距離

大きさが同じで符号の異なる2つの点電荷が周りにつくる等電位線の図を選ぶ問題である。十分遠方の電位を $V = 0$〔V〕として，正の電荷の周囲は富士山のような隆起があり，負の電荷の周囲では蟻地獄のような窪地があるような地形を想像し，その等高線をイメージすればよい。

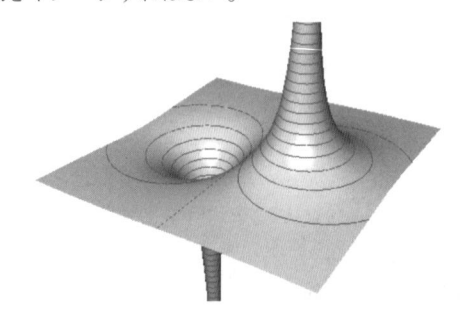

それぞれの電荷のすぐ近くは同心円状の等電位線が分布し，2つの点電荷の垂直二等分線も $V = 0$〔V〕の等電位線になる。このことから，正解は②と③に絞られる。ここで，上の図で，正の電荷から負の電荷まで移動していく場合を考えると，急な斜面が次第にゆるやかになり，2つの点電荷の中点が最もゆるやかで，その後負の電荷に近づくにつれて再び斜面が急になる様子がイメージできる。このことは，点電荷に近いほど等高線の間隔が狭く，2つの点電荷の中点に近いほど等高線の間隔は広いことを意味する。よって，図②と図③のうち適当なのは，図②である。

### 問2　19　⑤

電気力線の定義と重要な性質として，

・その本数密度が電場の強さと一致する。

・電気力線は，等電位線と直交する。

がある。これが反映されているのは，<u>(a)と(c)</u>。

電場のイメージは，地形に当てはめると理解しやすい。等電位線は地図の等高線に相当し，高度を示

す。一方，電気力線は下り勾配の最も大きい向きを示す線（水滴を垂らしたときに流れ出す方向を表す流線）に相当する。次の図は，電荷の大きさが同じで符号の異なる点電荷のまわりの等電位線と電気力線の様子を描いている。2種類の線は，どこで交わっても必ず直交することが見て取れる。

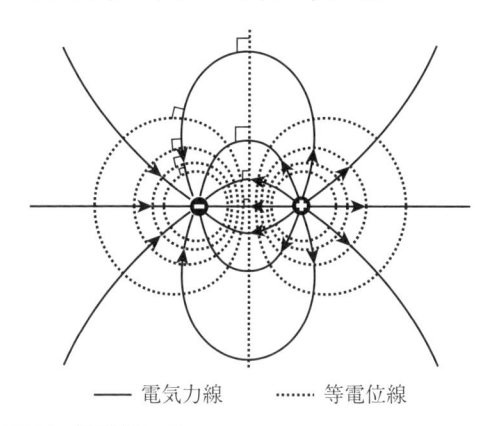

—— 電気力線　　…… 等電位線

**問3** 20 ①

図2において，どの辺の近くでも等電位線は辺に垂直になっている。このことから，辺の近くの電場は辺に ア 平行 であることがわかる。電流は電場の向きと イ 同じ 向きに流れるので，辺の近くの電流は辺に ウ 平行 に流れていることがわかる。

**問4** 21 ⑥

電場の大きさは，電位の勾配（の絶対値）のことだから，図3の実験データをプロットしたグラフより，原点付近を直線近似したときの直線の傾きを求めればよい。グラフから $x=0$ 付近で，$x$ が30mm増加するごとに，電位はおよそ0.20mV増加しているのが読みとれるので，電場の強さは，

$$E = \frac{0.20\text{mV}}{30\text{mm}} \fallingdotseq 6.6\times10^{-3}\,\text{(V/m)}$$

$$= 7\times10^{-3}\,\text{(V/m)}$$

**問5** 22 ①

導体の電気抵抗は，導体の長さに比例し，断面積に反比例する。比例係数を抵抗率とよぶ。

問題文では，単位の表記はないが，ここでは単位も含めて表記する。問題文中の図4に示された，原点近くの薄い直方体部分について，導体紙の抵抗率 $\rho\,\text{(}\Omega\cdot\text{m)}$，$x$ 軸に沿った小さい幅を $w\,\text{(m)}$ とすると，直方体部分の電気抵抗は，

$$R = \rho\,\frac{w}{S}\,\text{(}\Omega\text{)}$$

で，幅 $w\,\text{(m)}$ の両端にかかる電圧は，

$$V = Ew\,\text{(V)}$$

となるので，導体紙の断面を流れる電流 $I\,\text{(A)}$ は，オームの法則より，

$$I = \frac{V}{R} = \frac{Ew}{R} = \frac{S}{\rho\,w}Ew = \frac{SE}{\rho}$$

よって，$\rho = \dfrac{SE}{I}\,\text{(}\Omega\cdot\text{m)}$

# 2023 本試

# 解　答

| 第1問<br>小計 | | 第2問<br>小計 | | 第3問<br>小計 | | 第4問<br>小計 | | 合計点 | | /100 |
|---|---|---|---|---|---|---|---|---|---|---|

| 問題<br>番号<br>(配点) | 設問 | 解答<br>番号 | 正解 | 配点 | 自己<br>採点 | 問題<br>番号<br>(配点) | 設問 | 解答<br>番号 | 正解 | 配点 | 自己<br>採点 |
|---|---|---|---|---|---|---|---|---|---|---|---|
| 第1問<br>(25) | 1 | 1 | ③ | 5 | | 第3問<br>(25) | 1 | 16 | ⑤ | 5*2 | |
| | 2 | 2 | ③ | 2 | | | 2 | 17 | ⑥ | 5 | |
| | | 3 | ③ | 3 | | | 3 | 18 | ⑥ | 5*3 | |
| | 3 | 4 | ④ | 2 | | | 4 | 19 | ① | 5 | |
| | | 5 | ② | 3 | | | 5 | 20 | ④ | 5 | |
| | 4 | 6 | ④ | 5 | | 第4問<br>(25) | 1 | 21 | ⑧ | 5 | |
| | 5 | 7 | ⑤ | 5 | | | 2 | 22 | ⑦ | 5 | |
| 第2問<br>(25) | 1 | 8 | ⑥ | 5 | | | 3 | 23 | ③ | 2 | |
| | 2 | 9 | ① | 5*1 | | | | 24 | ⑧ | 3 | |
| | | 10 | ⑤ | | | | 4 | 25 | ④ | 5 | |
| | | 11 | ⓪ | | | | 5 | 26 | ⑤ | 5 | |
| | 3 | 12 | ② | 4 | | | | | | | |
| | 4 | 13-14 | ④-⑧ | 6<br>(各3) | | | | | | | |
| | 5 | 15 | ⑨ | 5 | | | | | | | |

(注)
1　＊1は，全部正解の場合のみ点を与える。ただし，解答番号9で①，解答番号10で⑥，解答番号11で⓪を解答した場合は2点を与える。
2　＊2は，②，④のいずれかを解答した場合は1点を与える。
3　＊3は，④，⑤のいずれかを解答した場合は1点を与える。
4　－（ハイフン）でつながれた正解は，順序を問わない。

# 第1問

剛体のつり合いの問題である。剛体のつり合いは，「力そのもののベクトル和がゼロ」と「力のモーメントの和がゼロ」の2式を連立させて解く。

### 剛体の力のつり合いの条件

① 力がつり合う。

$$\vec{F}_1+\vec{F}_2+\vec{F}_3+\cdots=\vec{0} \quad （加速しない条件）$$

$\vec{F}_1,\ \vec{F}_2,\ \vec{F}_3$：剛体にはたらく力

② 力のモーメントがつり合う。

$$N_1+N_2+N_3+\cdots=0 \quad （回転しない条件）$$

$N_1,\ N_2,\ N_3$：力のモーメント

### 力のモーメント

$$N=F\times h=Fl\sin\theta$$

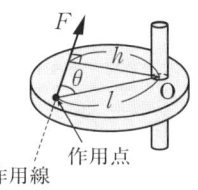

作用線・作用点

この問題で対象となる剛体は「角材付きの板」である。この剛体にはたらく力は人の体重と同じ値をもつ人の足の裏から作用する垂直抗力，角材にはたらく体重計からの2つの垂直抗力（体重計が支える力のことであり，この大きさが個々の体重計の目盛りとして読み取れる）である。

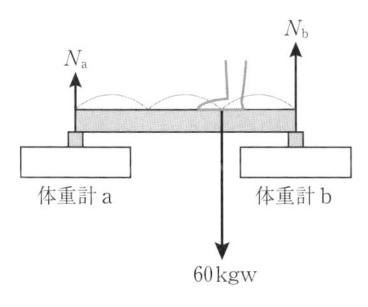

体重計a　体重計b

60kgw

体重計 a が支える垂直抗力を$N_a$，体重計 b が支える垂直抗力を$N_b$とすると，この2つの力の合力が，大きさ60kgwの垂直抗力とつり合うので，

$$N_a+N_b=60\text{kgw} \qquad \cdots\cdots(\text{i})$$

板の長さを$L$とすると，板上の足の位置を軸とした力のモーメントのつり合いは，

$$N_a\times\frac{2}{3}L=N_b\times\frac{1}{3}L \qquad \cdots\cdots(\text{ii})$$

(i)式，(ii)式を連立して，

$$N_a=\underline{20}\text{kgw}, \quad N_b=\underline{40}\text{kgw}$$

## 【別解】

「平行な2力の合力の作用点は，各力の作用点を結ぶ線分を力の大きさの逆比に内分した点である」を用いてもよい。

平行力の合成のルールは右の図のようになる。力$f$は，2つの力$f_1$, $f_2$の合力である。

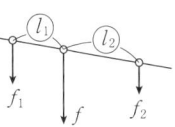

$l_1:l_2=f_2:f_1$
$l_1:f_1$と$f$の距離
$l_2:f_2$と$f$の距離

向き：2力と同じ
大きさ：$f=f_1+f_2$
作用点：逆比内分点

$N_a$と$N_b$の合力が，足の裏からの垂直抗力とつり合うことより，その作用点は足の位置と一致する。

$$N_a:N_b=\frac{1}{3}L:\frac{2}{3}L$$

$$\Longleftrightarrow N_a:N_b=1:2$$

前述の(ii)式と同等の式が得られる。

気体の状態変化に伴う，エネルギーの出入りに関する問題である。$P-V$図が与えられているので，設定は把握しやすい。判断のもととなる基本事項を2つ確認しておく。

まず，熱力学第1法則である。気体の内部エネルギーの増減の原因には，「仕事」と「熱」という異なる2つの形態があることを明記した法則であり，その内容はエネルギー保存則である。気体の内部エネルギー（理想気体の場合は，気体分子のもつ熱運動のエネルギーの総和）の変化を$\Delta U$，その間に気体が吸収する熱を$Q$，気体が外部にする仕事を$W$とすると，

$$\Delta U=Q-W$$

これを熱力学第1法則と呼ぶ。この法則のイメージが浮かばない人は，給水パイプと排水パイプのあるプールへの水の出入りを考えるとよい。このモデルでは，プール内の水が内部エネルギーに対応し，その量は給水パイプと排水パイプを通過する水量の差し引きで増減する。プールの水深スケールが絶対温度に相当すると考えればよい。

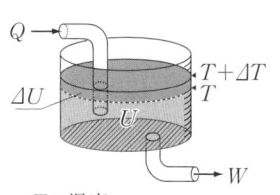

$T$：温度
$\Delta T$：温度の変化

次に気体のする仕事についてまとめておこう。$P-V$図での変化曲線と横軸（$V$軸）で挟まれている部分の面積が，気体のやり取りする仕事の絶対値を表す。体積が増加する向きの変化の場合，気体は正の仕事をし，体積が減少する向きの変化の場合，気体は正の仕事をされる。このとき，負の仕事をすると表現してもよい。

---

**気体のする仕事**

$$W = \int_a^b P\,dV$$
$P$：圧力
$V$：体積

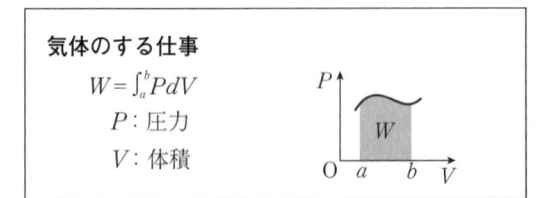

---

また，この問題のように，状態変化が一巡するサイクルの場合，1サイクルにおける仕事の総和の絶対値は，閉曲線の内部の面積に等しい。時計回りのとき，気体は外部に正の仕事をし，反時計回りのとき，気体は外部に負の仕事をする。

では，この問題を見てみよう。内部エネルギーは気体の絶対温度の関数だから，状態がもと（状態A）に戻れば，温度も，したがって内部エネルギーも<u>もとの値に戻る（$\Delta U = 0$）</u>。しかし途中，温度変化はあるので，内部エネルギーもそれに伴って<u>変化する</u>。

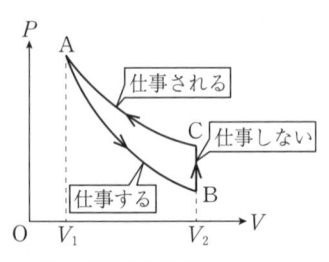

$V_1$：状態Aの体積
$V_2$：状態Bの体積

また，このサイクルは反時計回りなので，1サイクルで気体のする仕事（$W$）は負である。逆にされる仕事の総和はₐ<u>正</u>である。1サイクルに関する熱力学第1法則より，

$$Q - W = \Delta U = 0$$

よって，$Q = W$

したがって，$Q$はᵢ<u>負</u>である。

**問3**　4　④　　5　②

力学分野で最重要な保存則といえば，「エネルギー保存則」および「運動量保存則」である。

この法則のおかげで，わざわざ運動方程式を立てるまでもなく解答が容易に得られる場合がある。こ

---

のように，これらの保存則は大変便利な法則であるが，それだけにこの法則の適用限界にも細心の注意を払う必要がある。それぞれの法則について，その法則が成立するための要件があり，それについてまとめておく。

「力学系の力学的エネルギーは，非保存力の仕事だけ変化する。」これをエネルギー保存則という。

逆にいえば，物体に非保存力がはたらかないか，はたらいてもその仕事が全体で0であるときのみ$\Delta E = 0$（$\Delta E$：力学的エネルギーの変化）となり，力学的エネルギーは保存する。この場合，「力学的エネルギー保存則が成立」しているという。この法則を用いる前提として，成立条件が満足されているかどうかのチェックは必須である。

同様に「力学系の運動量は，外力による力積だけ変化する。」

---

**運動量の変化と力積**

$$\Delta \vec{P} = \vec{I}_{外力}$$
$\Delta \vec{P}$：運動量の変化
$\vec{I}_{外力}$：途中ではたらいた外力の力積

---

逆にいえば，物体に外力がはたらかないか，はたらいてもその力積が全体でキャンセルするならば，$\Delta \vec{P} = \vec{0}$となり，運動量は保存する。この場合，「運動量保存則が成立」しているという。

以上を踏まえて，この問題を考えてみよう。

① そりが岸に固定されている場合

「そり＋ブロック」の力学系で，相対運動における動摩擦力（非保存力）が負の仕事をするので，<u>力学的エネルギーは減少する</u>。また，そりを固定している外力が力積を加えるので<u>運動量も保存しない</u>。外力としてはそのほかに，重力や垂直抗力もあるが，これらはつり合っているので，運動量変化の原因とはならない。

② そりが固定されていない場合

「そり＋ブロック」の力学系で，相対運動における動摩擦力（非保存力）が負の仕事をするので，<u>力学的エネルギーは減少する</u>。そりを固定している外力はないので全系の<u>運動量は保存する</u>。この場合，動摩擦力は外力ではなく内力だから，運動量保存則に影響しないことに注意しよう。

**問4**　6　④

磁場中の荷電粒子の運動は，ローレンツ力に支配

される。磁束密度$B$の磁場の中を，電気量$q$の荷電粒子が磁場に対して角度$\theta$の方向に速さ$v$で運動するとき，荷電粒子にはたらく力の大きさ$f$は，

$$f = qvB\sin\theta$$

とくに，一様磁場中で磁場に対して垂直な初速度を与えると，磁場に垂直な平面内で等速円運動を継続する。このときローレンツ力が向心力となる。この円運動をサイクロトロン運動といい，その周期をサイクロトロン周期，その半径をサイクロトロン半径という。

---

### サイクロトロン半径

$$r = \frac{mv}{qB}$$

$m$：質量

$v$：速さ

$q$：電気量の大きさ

$B$：磁束密度

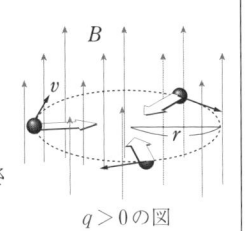

$q > 0$の図

---

上のサイクロトロン半径の式は，次のように円運動の運動方程式を解くことで得られる。

$$m\frac{v^2}{r} = qvB$$

よって，$r = \dfrac{mv}{qB}$

この式より，サイクロトロン半径は質量に比例することがわかる。この問題では磁場は紙面に垂直で表から裏に向かう向きだから，正の荷電粒子の円運動の向きは上の図とは逆となる。この結果，質量の大きい正の荷電粒子の運動は<u>反時計回りで，大きな半径の円軌道となる</u>。

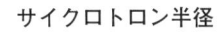  ⑤

金属に光を照射すると，電子が飛び出す。この現象を光電効果という。この現象を詳しく調べると，光の波動説からの説明が困難な実験結果が得られた。アインシュタインは光を，振動数に比例するエネルギーをもつ粒の集まりと考えることでこの困難が解決できることを示した。この説を光の光量子仮説という。この説によると，光は1粒が$h\nu$のエネルギーをもつ。ここで，$h$はプランク定数と呼ばれる定数で，$\nu$は光の振動数である。金属中の電子は，外部にいるときより，位置エネルギーが低い状態にあり，金属の外に取り出すにはそのエネルギー（仕事関数と呼ぶ）を加えてやる必要がある。その役割を

---

照射した光の光子に担わせた現象が光電効果である。仕事関数以下のエネルギーをもつ光子は，明るさを増して個数を増やしても，電子を金属外にたたき出すことができない。

---

### 光電効果

$$K_0 = h\nu - W$$

$K_0$：電子の運動エネルギーの最大値

$h$：プランク定数

$\nu$：光の振動数

$W$：金属の仕事関数

---

飛び出した電子の運動エネルギーの最大値$K_0$は照射した光の光子のエネルギーから仕事関数分を引いたものになる。

この式より，横軸に振動数を，縦軸に飛び出した電子の運動エネルギーの最大値をとると，右上がりの直線となる。この直線の傾きに相当するのがプランク定数である。グラフの縦横軸の切片より，グラフの直線の傾きは，

$$h = \frac{W}{\nu_0}$$

となる。

---

## 第2問

空気抵抗を受けながら落下する物体の運動の考察がテーマである。空気抵抗は，速度に比例する抵抗力として扱う場合が多いが，実際の実験データの解析から，必ずしもそうなっていない結果が得られた場合，どのように考え，データをどう処理すれば，空気抵抗を正しく理解できるかを考えさせている。実験データの加工，処理方法に関する問題である。実験結果は往々にして暗記した公式を当てはめただけの計算結果とは一致しない。物理の基本法則に立ち返って現象を解析する柔軟な思考力が試されている。

**問1** 　8　 ⑥

物体が空気中を運動すると，物体は運動の向きと<sub>ア</sub><u>逆向き</u>の抵抗力を空気から受ける。初速度0で物体を落下させると，はじめのうち抵抗力の大きさは<sub>イ</sub><u>増加</u>し，加速度の大きさは<sub>ウ</sub><u>減少</u>する。やがて物体にはたらく抵抗力が重力とつり合うと，物体は一定の速度で落下するようになる。このときの速度を

終端速度と呼ぶ。

上記のように，落下する雨滴に見られる運動の運動方程式は，加速度を$a$として，

$$ma = mg - (\text{空気抵抗}) \quad \cdots\cdots(\text{i})$$

となる。その一例として，空気抵抗が速度の大きさに比例するという仮定すると，

$$ma = mg - kv \quad \cdots\cdots(\text{ii})$$

後に否定される例ではあるが，この式でも，上記の言葉で記述された運動を説明できる。この式の意味を$v-t$グラフで考えてみよう。

鉛直下方を速度の正の向きとして運動方程式を

$$a = g - \frac{k}{m}v \quad \cdots\cdots(\text{iii})$$

の形に書き直すと，物体の加速度が速度$v$の減少関数であることがわかる。すなわち，速度が増せば増すほど，加速度（$v-t$グラフの傾き）が減少してくることを表している。このことを考慮してグラフの概形を描いてみると，次図のようになる。

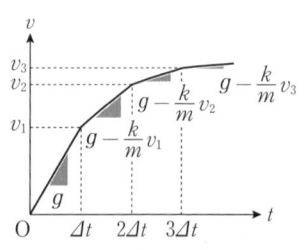

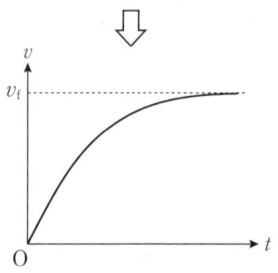

上図は，落下を開始してからの時間を微小区間に分割し，各微小区間でのグラフを直線近似して描いたものである。図中の数式は，各微小区間内での加速度の大きさを表す。この分割を細かくした極限では，グラフが下図のようになっていくことが理解できるであろう。このとき，$t \to \infty$で$v$の極限値を終端速度$v_\text{f}$と表すと，その値は，(iii)式で$a=0$とすることより得られ，$v_\text{f} = \dfrac{mg}{k}$となる。

**問2** | 9 | ① | 10 | ⑤ | 11 | ⓪ |

表1で$n=3$の列の数値をみると，時間が経つと20cm落下するのに0.13sかかっているので，終端

速度の大きさは，

$$v_\text{f} = \frac{20\,\text{cm}}{0.13\,\text{s}} = 153.8\cdots\text{cm/s} \fallingdotseq 1.5 \times 10^{0}\,\text{m/s}$$

**問3** | 12 | ②

終端速度$v_\text{f}$が，アルミカップの枚数$n$に比例する，すなわち，

$$v_\text{f} = \frac{mg}{k} \propto n$$

となるのであれば，$v_\text{f}-n$グラフが原点を通る直線となるはずであるが，図3の測定値のすべての点のできるだけ近くを通る直線が，原点から大きくはずれているため。

その他の選択肢について。

①と④は図3の説明として誤りではないが，判断の根拠になっていないので誤り。

③はグラフの形が異なるので誤り。

**問4** | 13 | ・ | 14 | ④ | ・ | ⑧ |（順不同）

速さの2乗に比例する抵抗力がはたらく場合，終端速度の大きさは，

$$v_\text{f} = \sqrt{\frac{mg}{k'}} \propto \sqrt{n}$$

となり，アルミカップの枚数$n$の平方根に比例する。あるいは両辺を2乗し，

$$v_\text{f}^{2} \propto n$$

とすると，終端速度の2乗がアルミカップの枚数$n$に比例するともいえる。

以上より，縦軸に$v_\text{f}$をとり，横軸に$\sqrt{n}$をとったグラフや，縦軸に$v_\text{f}^{2}$をとり，横軸に$n$をとったグラフは，いずれも原点を通る直線となることが期待される。

**問5** | 15 | ⑨

$y-t$グラフの隣り合うデータ点を結ぶ線分の傾きからその区間での平均速度が得られるが，この速度を，その区間の中央時刻での瞬間速度と解釈して$v-t$グラフ（図5）が得られる。

同様に，$v-t$グラフの隣り合うデータ点を結ぶ線分の傾きからその区間での平均加速度が得られるが，この加速度を，その区間の中央時刻での瞬間加速度と解釈して$a-t$グラフ（図6参照）が得られる。

《参考グラフ》

本文の指示のように，図5のデータ点を線分で結ぶ$v-t$折れ線グラフの傾きの値を読みとり，$a-t$グラフを描いたものが図6である。なお，細かい目盛りは問題文に与えられておらず，こちらで便宜的

にとったものである。

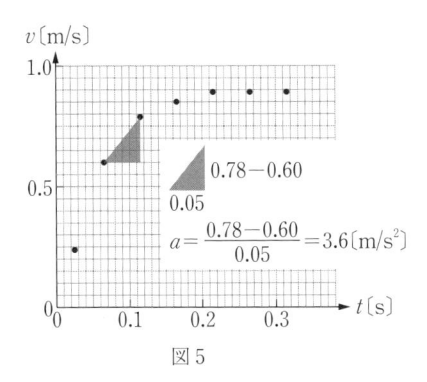
図5

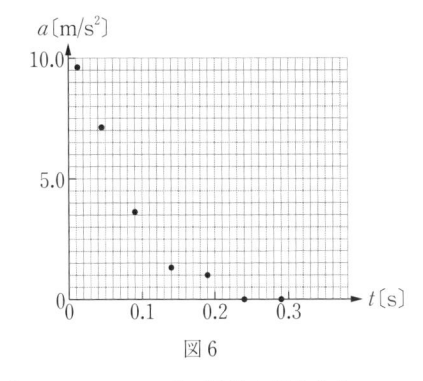
図6

一方，アルミカップの運動方程式より，

$$ma = mg - R$$

よって，$R = m(g - a)$

となるので，時刻 $t$ における $v$，$R$ を求めて $R$ と $v$ の関係を表せば，$R$ の $v$ 依存性がグラフとして確認できる。

## 第3問

等速円運動する音源や観測者を考えた，斜めドップラー効果を扱った問題である。

**問1**　16　⑤

この小問のみ，力学分野の問題である。等速円運動の基本公式を確認しておく。

---

**等速円運動**

$$v = r\omega$$

$$a = r\omega^2 = \frac{v^2}{r}$$

$r$：半径
$v$：速さ
$\omega$：角速度　　$a$：加速度

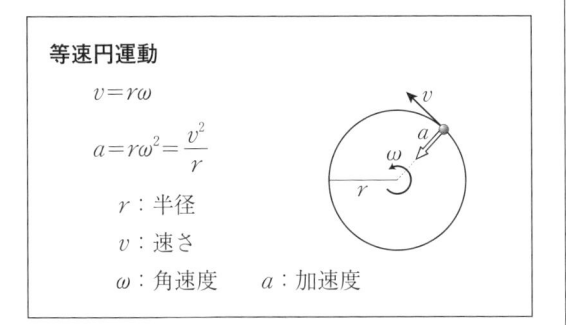

---

等速円運動の加速度は円の中心を向き，その大きさは $\dfrac{v^2}{r}$ である。さらにそれを質量倍すれば，力 $\dfrac{mv^2}{r}$ が得られ，この力も円の中心を向くので向心力と呼ばれる。向心力は速度の向きと直交するので，そのする仕事は $\underline{0}$ である。

**問2**　17　⑥

ドップラー効果の振動数変換に関する基本公式を確認しておく。

---

**直線上でのドップラー効果**

$$f = \frac{V - v_{\mathrm{O}}}{V - v_{\mathrm{S}}} f_0$$

$f$：振動数，　$f_0$：音源の振動数
$V$：音速，　$v_{\mathrm{O}}$：観測者の速度
$v_{\mathrm{S}}$：音源の速度

音源振動数 $f_0$　　　観測者振動数 $f$

**斜めのドップラー効果**

$$f = \frac{V - v_{\mathrm{O}}\cos\phi}{V - v_{\mathrm{S}}\cos\theta} f_0$$

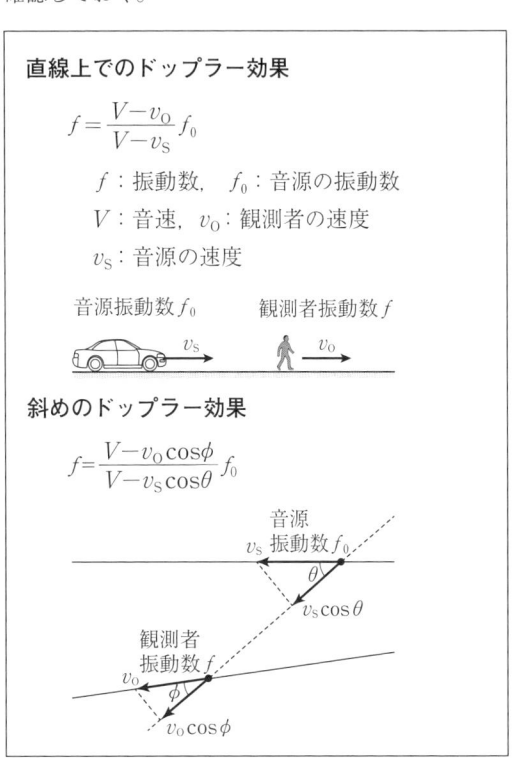

---

ドップラー効果を引き起こす速度成分は，音源の速度のうち直線PQ方向の成分である。点 $\underline{\mathrm{D}}$ と点 $\underline{\mathrm{C}}$ での速度は視線成分が $0$ だから，この位置で出された音にはドップラー効果は観測されず，振動数 $f_0$ の音が観測される。

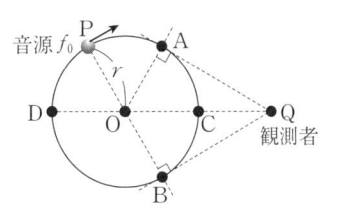

**問3**　18　⑥

点Aを通過するときの速度は観測者に向かう向きに $v$，点Bを通過するときの速度は観測者から離れる向きに $v$ だから，ドップラー効果の式より，

$$f_A = \frac{V}{V-v}f_0, \qquad f_B = \frac{V}{V+v}f_0$$

この2式の両辺のそれぞれを割って $f_0$ を消去し，変形すると，

$$v = \frac{f_A - f_B}{f_A + f_B}V$$

**問4** `19` ①

ここからは，音源は点Qに固定され，観測者のほうが円運動するという設定である。

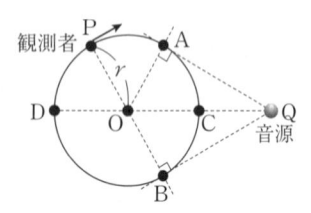

点Aでは，観測者の音源に向かう速度成分が最大で，その結果，点Aで観測する音は振動数が<u>最も大きく</u>なる。同様に，点Bでは，観測者の音源から遠ざかる速度成分が最大で，その結果，点Bで観測する音は振動数が最も小さくなる。点Aを通過するときの速度は音源に向かう向きに $v$，点Bを通過するときの速度は音源から離れる向きに $v$ だから，それぞれの点で観測される音の振動数 $f_A{}'$, $f_B{}'$ は，ドップラー効果の式より，

$$f_A{}' = \frac{V+v}{V}f_0$$

$$f_B{}' = \frac{V-v}{V}f_0$$

点Cと点Dでは，速度の音源方向の成分が0となるので，音源の振動数と同じ振動数の音が観測される。

**問5** `20` ④

(a) 音速は空気の物理的性質に依存するもので，それが発出された音源の速度には無関係である。

(b) 等速円運動する音源の速度のPO方向成分は音源の位置に関係なく0だから，原点Oには音源の振動数 $f_0$ の音が届く。→<u>正しい</u>

(c) 静止した音源からは，等方的に音が広がるので，その速度の大きさが向きによって変わることはない。→<u>正しい</u>

(d) 点Qの音源から出て点Cに向かう音は，点Cを通過後，点Dに向かう。空気の温度が変化するなど，媒質の状態が変化しない限り，出された音波の波長が途中で変化することはない。

**問1** `21` ⑧

平行平板コンデンサーの電気容量を導く問題である。電場や電気力線に関しての基礎事項を復習しておく。電場の強さには3つの等価な定義がある。

(i) 1Cにはたらく力の大きさ

(ii) 単位面積を貫く電気力線数

ある場所の電場の強さは，その場所を通過する電気力線の本数密度と等しくなるように決めてある。

---

**電場と電気力線密度**

$$E = \frac{N}{S}$$

$E$：電場の強さ
$S$：電場に垂直な面の面積
$N$：面を垂直に通過する電気力線の数

---

(iii) 電位の勾配

ある場所の電場の強さは，その場所で電場と逆向きに単位長さ移動するときの電位の変化と等しくなるように決めてある。

また，電気力線の本数に関しては，電荷 $Q$ から，$4\pi k_0 Q$ 本出ると決める。$\varepsilon_0 = \dfrac{1}{4\pi k_0}$ で定義される真空の誘電率 $\varepsilon_0$ を用いれば，$\dfrac{Q}{\varepsilon_0}$ 本となる。これを「ガウスの法則」という。

---

**ガウスの法則**

$$N = 4\pi k_0 Q = \frac{Q}{\varepsilon_0}$$

$N$：電気力線の数
$Q$：電荷
$k_0$：真空中でのクーロンの法則の比例定数
$\varepsilon_0$：真空の誘電率

---

`ア` 平行板コンデンサーの両極板に電圧 $V$ をかけ，$\pm Q$ の電荷が蓄えられると，その間の空間に電気力線が均等に分布し，電場 $E$ が生じる。

$$E = \frac{V}{d} \qquad\qquad \cdots①$$

`イ` 一方，極板間の電場の強さは，極板間の電気力線の密度と等しい。電荷 $Q$ から $4\pi k_0 Q$ 本の電気

力線が出て，面積$S$の断面を通過するので，その密度は，

$$E = \frac{4\pi k_0 Q}{S} \quad \cdots ②$$

①，②式より，

$$\frac{V}{d} = \frac{4\pi k_0 Q}{S} \quad \Rightarrow \quad Q = \frac{S}{4\pi k_0 d}V$$

この式は，コンデンサーに蓄えられる電荷$Q$が両極板間の電圧$V$に比例することを示している。この比例定数を電気容量といい，電荷を蓄える能力を表す。

電気容量$C$はその定義より，

$$C = \frac{Q}{V} = \frac{S}{4\pi k_0 d}$$

**問2** 　22　　⑦

コンデンサーの放電過程の実験データを用いて，抵抗値を求める問題である。コンデンサーの放電過程は，一般的には過渡現象と呼ばれ，定常状態に落ち着くまで有限の時間がかかる変化である。

スイッチを開いた直後に流れる電流は，図3より$100\,\text{mA} = 0.100\,\text{A}$である。また，このとき，コンデンサーの両端電圧はスイッチを開く直前と同じ値で$5.0\,\text{V}$だから，回路の抵抗値を$r\,(\Omega)$とすると，キルヒホッフの第2法則より，

$$5.0\,\text{V} = 0.100\,\text{A} \times r\,(\Omega)$$

よって，$r = \dfrac{5.0}{0.100} = \underline{50}\,\Omega$

**問3** 　23　　③　　24　　⑧

縦軸に電流，横軸に時間をとったグラフの変化曲線の下の部分の面積（数学的表現を用いると「定積分」）は流れた電気量を表す。

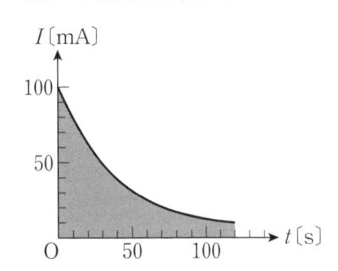

方眼紙の$1\,\text{cm}^2$は，

$$10\,\text{mA} \times 10\,\text{s} = 0.1\,\text{A} \cdot \text{s} = \underline{0.1\,\text{C}}$$

に相当する。

図3のグラフで，十分に時間をかけた場合の曲線と$t$軸との間に挟まれた部分の面積が，コンデンサーから放電された電気量，すなわち最初に蓄えられ

ていた電気量に相当する。

この面積を$0\,\text{s} \leqq t \leqq 120\,\text{s}$の範囲での面積で近似する。この近似面積の測定値が$45\,\text{cm}^2$だったので，この面積に相当する電気量は，

$$Q' = 0.1 \times 45 = 4.5\,\text{C}$$

である。直流電源の電圧を$V_0\,(\text{V})$と表すと，コンデンサーの電気容量の近似値$C'\,(\text{F})$は，

$$C' = \frac{Q'}{V_0} = \frac{4.5}{5.0} = \underline{9.0 \times 10^{-1}\,\text{F}}$$

となる。

**問4** 　25　　④

放電過程の電流の変化は，数学的には指数関数で表されることがわかっている。この変化の特徴は，原子核崩壊における半減期に相当する定数をもつことである。ここでは，コンデンサーの放電過程の電流値の変化が，$35\,\text{s}$経過するごとに半減するということに気付けばよい。

電流が初期値の$\dfrac{1}{1000}$となる時間$t\,(\text{s})$は，$T = 35\,\text{s}$として，

$$\left(\frac{1}{2}\right)^{\frac{t}{T}} = \frac{1}{1000}$$

の指数方程式を解けばよい。$\log_e 2$の値が与えられていないので，次のように考え，選択肢から適当なものを選ぶ。

$$2^9 = 512, \quad 2^{10} = 1024, \quad 2^{11} = 2048, \quad \cdots\cdots$$

だから，

$$\frac{1}{1000} \fallingdotseq \frac{1}{1024} = \left(\frac{1}{2}\right)^{10}$$

と近似すれば，

$$\frac{t}{T} \fallingdotseq 10$$

よって，$t \fallingdotseq 10T = \underline{350}\,\text{s}$

上の方法だと，放電の電流が初期値の$\dfrac{1}{1000}$となるまで，6分弱かかるという結論であったが，コンデンサーの容量を決定するその他の手法について議論が続く。

**問5** 　26　　⑤

電流の値が，$t = 0$での値$I_0$の半分になる時刻を$t_1$と表すと，$0 \leqq t \leqq t_1$で放電された電気量はグラフの面積から読み取れる。これを$Q_1$とする。$t = 0$でコンデンサーが蓄えていた電荷を$Q_0$とすると，$t = 0$と$t = t_1$でのキルヒホッフの第2法則はそれぞ

れ,

$$rI_0 = \frac{Q_0}{C} \qquad \cdots\cdots(\text{i})$$

$$r\frac{I_0}{2} = \frac{Q_0 - Q_1}{C} \qquad \cdots\cdots(\text{ii})$$

(i), (ii)式より,

$$Q_0 = {}_{\text{ウ}}\underline{2Q_1}$$

$$C = \frac{2Q_1}{rI_0}$$

図3のグラフで, 十分に時間をかけた場合の曲線と $t$ 軸との間に挟まれた部分の面積が $Q_0$ に相当するので, **問3** の $Q'$ と比較すると,

$$Q_0 > Q'$$

コンデンサーの電気容量の真の値を $C$ とすると,

$$C = \frac{Q_0}{V_0} > \frac{Q'}{V_0} = C'$$

よって, $C > C'$

**問3** で求めた電気容量の近似値は, 真の値より ${}_{\text{エ}}\underline{\text{小さかった}}$ ことになる。

# 2022 本試

# 解　答

| | 合計点 | /100 |
|---|---|---|

| 問題番号（配点） | 設問 | 解答番号 | 正解 | 配点 | 自己採点 | 問題番号（配点） | 設問 | 解答番号 | 正解 | 配点 | 自己採点 |
|---|---|---|---|---|---|---|---|---|---|---|---|
| 第1問 (25) | 1 | 1 | ② | 5 | | 第3問 (25) | 1 | 14 | ⑤ | 5*2 | |
| | 2 | 2 | ③ | 3 | | | | 15 | ① | | |
| | | 3 | ③ | 2 | | | 2 | 16 | ② | 2 | |
| | 3 | 4 | ② | 5 | | | | 17 | ③ | 3*2 | |
| | 4 | 5 | ② | 5 | | | | 18 | ① | | |
| | 5 | 6 | ⑦ | 5*1 | | | 3 | 19 | ⑤ | 5 | |
| 第2問 (30) | 1 | 7 | ④ | 5 | | | 4 | 20 | ③ | 5 | |
| | 2 | 8 | ① | 5*2 | | | 5 | 21 | ④ | 5 | |
| | | 9 | ② | | | 第4問 (20) | 1 | 22 | ⑥ | 5 | |
| | 3 | 10 | ④ | 5 | | | 2 | 23 | ④ | 5 | |
| | 4 | 11 | ④ | 5 | | | 3 | 24 | ④ | 5 | |
| | 5 | 12 | ① | 5 | | | 4 | 25 | ② | 5 | |
| | 6 | 13 | ③ | 5 | | | | | | | |

(注)
1　＊1は，⑧を解答した場合は3点，①，③，⑤のいずれかを解答した場合は2点を与える。
2　＊2は，両方正解の場合のみ点を与える。

| | 出題内容 | 目安時間 | 難易度 | |
|---|---|---|---|---|
| | | | 大問別 | 全体 |
| 第1問 | 小問集合 | 10分 | やや易 | 標準 |
| 第2問 | 力学 | 20分 | 標準 | |
| 第3問 | 電磁気 | 20分 | 標準 | |
| 第4問 | 原子 | 10分 | 標準 | |

# 第1問

**問1**　1　②

　水面波の2波源干渉の基本問題である。多くの場合，2波源は同位相波源であるが，この問題では逆位相という稀な設定になっている。ここを読み間違えると結果が逆転するので注意が必要である。問題文をチェックを入れながらゆっくり読むという習慣をつけておきたい。

### 2波源干渉（同位相）

$$\Delta L = \begin{cases} m\lambda & \cdots\textbf{強} \\ \left(m+\dfrac{1}{2}\right)\lambda & \cdots\textbf{弱} \end{cases}$$

　　$\Delta L$：経路差　$\lambda$：波長　$m$：整数

　観測地点と波源までの距離をそれぞれ$l_1$，$l_2$，その差（経路差）を$\Delta L = l_1 - l_2$とすると，干渉条件は，

　　強め合う$\Longleftrightarrow l_1 - l_2 = m\lambda$　　　（$m$：整数）

　　弱め合う$\Longleftrightarrow l_1 - l_2 = \left(m+\dfrac{1}{2}\right)\lambda$　（$m$：整数）

### 2波源干渉（逆位相）

$$\Delta L = \begin{cases} m\lambda & \cdots\textbf{弱} \\ \left(m+\dfrac{1}{2}\right)\lambda & \cdots\textbf{強} \end{cases}$$

　　$\Delta L$：経路差　$\lambda$：波長　$m$：整数

　観測地点と波源までの距離をそれぞれ$l_1$，$l_2$，その差（経路差）を$\Delta L = l_1 - l_2$とすると，干渉条件は，

　　強め合う$\Longleftrightarrow l_1 - l_2 = \left(m+\dfrac{1}{2}\right)\lambda$　（$m$：整数）

　　弱め合う$\Longleftrightarrow l_1 - l_2 = m\lambda$　　　（$m$：整数）

となる。この条件の表現法にも色々変化形があるが，すべて同じものだから迷わされないようにしたい。例えば，逆位相の場合で強め合う条件だと，

$$l_1 - l_2 = (2m+1)\frac{\lambda}{2} \quad （m：整数）$$

$$|l_1 - l_2| = \left(m+\frac{1}{2}\right)\lambda \quad （m = 0, 1, 2, \cdots）$$

$$|l_1 - l_2| = (2m+1)\frac{\lambda}{2} \quad （m = 0, 1, 2, \cdots）$$

などもよく見受けられる。

**問2**　2　③　3　③

　凸レンズにより，光源の実像が結ばれる場合，光源と実像の3次元的位置関係は，「光源とレンズによる実像は，互いにレンズの中心点に関する点対称相似図形」となる。相似比は，実像の拡大率に一致

する。3次元的な図で示せば，次のようになる。

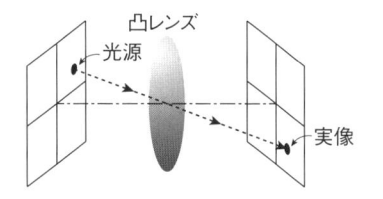

　したがって，この問題の像は，③となる。
　レンズは，その一部を遮っても，光が通過する部分が残っている限り，結ばれる像に一部が欠けたりといった変化はない。ただし光の量が減少するので，像の全体が暗くなる。

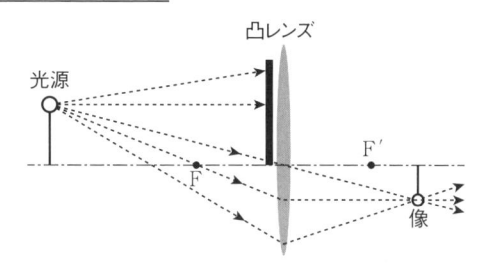

**問3**　4　②

　力のつり合いが成立している。つり合いに関わる力は，糸の張力2個，円板の重力の合計3個である。これらはすべて鉛直方向の力で，互いに平行である。平行力のつり合いは，

　①　合力を求めて，力のつり合いを考える。

　②　ある点の周りの力のモーメントのつり合いを利用する。

の2通りの方法がある。いずれの方法でもできるように準備しておく必要がある。

①　平行力の合成を用いる。

　平行力の合成のルールは右の図のようになる。力$f$は，2つの力$f_1$，$f_2$の合力である。

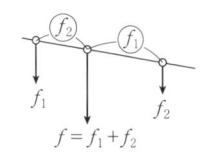

　　大きさ：和
　　作用点：逆比（内分点）

　円板の重力と点Qでの糸の張力（大きさは物体の重力に等しい）の合力は，平行力の合成のルールより，その作用点は，OQを$m:M$に内分する点（C′とする）である。この2つの力の合力と点Pでの糸の張力がつり合うことより，これらの作用線は一致する。よって，C′点はC点と一致する。

$$\frac{m}{M} = \frac{x}{d-x}$$

よって，$x = \dfrac{m}{M+m}d$

② 力のモーメントのつり合いを用いる。

$\angle\mathrm{OPC}=\theta$，重力加速度の大きさを$g$とする。下図で，点Cの周りの力のモーメントのつり合いを考えると，点Pでの糸の張力$F$は力のモーメントをもたないので，力のモーメントのつり合いは，残りの2力のモーメントのつり合いになる。

$$Mgx\cos\theta = mg(d-x)\cos\theta$$

よって，$x = \dfrac{m}{M+m}d$

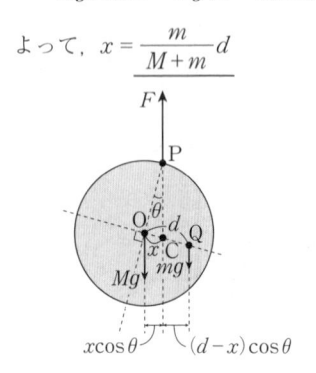

$x\cos\theta \qquad (d-x)\cos\theta$

**問4** ┃ 5 ┃ ②

理想気体の内部エネルギーは絶対温度に比例するので，内部エネルギーの大小関係は，絶対温度の大小関係と一致する。

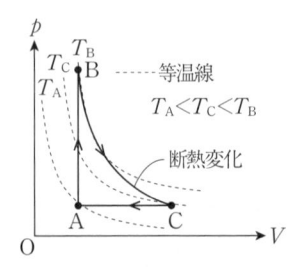

断熱変化を体積−圧力グラフに描くと，等温変化のグラフ（直角双曲線）と類似しているが，傾きが等温変化に比べて急であることがその特徴となっている。等温曲線群を体積−圧力グラフに描き入れておけば，答は一目瞭然である。気体の問題を解くときにこの習慣を身につけておくと問題が考えやすくなる。

図より，$T_A < T_C < T_B \iff \underline{U_A < U_C < U_B}$

**問5** ┃ 6 ┃ ⑦

直線電流がそのまわりにつくる磁場は，次の図のようになる。電流を取り囲むように同心円状に分布し，その向きは，右ねじの法則で決まる向きである。

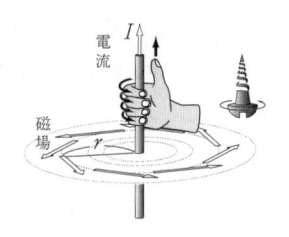

これを問題図に当てはめると，導線1が導線2の位置につくる磁場の向きは，(c)となる。このときの磁束密度の大きさは，

$$B = \mu_0 \frac{I_1}{2\pi r}$$

$B$：磁束密度　　　$\mu_0$：真空の透磁率

$I_1$：電流　　　　　$r$：電流からの距離

となる。磁場中の電流が受ける力（アンペール力ともいう）については，次の図のようになる。

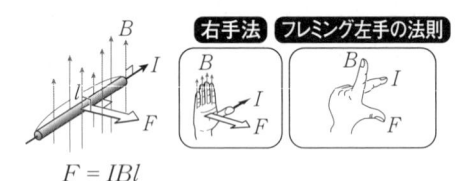

**右手法**　**フレミング左手の法則**

$F = IBl$

$I$：電流　　　$B$：磁束密度

$l$：導体棒の長さ

これを問題図に当てはめると，導線1が導線2の位置につくる磁場から，導線2を流れる電流が受ける力の向きは，(d)となる。このように，同じ向きの平行電流間には引力がはたらく。その大きさは，

$$F = I_2\left(\mu_0 \frac{I_1}{2\pi r}\right)l = \mu_0 \frac{I_1 I_2}{2\pi r}l$$

で与えられる。電磁気現象においては，異種のもの同士が引き合い，同種のもの同士は反発し合うというケースが多い中，平行電流間の力に関しては見かけ上逆の結果になっていることに注意したい。

# 第2問

**問1** ┃ 7 ┃ ④

ガリレオ以前のアリストテレスの自然学が学ばれていた時代には，物体の運動において，その速さはその物体に働く力に比例すると思われていた。これが間違っていることを気付かせてくれたのがガリレオの慣性の法則であった。ここでは，その時代の力学を検証しようという設定となっている。

速さ$(v)$が力の大きさ$(F)$に比例し，質量$(m)$に反比例するという仮説だから，これを数式で表現す

ると,

$$v = k\dfrac{F}{m} \quad (k\text{は比例定数})$$

と書ける。これより, $v$は$F$に比例し, その比例定数は$\dfrac{k}{m}$だから, $v-F$グラフは, 原点を通る直線で, $m$が大きいほど傾きが小さくなる（選択肢①で, $m$大のグラフと$m$小のグラフが入れ替わっていれば正しい図である）。

　また同様に, $v$は$m$に反比例し, その比例定数は$kF$だから, $v-m$グラフは, 反比例グラフとなり, $F$が大きいほど原点から離れる。これより正解は, ④となる。

**問2**　8　①　9　②

　ばねばかりで引く力を一定に保つということは, ばねばかりの目盛りが常に一定になるように注意しながら引っ張るということである。この操作はかなり難しく, 精度の悪い実験になりそうである。

　質量と外力が速さにどう影響するかを調べる実験だから, どちらか一方を一定に保ったまま, 他方を変化させてその影響をみるのが原則である。いろいろな力の大きさで力学台車を引くのだから, 力学台車とおもりの質量の和の方を変化しないようにしておく必要がある。

**問3**　10　④

　仮説では$v=k\dfrac{F}{m}$が成り立ち, $m$および$F$が一定なら$v$は一定値になるはずである。しかし, 図2のグラフはどれも右上がりの直線で, $v$は一定ではないので, 仮説を誤りと判断する根拠となるのは, ④である。

（補足）図2の**ア〜ウ**の時刻$t=1$s付近の値に注目する。このとき, $m$が大きいほど$v$は小さいので, ①は事実と異なり, また, **ア**と**イ**から質量と速さの関係がわかるが, ②は正しい関係を示していない。さらに, $m$が異なるとグラフの傾きが異なることから, ③は誤った記述である。結局, ①〜③は, 根拠となる以前に事実と異なる記述であるため, すべて答として不適。

**問4**　11　④

　時刻$t=0$での運動量を$p_0$とすると, 問題文に与えられた関係より, 時刻$t$での運動量$p$は

$$p - p_0 = Ft$$

ゆえに, $p = Ft + p_0$

と表される。すると, $p$は$t$の1次関数であり, 傾き$F(>0)$は**ア〜ウ**のすべてで等しくなる。よって, 正解は④である。

（補足）力積というと, 下の図を思い浮かべるものが多いだろう。衝突前後の運動量$m\vec{v}$, $m\vec{v'}$が, それぞれ本問の$p_0$, $p$に対応する。本問の力積$Ft$に対応する$\vec{F}\varDelta t$について, 一般に衝突時に及ぼされる力$\vec{F}$の大きさは非常に大きく（これを撃力という）, 力を受ける時間$\varDelta t$は非常に短い。しかし, この問題のように, $\vec{F}$が撃力でなかったり, $\varDelta t$が非常に短い時間でなかったりしても, 運動量と力積の関係は成り立つ。

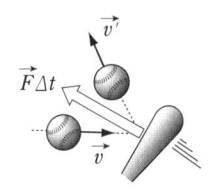

$$\vec{F}\varDelta t = m\vec{v'} - m\vec{v}$$

$\vec{F}\varDelta t$：力積　　　$m\vec{v}, \ m\vec{v'}$：運動量

**問5**　12　①

　小球は発射装置の筒に沿って打ち出されたのだから, 発射装置から見た小球の相対速度は, 鉛直上向きであり, 水平成分は0である。すなわち, 床面から見た小球と台車の速度の水平成分はどのタイミングでも同じであると判断できる。運動量保存則より,

$$(M_1 + m_1)V = (M_1 + m_1)V_1 \qquad \cdots ①$$

よって, $V = V_1$

**問6**　13　③

　衝突時におもりと台車がやりとりする力は作用反作用の関係にある力であり, これにより水平方向の速度成分が変化する。重力や, 床からの垂直抗力といった外力はすべて鉛直成分しかもたないので, 水平方向の運動量には影響を与えない。したがって, おもりと台車の全系の水平方向の運動量は保存し,

$$M_2 V = (M_2 + m_2)V_2 \qquad \cdots ②$$

が成立する。なお, この衝突は完全非弾性衝突であり, 力学的エネルギー保存則は成立しないので要注意である。

（補足）**問4〜6**を概観しておこう。**問5**で, 発射前後の小球の運動量の水平成分を$p_0$, $p$, 台車の運動量の水平成分を$P_0$, $P$とする。小球と台車が及ぼし合う力積の水平成分は0であり, **問4**の運動量と力積の関係は

小球：$p - p_0 = 0$, 　　　台車：$P - P_0 = 0$

ゆえに，$p_0 + P_0 = p + P$ …①′

これが，**問5**の式①に相当する。一方，**問6**で，衝突前後のおもりの運動量の水平成分を$p_0$，$p$，台車の運動量の水平成分を$P_0$，$P$とする。おもりが台車から受ける力積の水平成分を$I$とすると，作用・反作用の法則より，台車がおもりから受ける力積の水平成分は$-I$と表されるから，**問4**の運動量と力積の関係は

$$おもり：p - p_0 = I$$
$$台車：P - P_0 = -I$$

ゆえに，$p_0 + P_0 = p + P$ …②′

これが，**問6**の式②に相当する。

## 第3問

**問1**　`14` ⑤　`15` ①

台車がコイルを通過するごとに，コイルに誘導起電力が生じ，オシロスコープに起電力が観測される。二つのコイルの距離が0.20mで，オシロスコープの時間軸の値から読みとると，その間の移動時間が0.40sだから，台車の移動速度の大きさは，

$$v = \frac{0.20}{0.40} = \underline{5} \times 10^{-1} \text{m/s}$$

**問2**　`16` ②　`17` ③　`18` ①

コイルに磁石が近づいたり遠ざかったりすると，ファラデーの電磁誘導の法則より，コイルに起電力が発生し，この問題のようにコイルに閉回路が接続されているときには電流が流れる。流れる電流の向きは，次のレンツの法則によって決定される。

**レンツの法則**

閉回路を貫く磁束数が変化するとき，その変化を妨げる向きの磁束を生じさせるような電流を流そうとする向きの起電力が生じる。

また，起電力の大きさは，コイルを貫く磁束の時間変化率の大きさに等しい。これをファラデーの電磁誘導の法則という。

**電磁誘導の法則**

$$V = -\frac{\Delta \phi}{\Delta t}$$

　　$V$：誘導起電力　　$\phi$：磁束　　$t$：時間

この問題にこれらの法則を当てはめると，台車上の棒磁石が各コイルに近づくとコイルに誘導電流が流れ，コイル自身が磁石のはたらきをもつようになるが，その極性は，台車(上の棒磁石)が近づくとき

はコイルの左側がN極となり，棒磁石のN極との間に斥力がはたらき，近づくことを阻止しようとし，台車がコイルを通過し，遠ざかろうとすると，コイルの右側がN極となり，棒磁石のS極との間に引力がはたらき，遠ざかることを阻止する作用を示す。このように，コイルに流れる電流は，磁石の動きを妨げるように作用するのがその特徴である。コイルの代わりに運動する磁石の近くに金属板を置いても磁石の動きを阻止しようとする電流が金属板に流れる。この電流を**うず電流**とよぶ。この実験もコイルを金属板に見立てると，うず電流の作用を利用した実験とも言える。

上で述べたように，この電流は，台車の速さを<u>小さく</u>する作用がある。しかしその影響の大きさは流れる電流の大きさに依存する。オシロスコープの<u>内部抵抗が大きければ，コイルを流れる電流を小さく抑えられる</u>ので，出現する磁石のはたらきも小さく抑えられる。この問題ではそういう設定になっている。その他考慮しなくてはならない力としては，空気抵抗があるが，これは，運動物体の質量が小さく，速さが大きい実験では無視できなくなるが，速さがそれほど大きくなく，物体の質量が<u>大きい</u>実験では，無視できることが多い。

**問3**　`19` ⑤

変更前に比べ，変更後は，

(i) グラフが立ち上がる位置の時刻は同じである。
　→台車の速度は変化していない。

(ii) グラフの形が山→谷の順で変化はない。
　→磁石の向きも変化していない。

(iii) 誘導起電力が2倍になった。
　→磁束の変化率がおよそ2倍になった。

(i)，(ii)，(iii)のすべてと矛盾のないものは，「<u>台車につける磁石の強さを2倍にしたものに交換した</u>」である。

**問4**　`20` ③

三つのコイルのうち，最初のコイルであるコイル1に相当する電圧の符号が逆転して，グラフの形が谷→山の順となっている。この原因は次の図を見れば理解できる。

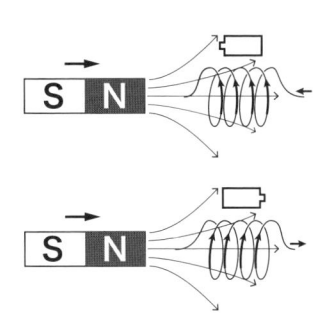

　上の図は，巻き方の違う二つのコイルに対し，左側から N 極が近づく様子を示したもので，コイルの手前側を流れる電流を，上向きの矢印で表している。いずれの場合もレンツの法則より，コイルには誘導電流が流れ，自身が左端が N 極の磁石になる。そのためにコイルには，右ねじの法則より，手前を下から上に向かう電流が流れる。

　上の巻き方のコイルの場合，この電流はコイルの右から流れ込み，左から流れ出る向きとなり，コイルには左向きの起電力（正）が生じていると判断される。一方下の巻き方のコイルの場合，この電流はコイルの左から流れ込み，右から流れ出る向きとなり，コイルには右向きの起電力（負）が生じていると判断される。

　このように，コイルの巻き方を逆にすると，発生する起電力の符号が逆転するという現象が起こるので注意を要する。

**問5**　21　④

　実験装置を傾けた場合，運動が等速直線運動から，等加速度直線運動へと変化し，台車の速さが次第に速くなる。コイル 1 〜コイル 2 の移動時間より，コイル 2 〜コイル 3 の移動時間の方が短縮される。また，各コイルを通過し始めてから通過し終わるまでの時間がだんだん短くなるので，磁束の時間変化率が上がり，コイル 1 → コイル 2 → コイル 3 と移るごとに起電力の大きさが次第に大きくなる。

　これらの結果を反映しているのは，④のグラフである。

## 第4問

**問1**　22　⑥

　等速円運動の速度（の大きさ，速さ）や加速度（の大きさ）に関しては，次の図にまとめておく。

$$v = r\omega$$
$$a = r\omega^2$$
$$r：半径$$
$$\omega：角速度$$

　この公式は大きさに関するものであるが，$r$ に $\omega$ をかけると速度になり，もう一回かけると加速度になるという規則性に注目すれば覚えやすいであろう。

　また，向きに関しては，図に示すように，速度は円軌道の接線方向を向き，加速度は円の中心方向を向く（「向心加速度」という）のが特徴である。円運動の速度の公式より，

$$v = r\omega$$

よって，$\omega = \dfrac{v}{r}$

　また，$|\vec{v_2} - \vec{v_1}|$ は，図 2 (b) の弦（実線）の長さで表され，この長さを弧（破線）の長さに等しいとする。半径 $v$ で中心角が $\omega\Delta t$ の扇形の弧の長さは，

$$v\omega\Delta t = \dfrac{v^2}{r}\Delta t$$

　この式を単位時間に換算する（$\Delta t$ で割る）と $\dfrac{v^2}{r}$（$= r\omega^2$）となり，これが等速円運動の加速度を与える。

**問2**　23　④

　静電気力も万有引力も数学的には，距離の 2 乗に反比例する中心力という意味では，同類の力である。前者は電子や陽子などを結びつけるミクロの世界で主役を演じる力であり，一方後者は，太陽系の惑星の運動を決めたり，大宇宙の銀河や星団の構造を支配したりする力であり，守備範囲がそれぞれ異なる力である。水素原子の規模の世界では，静電気力が万有引力を圧倒することは，計算結果から知ることができる。

$$\dfrac{万有引力}{静電気力} = G\dfrac{mM}{r^2}\left|k_0\dfrac{e^2}{r^2}\right.$$

$$= \dfrac{GmM}{k_0 e^2}$$

$$= \dfrac{6.7\times10^{-11}\times9.1\times10^{-31}\times1.7\times10^{-27}}{9.0\times10^9\times(1.6\times10^{-19})^2}$$

$$\fallingdotseq 4.5\times10^{-40}$$

原子内部の電子の運動を考えるときに，万有引力を無視できる根拠がここにある。

**問3**　24　④

　水素原子の電子のエネルギー（$E$）は，運動エネル

ギー($K$)と静電気力による位置エネルギー($U$)から
なる。

$$E = K + U \qquad \cdots ①$$

　運動エネルギー($K$)と静電気力による位置エネルギー($U$)それぞれは，

$$K = \frac{1}{2}mv^2, \ \ U = -k_0\frac{e^2}{r} \qquad \cdots ②$$

で与えられる。陽子のまわりを回る電子は，静電気力を向心力として等速円運動をしていると考えて，運動方程式は，

$$m\frac{v^2}{r} = k_0\frac{e^2}{r^2}$$

　よって，$mv^2 = k_0\dfrac{e^2}{r}$ $\qquad \cdots ③$

式②，式③を式①に代入すると，

$$E = K + U$$

$$= \frac{1}{2}mv^2 - k_0\frac{e^2}{r} = \frac{1}{2}k_0\frac{e^2}{r} - k_0\frac{e^2}{r}$$

$$= -k_0\frac{e^2}{2r}$$

　このように，距離の2乗に反比例する力がはたらく円運動の場合，力学的エネルギーは力の中心からの距離のみの関数として表される。

　エネルギーが$r$のみの関数で表現されたので，本文で与えられた電子の軌道半径

$$r = \frac{h^2}{4\pi^2 k_0 m e^2}n^2$$

を代入すれば，電子のエネルギーが，

$$E = -\frac{k_0 e^2}{2} \times \frac{4\pi^2 k_0 m e^2}{h^2 n^2}$$

$$= -2\pi^2 k_0{}^2 \times \frac{me^4}{n^2 h^2} \ \ (= E_n)$$

と求められる。

**問4** ▪25▪ ②

　水素原子の発する光は，水素原子特有の線スペクトルをもつ。この現象を初めて説明したのが，ボーアであった。ボーアは，水素原子内の電子は定常状態と呼ばれる不連続な安定軌道のいずれかにいて，低いエネルギーの軌道が空くと，高いエネルギー状態の電子がその軌道に遷移し，そのとき解放されるエネルギーがエネルギー$h\nu$の光子となって真空中に放出される。したがって，放出される光の振動数には，水素原子のエネルギー準位の差の値が反映されたものしか出てこない。これが水素原子固有の発

光スペクトルに対応している。この解き放たれる光の振動数を与える式は**振動数条件**と呼ばれる。

$$E - E' = h\nu$$

　よって，$\nu = \dfrac{E - E'}{h}$

Z-KAI